백점 과학과 내 교과서 비교하기

단원		1. 재미있는 나의 탐구	2. 생물과 환경
주제명		● 재미있는 과학 탐구 ● 신나는 과학 탐구	① 생태계, 생태계를 이루는 요소 ② 생물 요소의 먹이 관계, 생태계 평형 ③ 비생물 요소가 생물에 미치는 영향 ④ 생물의 적응, 환경 오염이 생물에 미치는 영향
백점 쪽수	개념북	5 ~ 12	13 ~ 40
	평가북	-	2 ~ 13
교과서별 쪽수	동아출판	8 ~ 17	18 ~ 39
	금성출판사	8 ~ 19	20 ~ 43
	김영사	8 ~ 19	20 ~ 43
	미래엔	7 ~ 16	17 ~ 42
	비상교과서	-	10 ~ 35
	아이스크림미디어	9 ~ 17	18 ~ 45
	지학사	8 ~ 17	18 ~ 41
	천재교과서	10 ~ 23	24 ~ 49
	천재교육	12 ~ 23	24 ~ 47

백점 과학

초등과학 5학년
학습 계획표

학습 계획표를 따라 차근차근 과학 공부를 시작해 보세요.
백점 과학과 함께라면 과학 공부, 어렵지 않습니다.

단원	교재 쪽수		학습한 날	
1. 재미있는 나의 탐구	5~12쪽	1일차	월	일
2. 생물과 환경	13~17쪽	2일차	월	일
	18~21쪽	3일차	월	일
	22~25쪽	4일차	월	일
	26~29쪽	5일차	월	일
	30~34쪽	6일차	월	일
	35~40쪽	7일차	월	일
3. 날씨와 우리 생활	41~45쪽	8일차	월	일
	46~49쪽	9일차	월	일
	50~53쪽	10일차	월	일
	54~57쪽	11일차	월	일
	58~61쪽	12일차	월	일
	62~66쪽	13일차	월	일
	67~72쪽	14일차	월	일
4. 물체의 운동	73~77쪽	15일차	월	일
	78~81쪽	16일차	월	일
	82~85쪽	17일차	월	일
	86~90쪽	18일차	월	일
	91~96쪽	19일차	월	일
5. 산과 염기	97~101쪽	20일차	월	일
	102~105쪽	21일차	월	일
	106~109쪽	22일차	월	일
	110~114쪽	23일차	월	일
	115~120쪽	24일차	월	일

활용 방법

❶ 오늘 공부할 단원과 내용을 찾습니다.
❷ 내가 배우는 교과서의 출판사명에서 공부할 내용에 해당하는 쪽수를 찾습니다.
❸ 찾은 쪽수와 해당하는 백점 과학은 몇 쪽인지 확인합니다.

3. 날씨와 우리 생활	4. 물체의 운동	5. 산과 염기
❶ 습도가 우리 생활에 미치는 영향 ❷ 이슬과 안개, 그리고 구름 ❸ 비와 눈이 내리는 과정 ❹ 고기압과 저기압 ❺ 바람이 부는 방향, 　우리나라의 계절별 날씨	❶ 물체의 운동 ❷ 물체의 빠르기 비교 ❸ 물체의 속력, 속력과 안전	❶ 용액의 분류 ❷ 천연 지시약으로 용액 분류하기, 　산성·염기성 용액의 성질 ❸ 산성·염기성 용액을 섞을 때의 변화, 　산성·염기성 용액의 이용
41 ~ 72	73 ~ 96	97 ~ 120
14 ~ 25	26 ~ 37	38 ~ 48
40 ~ 63	64 ~ 87	88 ~ 109
44 ~ 67	68 ~ 89	90 ~ 109
44 ~ 69	70 ~ 93	94 ~ 117
43 ~ 66	67 ~ 92	93 ~ 114
36 ~ 59	60 ~ 85	86 ~ 109
46 ~ 71	72 ~ 97	98 ~ 121
42 ~ 65	66 ~ 89	90 ~ 111
50 ~ 75	76 ~ 99	100 ~ 121
48 ~ 75	76 ~ 99	100 ~ 123

백점 과학 무료 스마트러닝

첫째 QR코드 스캔하여 1초 만에 바로 강의 시청

둘째 최적화된 강의 커리큘럼으로 학습 효과 UP!

❶ 교과서 핵심 개념을 짚어 주는 개념 강의
❷ 검정 교과서별 대표 실험을 직접 해보듯이 생생한 실험 동영상
❸ 다양한 수행 평가에 대비할 수 있는 수행 평가 문제 풀이 강의

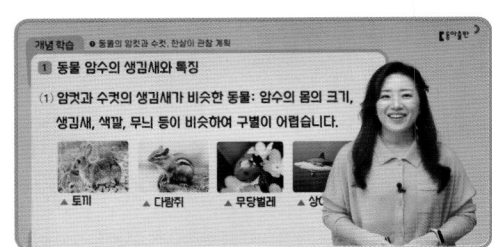

#백점 #초등과학 #무료

백점 초등과학 5학년 강의 목록

백점

과학 5·2

구성과 특징

BOOK ① 개념북

검정 교과서를 통합한 개념 학습

2023년부터 초등 5~6학년 과학 교과서가 국정 교과서에서 **9종 검정 교과서**로 바뀌었습니다.

'백점 과학'은 **검정 교과서의 개념과 탐구를 통합적으로 학습**할 수 있도록 구성하였습니다. 단원별 검정 교과서 학습 내용을 확인하고 **개념 학습, 문제 학습, 마무리 학습**으로 이어지는 3단계 학습을 통해 검정 교과서의 통합 개념을 익혀 보세요.

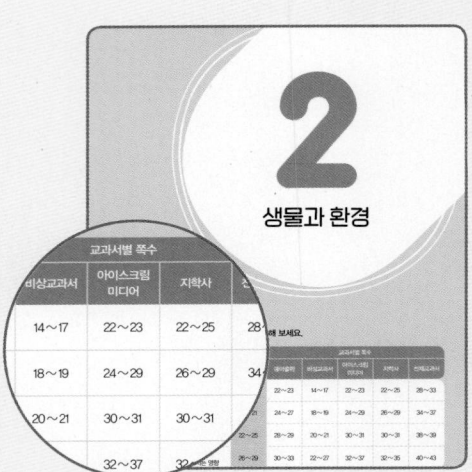

2
생물과 환경

교과서별 쪽수			
비상교과서	아이스크림 미디어	지학사	
14~17	22~23	22~25	28
18~19	24~29	26~29	34
20~21	30~31	30~31	
	32~37	32	

---

1 개념 학습

QR코드 활용하기

○ 검정 교과서의 내용을 통합한 **핵심 개념**을 익힐 수 있습니다.

○ **교과서 통합 대표 실험**을 통해 검정 교과서별 중요 실험을 확인할 수 있습니다.

○ QR을 통해 개념 이해를 돕는 **개념 강의**, 한눈에 보는 **실험 동영상**이 제공됩니다.

---

2 문제 학습

○ **기본 개념 문제**로 개념을 파악합니다.

○ **교과서 공통 핵심 문제**로 여러 출판사의 공통 개념을 익힐 수 있습니다.

○ **교과서별 문제**를 풀면서 다양한 교과서의 개념을 학습할 수 있습니다.

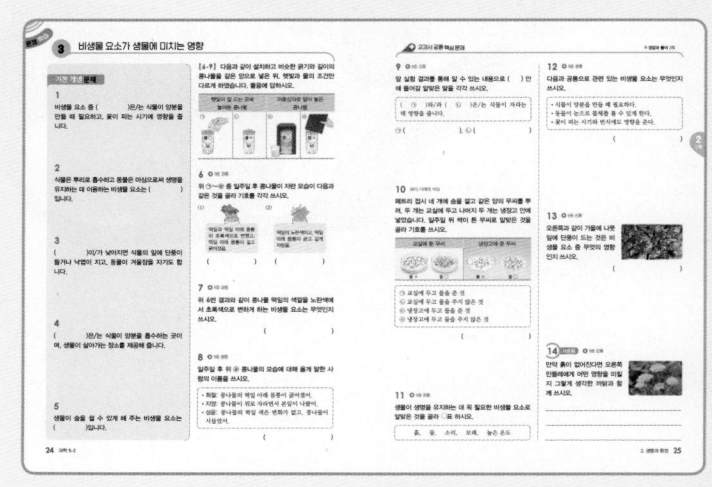

3 마무리 학습

교과서 통합 핵심 개념에서
단원의 개념을 한눈에 정리할 수 있습니다.

단원 평가와 **수행 평가**를 통해
단원을 최종 마무리할 수 있습니다.

BOOK ② 평가북
학교 시험에 딱 맞춘 평가 대비

묻고 답하기

묻고 답하기를 통해 핵심 개념을 다시 익힐 수 있습니다.

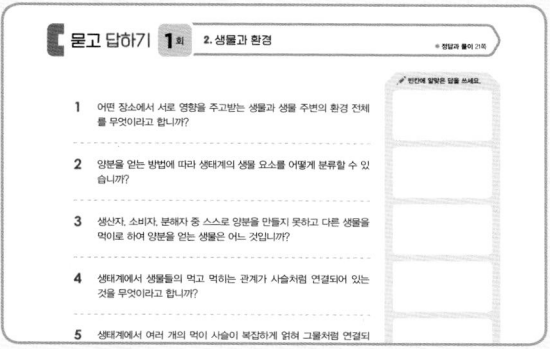

단원 평가 기출·실전 / 수행 평가

단원 평가와 수행 평가를 통해 학교 시험에 대비할 수 있습니다.

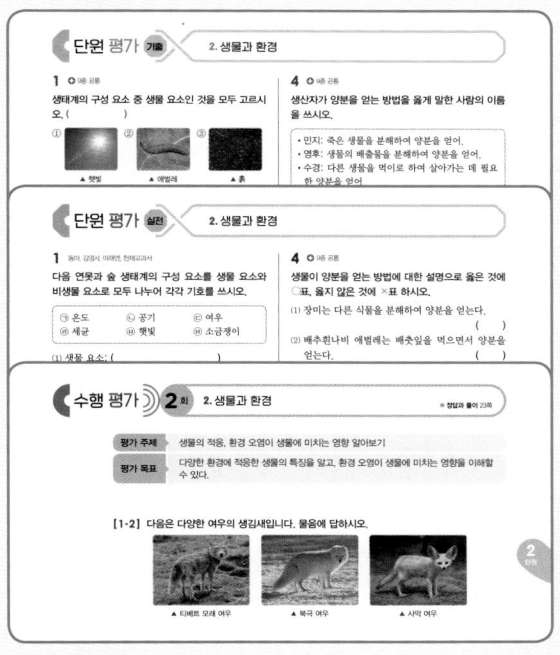

차례

1

재미있는 나의 탐구

▶ 학습 내용과 교과서별 해당 쪽수를 확인해 보세요.

학습 내용	백점 쪽수	교과서별 쪽수				
		동아출판	비상 교과서	아이스크림 미디어	지학사	천재교과서
● 재미있는 과학 탐구 (탐구 문제, 탐구 계획, 탐구 실행, 탐구 결과 발표)	6~9	–	–	9~17	8~17	10~23
● 신나는 과학 탐구 (문제 인식, 가설 설정, 변인 통제, 자료 변환, 자료 해석, 결론 도출)	10~12	8~17	–	–	–	–

★ 2015 개정 과학과 교육과정에서는 다양한 탐구 중심의 학습이 이루어지도록 학년별 위계가 정해져 있지 않습니다.
  자신의 학교에 맞는 학습 내용을 선택하여 활용하면 됩니다.

● **재미있는 과학 탐구**는 금성출판사 「과학자처럼 문제를 해결해요」, 김영사 「1. 재미있는 나의 탐구」,
  아이스크림미디어 「재미있는 탐구 생활」, 지학사 「1. 함께하는 과학 탐구」,
  천재교과서 「1. 탐구야, 궁금한 점을 해결해 볼까?」 단원에 해당합니다.

● **신나는 과학 탐구**는 동아출판 「1. 신나는 과학 탐구」 단원에 해당합니다.

◎ 재미있는 과학 탐구

개념 강의

1 탐구 문제 정하기

❶ 궁금한 점 생각하기

생활 속에서 궁금했던 점이나 대상을 직접 관찰하며 궁금했던 점을 떠올려 보고, 글과 그림으로 기록합니다.

종이비행기를 새로운 모양으로 만들 수는 없을까?

[궁금한 점]
종이띠와 빨대를 이용하여 고리 비행기를 만들어 보는 것은 어때?

❷ 탐구 문제 정하기

여러 가지 궁금한 점 중에서 가장 알아 보고 싶은 것을 탐구 문제로 정합니다.

> 탐구 문제는 "~까?"와 같은 형태로 쓰면 돼요.

고리 비행기를 어떤 모양으로 만들면 더 멀리 날 수 있을지 궁금해.

[탐구 문제]
어떻게 하면 5 m 이상 날아가는 고리 비행기를 만들 수 있을까?

❸ 탐구 문제 점검하기

탐구 문제가 적절한지, 스스로 탐구할 수 있는 문제인지 확인합니다.

2 탐구 계획하기

❶ 탐구 문제 해결 방법 정하기

탐구 문제를 해결할 수 있는 탐구 방법을 생각합니다.

원 모양 종이띠
빨대

고리 비행기 고리의 모양, 고리의 크기, 고리의 위치, 고리의 무게, 빨대의 굵기, 빨대의 길이 등을 모두 생각해야 해.

[탐구 문제 해결 방법]
앞뒤 고리 모두 원 모양으로 하고, 폭 1.5 cm, 길이 9 cm 인 종이띠를 사용해서 만들어 보자.

❷ 탐구 계획 세우기

탐구 방법에 따른 탐구 순서, 준비물, 안전 수칙을 정하고, 역할을 나눕니다.

탐구 문제	어떻게 하면 5 m 이상 날아가는 고리 비행기를 만들 수 있을까?
탐구 순서	❶ 원형 고리 비행기와 고리 비행기 발사대를 만든다. ❷ 발사대를 이용하여 고리 비행기를 날려 보고, 날아간 거리를 측정한다. →던지는 힘의 영향을 받지 않도록 발사대를 이용해요. ❸ 고리 비행기가 5 m 이상 날아가지 않는다면 무엇이 문제인지 생각해 보고, 이를 해결한 후 ❷번을 다시 실행한다. ❹ 문제점을 해결하면서 5 m 이상 날아가는 고리 비행기를 만든다.
준비물	종이띠, 굵은 빨대, 가는 빨대, 셀로판테이프, 양면테이프, 플라스틱 판, 집게, 가위, 고무줄, 줄자, 종이테이프 등
안전 수칙	사람을 향해 고리 비행기를 날리지 않는다.
역할 분담	• ○○: 고리 비행기 만들기 • ☆☆: 발사대 만들기 • □□: 고리 비행기 날리기 • ◎◎: 기록 측정하기 • △△: 사진이나 동영상 촬영하기

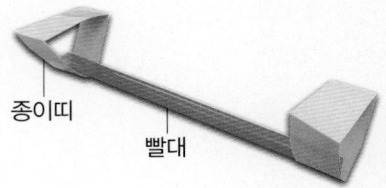

➕ 종이띠와 빨대를 이용하여 만든 고리 비행기 예

종이띠
빨대

➕ 탐구 문제를 정할 때 유의할 점
• 간단한 검색을 통해 정답을 알 수 있거나, 너무 어려워서 해결할 수 없는 탐구 문제는 정하지 않습니다.
• 탐구 준비물을 쉽게 구할 수 있어야 합니다.

➕ 탐구 계획을 세울 때 유의할 점
• 탐구 계획을 세울 때에는 결과에 영향을 주는 조건을 꼼꼼히 점검합니다.
• 탐구 계획에 대하여 친구들과 의견을 나누고 수정할 부분이 있는지 점검합니다.

용어 사전

● **띠** 너비가 좁고 기다랗게 생긴 물건을 통틀어 이르는 말.
● **수칙** 행동이나 절차에 관하여 지켜야 할 사항을 정한 규칙.

3 탐구 실행하기

❶ 탐구 문제를 탐구 결과물로 만들어 탐구하기

탐구 계획에 따라 탐구 문제를 탐구 결과물로 만들어 보며 탐구해 봅니다.

고리 비행기 모양	원형 고리 비행기			
날아간 거리	1회	2회	3회	가장 멀리 날아간 기록
	215 cm	250 cm	245 cm	250 cm

❷ 탐구 결과물 점검하기

탐구 결과물이 탐구 문제를 해결하였는지 점검합니다.

탐구 문제	해결 여부
어떻게 하면 5 m 이상 날아가는 고리 비행기를 만들 수 있을까?	○, ⊗

❸ 문제점을 찾고 보완 방법 생각하기

[문제점]
고리 비행기가 날아가다가 앞의 고리가 위로 들리며 아래로 떨어져.

[보완 방법]
앞쪽에 클립을 끼워 약간 무겁게 하고, 뒤쪽을 더 큰 고리로 바꿔 보자.

- 만든 탐구 결과물의 문제점을 찾고, 이를 보완할 방법을 생각합니다.
- 탐구 문제를 해결할 수 있는 결과를 얻을 때까지 계속해서 보완해 봅니다.

고리 비행기 모양	원형 고리 비행기			
날아간 거리	1회	2회	3회	가장 멀리 날아간 기록
	530 cm	600 cm	555 cm	600 cm
탐구 문제 해결 여부	◎, ×	◎, ×	◎, ×	◎, ×

❹ 탐구 결과 정리하기

탐구 결과를 정리하고, 탐구 결과로 알게 된 것을 친구들과 이야기해 봅니다.

[탐구 결과] 고리 비행기의 고리를 원 모양으로 만들고, 앞부분에 클립을 끼워 약간 무겁게 한 고리 비행기가 5 m 이상 날아갔다.

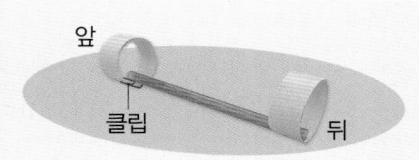
앞
클립
뒤

4 탐구 결과 발표하기

(1) **탐구 결과 발표 자료 만들기**

컴퓨터나 포스터를 활용하거나 전시회, 역할놀이 등 다양한 방법으로 발표할 수 있어요.

① 탐구 결과를 쉽게 전달할 수 있는 발표 방법과 발표 자료의 종류를 정합니다.
② 발표 자료에 들어갈 내용을 확인하고 발표 자료를 만듭니다.

(2) **탐구 결과 발표하기**

① 탐구 결과를 발표하고, 친구들의 질문에 대답합니다.
② 다른 친구의 발표를 주의 깊게 듣고 궁금한 점, 더 알고 싶은 점을 질문합니다.
③ 나의 발표에서 잘한 점과 보완해야 할 점을 정리해 봅니다.

+ 문제점을 찾고 보완하기

문제점을 여러 차례 보완해 나가는 경우, 각 단계에서 바꾼 점을 메모하거나 사진 또는 동영상으로 기록합니다.

용어 사전

● **보완** 모자라거나 부족한 것을 보충하여 완전하게 함.

재미있는 과학 탐구

1 금성, 김영사, 미래엔, 아이스크림, 지학사, 천재교과서, 천재교육

다음 대화와 관계 있는 탐구 문제로 가장 알맞은 것에 ○표 하시오.

> 주변에 있는 생활용품을 관찰하고, 어떤 과학 원리가 숨어 있는지 조사했어?
>
> 나
>
> 선풍기의 날개는 공기를 앞쪽으로 밀어 낸다는 것이 새삼 신기했어.
>
> 친구
>
> 직접 확인하고 싶거나 기능을 개선하고 싶은 것이 있었니?
>
> 나
>
> 강한 바람이 나오는 선풍기를 만들고 싶어.
>
> 친구

(1) 선풍기의 바람을 강하게 하려면 어떻게 만들어야 할까? ( )

(2) 선풍기의 날개가 천천히 돌아가게 하려면 어떻게 만들어야 할까? ( )

2 금성, 김영사, 미래엔, 아이스크림, 지학사, 천재교과서, 천재교육

다음 탐구 문제가 적절한지 확인할 내용으로 알맞지 않은 것을 보기 에서 골라 기호를 쓰시오.

> [탐구 문제] 어떻게 하면 5 m 이상 날아가는 고리 비행기를 만들 수 있을까?

> 보기
> ㉠ 스스로 탐구할 수 있는 문제인가?
> ㉡ 고리 비행기를 얼마나 아름답게 만들 수 있는가?
> ㉢ 만드는 데 필요한 준비물을 쉽게 구할 수 있는가?

( )

3 금성, 김영사, 미래엔, 아이스크림, 지학사, 천재교과서, 천재교육

위 **2**번 탐구 문제를 해결하기 위한 탐구 계획을 세울 때 해야 할 일로 옳은 것에 모두 ○표 하시오.

(1) 어떻게 만들지 정한다. ( )

(2) 만들려는 작품을 글과 그림으로 나타내 본다. ( )

4 금성, 김영사, 미래엔, 아이스크림, 지학사, 천재교과서, 천재교육

탐구를 실행할 때 할 일을 옳게 말한 사람의 이름을 쓰시오.

> • 시율: 문제가 생기면 탐구를 중단해.
> • 하준: 표나 그래프로 탐구 결과를 기록해.
> • 예은: 탐구 문제 여러 가지를 한꺼번에 실행해.

( )

5 금성, 김영사, 미래엔, 아이스크림, 지학사, 천재교과서, 천재교육

탐구를 실행하는 동안 예상하지 못한 문제가 생겼을 때의 태도로 옳지 않은 것을 보기 에서 골라 기호를 쓰시오.

> 보기
> ㉠ 문제가 생긴 원인을 찾는다.
> ㉡ 문제점은 크게 생각하지 않아도 된다.
> ㉢ 문제를 해결할 수 있는 과학적인 방법을 생각해 본다.

( )

6 서술형 천재교과서

탐구를 실행하다가 다음과 같은 문제점이 발생했을 때 알맞은 보완 방법을 한 가지 쓰시오.

> [문제점] 고리 비행기가 날아가다가 앞쪽의 고리가 위로 들리며 아래로 떨어진다.

_____

_____

7 금성, 김영사, 미래엔, 아이스크림, 지학사, 천재교과서, 천재교육

탐구 결과 발표 방법을 고민하는 윤진이에게 가장 알맞은 방법을 보기 에서 골라 기호를 쓰시오.

어떻게 발표하면 친구들이 우리가 탐구한 내용을 쉽게 이해할 수 있을까?

이렇게 해 보자.

윤진

보기
ㄱ 탐구 결과를 긴 글로 써서 정리한다.
ㄴ 같은 내용을 10회 이상 반복해서 발표한다.
ㄷ 탐구 과정을 짧은 동영상이나 사진으로 보여 준다.

(   )

8 금성, 김영사, 미래엔, 아이스크림, 지학사, 천재교과서, 천재교육

탐구 결과 발표 자료를 만들 때 가장 먼저 해야할 일은 어느 것입니까? (   )

① 탐구한 내용을 떠올린다.
② 새로운 탐구 문제를 정한다.
③ 친구들에게 궁금한 것을 질문한다.
④ 탐구 결과 발표 장소와 시간을 정한다.
⑤ 탐구 결과를 발표할 때 입을 의상을 정한다.

9 금성, 김영사, 미래엔, 아이스크림, 지학사, 천재교과서, 천재교육

탐구 결과를 발표하기 위한 발표 자료에 들어갈 내용으로 알맞은 것을 보기 에서 모두 골라 기호를 쓰시오.

보기
ㄱ 탐구 문제   ㄴ 탐구 장소
ㄷ 역할 나누기   ㄹ 탐구로 알게된 것
ㅁ 더 알아보고 싶은 것

(   )

10 금성, 김영사, 미래엔, 아이스크림, 지학사, 천재교과서, 천재교육

탐구 결과를 발표할 때 주의할 점으로 옳은 것에 ○표, 옳지 않은 것에 ×표 하시오.

(1) 아주 빠르고 분명하게 말한다.   (   )
(2) 요점을 빠뜨리지 않고 말한다.   (   )
(3) 모든 학생이 볼 수 있는 곳에서 발표한다. (   )

11 서술형 금성, 김영사, 미래엔, 아이스크림, 지학사, 천재교과서, 천재교육

다른 모둠의 탐구 결과 발표를 들을 때 주의해야 할 점을 한 가지 쓰시오.

_____

_____

12 금성, 김영사, 미래엔, 아이스크림, 지학사, 천재교과서, 천재교육

탐구하는 과정의 순서에 맞도록 ㉠, ㉡에 들어갈 알맞은 내용을 보기 에서 골라 각각 쓰시오.

보기
탐구 실행하기,   탐구 계획하기,
새로운 탐구하기,   궁금한 점 생각하기

탐구 문제 정하기 ▶ ㉠ ▶ ㉡ ▶ 탐구 결과 발표하기

㉠ (   ), ㉡ (   )

신나는 과학 탐구

 개념 강의

1 탐구 문제를 정하고 가설 설정하기

(1) **탐구 문제 정하기**: 평소에 궁금했던 점이나 어떤 현상을 관찰하면서 생긴 궁금한 것을 바탕으로 탐구 문제를 정합니다.

(예)

궁금한 것		탐구 문제
고무 동력 수레를 어떻게 하면 더 멀리 이동시킬 수 있을까?	➡	고무줄을 감는 횟수가 고무 동력 수레의 이동 거리에 어떤 영향을 줄까?

(2) **가설 설정하기**

① **가설**: 탐구 문제를 정하고 탐구 결과를 미리 예상해 보는 것을 말하며, 가설을 세우는 것을 **가설 설정**이라고 합니다.

② 가설은 이미 알고 있는 사실과 개념, 관찰한 경험 등을 바탕으로 세울 수 있습니다.

(예) [가설] 고무 동력 수레의 고무줄을 감는 횟수가 많을수록 수레가 더 멀리 이동할 것입니다.

고무 동력 수레는 감겨 있던 고무줄이 풀리면서 움직이니까, 고무줄을 많이 감으면 멀리 이동할 수 있을 거야.

가설로 설정해 보는게 어때?

2 실험 계획하기

(1) **실험 계획을 세울 때 정해야 할 것**

① 실험 결과에 영향을 주는 조건을 찾고, 가설을 확인하기 위해 **다르게 해야 할 조건**과 **같게 해야 할 조건**을 확인하고 통제합니다. ➡ 이를 **변인 통제**라고 합니다.

② 변인 통제를 하지 않으면 어떤 조건이 실험 결과에 영향을 주었는지 확인하기 어렵습니다.

③ 실험을 하면서 관찰하거나 측정해야 할 것, 실험에 필요한 준비물, 실험 과정, 모둠원의 역할, 안전 수칙 등을 정합니다.

(예)

탐구 문제	고무줄을 감는 횟수가 고무 동력 수레의 이동 거리에 어떤 영향을 줄까?			
가설	고무 동력 수레의 고무줄을 감는 횟수가 많을수록 수레가 더 멀리 이동할 것이다.			
실험 조건	다르게 해야 할 조건	같게 해야 할 조건	준비물	고무 동력 수레, 줄자, 종이테이프
	고무 동력 수레의 고무줄을 감는 횟수	고무 동력 수레, 출발선, 실험하는 장소		
관찰하거나 측정할 것	• 고무 동력 수레가 움직이는 빠르기 관찰하기 • 고무 동력 수레가 이동한 거리 줄자로 측정하기			
실험 과정	❶ 고무 동력 수레의 고무줄을 각각 10회, 15회, 20회씩 감고 종이테이프로 표시한 출발선에 수레를 놓는다. ❷ 수레가 움직이다가 멈추면 출발선에서부터 수레가 이동한 거리를 줄자로 측정하고 기록한다.			

➕ 가설을 세울 때 유의할 점

탐구하려는 내용이 분명하게 드러나도록 표현해야 하며, 탐구 결과를 통해 가설이 맞는지 확인할 수 있어야 합니다. 또 가설을 이해하기 쉽도록 간결한 문장을 사용하여 표현합니다.

➕ 고무 동력 수레 만들기

빵 끈

❶ 구부린 빵 끈에 고무줄을 끼운 뒤, 짧은 나무 막대를 고무줄에 끼우기

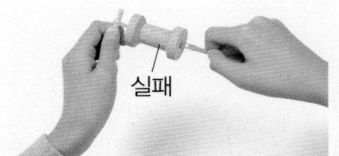
실패

❷ 빵 끈을 구멍 뚫린 실패의 구멍에 통과시키기

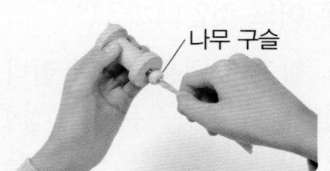
나무 구슬

❸ 실패를 통과한 빵 끈을 구멍 뚫린 나무 구슬의 구멍에 통과시켜 고무줄 빼내기

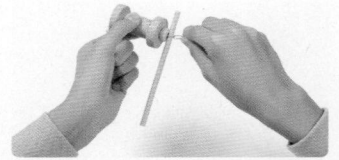

❹ 빼낸 고무줄에 긴 나무 막대를 끼운 후 빵 끈 제거하기

용어 사전

● **동력** 전기 또는 자연에 있는 에너지를 쓰기 위하여 기계적인 에너지로 바꾼 것.
● **변인** 성질이나 모습이 변하는 원인.
● **실패** 실을 감아 두는 작은 도구.

3 실험하기

① 변인 통제에 유의하면서 계획한 실험 과정에 따라 실험을 합니다.
② 실험하는 동안 관찰하거나 측정한 내용은 있는 그대로 기록합니다.
③ 실험 결과가 예상과 다르더라도 고치거나 빼지 않습니다.
④ 항상 안전에 유의하면서 실험을 합니다.

1 단원

고무줄을 감는 횟수에 따른 고무 동력 수레의 이동 거리 측정하기

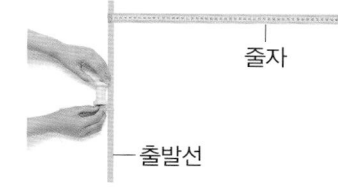

줄자
출발선

❶ 고무 동력 수레의 고무줄을 각각 10회, 15회, 20회씩 감고 종이테이프로 표시한 출발선에 수레 놓기

예

고무줄을 감은 횟수	측정 횟수	고무 동력 수레가 이동한 거리(cm)
10	1회	60
	2회	62
	3회	60
15	1회	98
	2회	100
	3회	100
20	1회	170
	2회	170
	3회	173

여러 번 해 보자!

고무줄을 많이 감을수록 더 멀리 이동하네.

❷ 수레가 움직이다가 멈추면 출발선에서부터 수레가 이동한 거리를 줄자로 측정하고 기록하기

┗● 정확한 결과를 얻기 위해 여러 번 반복해서 측정해요.

4 실험 결과를 정리하고 결론 내리기

(1) 실험 결과 정리하기

① 실험 결과를 한눈에 비교하기 쉽게 표나 그래프 등의 형태로 바꾸어 나타냅니다.
➡ 이를 **자료 변환**이라고 합니다.
② 실험 결과를 그림이나 표, 그래프 등으로 변환한 뒤에는 **자료를 해석**하여 그 의미를 확인합니다.
③ 실험에서 다르게 한 조건과 실험 결과 사이에는 어떤 관계가 있는지 살펴봅니다.

예

각각 3번씩 반복하여 측정한 값 중에서 가장 많이 측정된 값을 결과로 기록함.

고무줄을 감은 횟수	고무 동력 수레가 이동한 거리(cm)
10	60
15	100
20	170

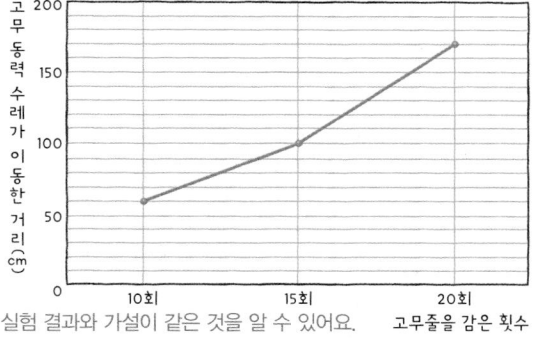

┗● 실험 결과와 가설이 같은 것을 알 수 있어요.

꺾은선 그래프 그리기

❶ 가로축에는 탐구에서 다르게 한 조건을 나타내고, 세로축에는 탐구에서 측정한 결과를 나타냅니다.
❷ 가장 큰 측정값을 나타낼 수 있도록 눈금을 정합니다.
❸ 가로축과 세로축의 측정값이 만나는 곳에 점을 찍고 점과 점을 선으로 연결합니다.

(2) 결론 내리기

① 실험 결과를 통해 가설이 맞는지 판단합니다.
② 실험 결과가 가설과 같다면 이를 바탕으로 탐구 문제의 답을 정리해 결론을 내립니다. ➡ 이를 **결론 도출**이라고 합니다.

예

결론	고무 동력 수레의 고무줄을 많이 감을수록 수레가 더 멀리 이동한다.

③ 실험 결과가 가설과 다르다면 가설을 수정하여 탐구를 다시 시작합니다.

용어 사전

● **변환** 달라져서 바꾸는 것. 또는 다르게 하여 바꾸는 것.
● **도출** 판단이나 결론 등을 이끌어 냄.

신나는 과학 탐구

1 동아

다음 궁금한 점을 바탕으로 정한 탐구 문제로 가장 알맞은 것을 보기 에서 골라 기호를 쓰시오.

> [궁금한 점] 고무 동력 수레를 어떻게 하면 더 멀리 이동시킬 수 있을까?

> 보기
> ㉠ 고무 동력 수레를 만드는 준비물에는 무엇이 있을까?
> ㉡ 고무 동력 수레가 이동한 거리를 어떤 도구로 측정할까?
> ㉢ 고무줄을 감는 횟수가 고무 동력 수레의 이동 거리에 어떤 영향을 줄까?

(   )

2 서술형 동아

위 **1**번 궁금한 점과 관련지어 어떤 가설을 세울 수 있을지 한 가지 쓰시오.

_____

_____

3 동아

다음은 실험 계획을 세울 때 정해야 할 것에 대한 내용입니다. (   ) 안에 들어갈 알맞은 말은 어느 것입니까? (   )

> 실험 결과에 영향을 주는 조건을 찾고, 가설을 확인하기 위해 다르게 해야 할 조건과 같게 해야 할 조건을 확인하고 통제해야 하는데, 이를 (   ) (이)라고 한다.

① 문제 인식   ② 가설 설정
③ 변인 통제   ④ 자료 변환
⑤ 자료 해석

4 동아

탐구 문제를 해결하기 위한 실험을 할 때 지켜야 할 것으로 알맞은 것에 모두 ◯표 하시오.

⑴ 실험하는 동안 측정한 내용은 있는 그대로 모두 기록한다.   (   )
⑵ 실험 결과가 예상한 것과 다르더라도 고치거나 빼지 않는다.   (   )
⑶ 같게 해야 할 조건으로 정했던 것이라도 반드시 같게 할 필요는 없다.   (   )

5 동아

다음과 같이 실험 결과를 한눈에 비교하기 쉽게 표나 그래프의 형태로 바꾸어 나타내는 것을 무엇이라고 하는지 쓰시오.

고무줄을 감은 횟수	고무 동력 수레가 이동한 거리(cm)
10	60
15	100
20	170

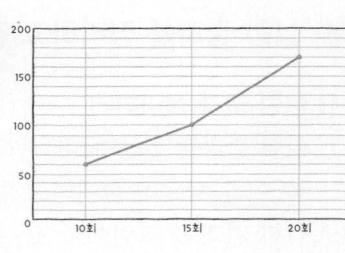

(   )

6 동아

실험 결과를 정리하고 결론을 내리는 단계에 대해 옳지 <u>않게</u> 말한 사람의 이름을 쓰시오.

> • 원지: 실험 결과를 통해 가설이 맞는지 판단해.
> • 호수: 실험 결과가 가설과 같다면, 이를 바탕으로 결론을 내려.
> • 재롬: 실험 결과가 가설과 다르다면, 탐구에 실패하였으므로 새로운 탐구를 계획해.

(   )

2

생물과 환경

▶ 학습 내용과 교과서별 해당 쪽수를 확인해 보세요.

학습 내용	백점 쪽수	교과서별 쪽수				
		동아출판	비상교과서	아이스크림 미디어	지학사	천재교과서
1 생태계, 생태계를 이루는 요소	14~17	22~23	14~17	22~23	22~25	28~33
2 생물 요소의 먹이 관계, 생태계 평형	18~21	24~27	18~19	24~29	26~29	34~37
3 비생물 요소가 생물에 미치는 영향	22~25	28~29	20~21	30~31	30~31	38~39
4 생물의 적응, 환경 오염이 생물에 미치는 영향	26~29	30~33	22~27	32~37	32~35	40~43

★ 동아출판, 김영사, 미래엔, 지학사, 천재교과서, 천재교육의 「2. 생물과 환경」 단원에 해당합니다.

★ 금성출판사, 비상교과서, 아이스크림미디어의 「1. 생물과 환경」 단원에 해당합니다.

개념 강의

1 생태계, 생태계를 이루는 요소

1 생태계

(1) **생물이 사는 곳**: 생물은 다양한 환경에서 살아갑니다. 생물이 사는 곳을 서식지라고 하며, 서식지가 다르면 그곳에 사는 생물도 다릅니다.

(2) **생태계**
① 어떤 장소에서 서로 영향을 주고받는 생물과 생물 주변의 환경 전체를 생태계라고 합니다.
② 화단, 연못, 어항처럼 비교적 작은 규모부터 숲, 하천, 갯벌, 바다처럼 큰 규모에 이르기까지 생태계의 종류는 다양합니다. ─● 지구도 하나의 커다란 생태계에 해당해요.
③ 북극이나 남극, 사막처럼 환경이 특별한 생태계도 있습니다.

▲ 화단 생태계 　 ▲ 연못 생태계 　 ▲ 어항 생태계 　 ▲ 숲 생태계
▲ 하천 생태계 　 ▲ 갯벌 생태계 　 ▲ 바다 생태계 　 ▲ 사막 생태계

(3) **생태계 관찰하기**(예 연못, 숲 생태계): 생태계는 다양한 요소로 이루어져 있으며 서로 영향을 주고 받습니다.

연못 생태계 / 숲 생태계
참새, 햇빛, 온도, 공기, 수련, 개구리, 부들, 여우, 흙, 버섯, 소금쟁이, 연꽃, 곰팡이(400배), 뱀, 물, 붕어, 세균(1000배), 토끼, 구절초, 검정말

살아 있는 것	살아 있지 않은 것
소금쟁이, 붕어, 검정말, 수련, 세균, 연꽃, 개구리, 부들, 토끼, 여우, 참새, 곰팡이, 뱀, 버섯, 구절초 등	햇빛, 공기, 물, 온도, 돌, 흙 등

 생물 요소: 생태계를 이루는 요소 중 동물이나 식물 등과 같이 살아 있는 것

비생물 요소: 햇빛, 공기, 물 등과 같이 살아 있지 않은 것

생물이 살기 힘든 환경
• 동물은 공기가 없으면 숨을 쉴 수 없습니다.
• 식물은 물과 햇빛이 없으면 잘 자랄 수 없습니다.
• 흙이 없으면 식물이 뿌리를 내리고 자랄 수 없습니다.
• 다른 생물이 없으면 이를 먹이로 하는 동물은 살아갈 수 없습니다.

생물 요소와 비생물 요소가 서로 주고받는 영향 예
• 생물 요소인 식물은 비생물 요소인 햇빛이 있어야 잘 자랍니다.
• 생물 요소인 동물과 식물은 비생물 요소인 물이 없으면 살기 어렵습니다.
• 생물 요소인 동물의 배출물은 비생물 요소인 흙을 비옥하게 해 줍니다.

용어 사전
● **요소** 무엇을 이루는 데 반드시 있어야 할 중요한 물질이나 조건.
● **배출물** 사람이나 동물이 몸 밖으로 내보내는 똥이나 오줌, 땀 등의 물질.

2 양분을 얻는 방법에 따라 생물 요소 분류하기

① 생물 요소 찾아보기: 배추, 배추흰나비, 배추흰나비 애벌레, 곰팡이, 느티나무, 참새, 세균, 개망초 등의 생물 요소를 찾을 수 있습니다.

② 각 생물 요소가 양분을 얻는 방법: 생물은 양분을 얻어야만 살아갈 수 있습니다.

③ 양분을 얻는 방법에 따라 생물 요소 분류하기: 생태계를 구성하는 생물 요소는 양분을 얻는 방법에 따라 생산자, 소비자, 분해자로 분류할 수 있습니다.

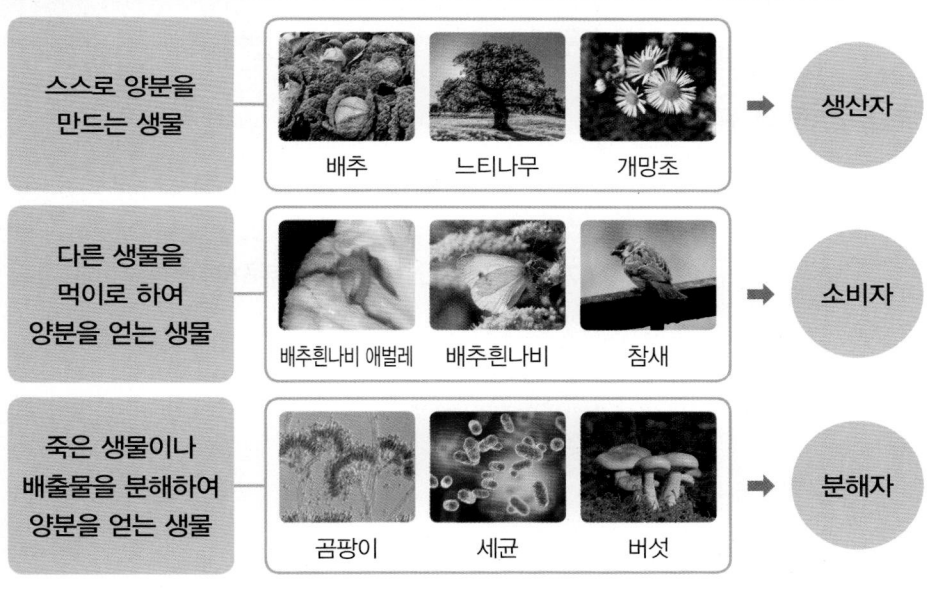

3 생물 요소의 역할

생물이 양분을 얻는 모습을 본 경험 ⑩

- 새는 작은 곤충이나 열매 등을 먹고 삽니다.
- 강아지는 먹이를 먹고 물을 마셔야 살 수 있습니다.
- 화분에 기르는 식물은 햇빛을 잘 받게 하고 물을 주어야 잘 자랍니다.

생산자인 동시에 소비자인 식충 식물

모든 생물이 생산자, 소비자, 분해자 중 하나에만 속하는 것은 아닙니다. 파리지옥이나 끈끈이주걱과 같이 곤충을 잡아먹는 식충 식물은 햇빛을 이용하여 양분을 만드는 생산자이면서, 곤충을 잡아먹는 소비자입니다.

생산자가 사라지면 일어날 수 있는 일

생산자인 식물을 먹이로 하여 양분을 얻는 생물이 살지 못할 것이고, 이 생물을 먹이로 하는 생물 또한 살지 못할 것입니다. 결국 생태계의 모든 생물이 멸종될 수 있습니다.

용어 사전

- **분해** 여러 부분이 합쳐져 이루어진 것을 그 낱낱으로 나눔.
- **멸종** 생물의 한 종류가 아주 없어짐.

기본 개념 문제

1

(   )이/가 사는 곳을 서식지라고 하며 땅속, 땅 위, 물속, 물가 등 다양한 곳이 있습니다.

2

낙타, 모래, 햇빛, 선인장, 미어캣 등이 서로 영향을 주고받는 생태계는 (   ) 생태계입니다.

3

생태계의 구성 요소 중 공기, 온도, 물, 돌 등과 같이 살아 있지 않은 것을 (   ) 요소라고 합니다.

4

생물 요소를 분류할 때 스스로 양분을 만드는 생물을 (   )(이)라고 합니다.

5

소비자는 다른 생물을 먹이로 하여 (   )을/를 얻습니다.

6 ➕ 9종 공통

다음 (   ) 안에 들어갈 알맞은 말을 쓰시오.

> (   )(이)란 어떤 장소에서 서로 영향을 주고받는 생물과 생물 주변의 환경 전체를 말한다.

(   )

7 ➕ 9종 공통

다음 중 생태계의 종류로 알맞은 것을 두 가지 골라 기호를 쓰시오.

ㄱ ▲ 물   ㄴ ▲ 화단

ㄷ ▲ 갯벌   ㄹ ▲ 개구리

(   )

8 ➕ 9종 공통

생태계의 구성 요소들을 구분하여 알맞은 것끼리 선으로 이으시오.

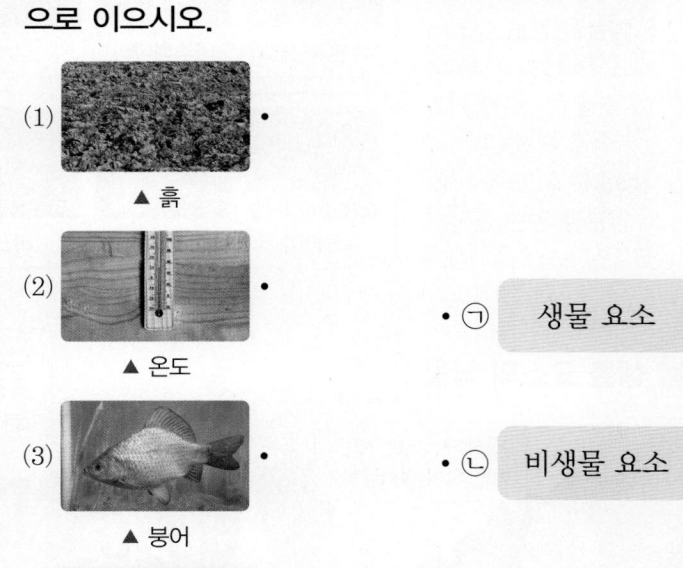

(1) ▲ 흙 •

(2) ▲ 온도 •

(3) ▲ 붕어 •

(4) ▲ 소 •

• ㉠ 생물 요소

• ㉡ 비생물 요소

9 ➕ 9종 공통

다음은 숲 생태계에서 볼 수 있는 구성 요소들입니다. 생물 요소와 비생물 요소로 분류하여 모두 기호를 쓰시오.

㉠ 물	㉡ 흙	㉢ 돌	㉣ 개
㉤ 벌	㉥ 공기	㉦ 사람	㉧ 민들레

(1) 생물 요소: (   )

(2) 비생물 요소: (   )

10 ➕ 9종 공통

다음 중 다른 생물을 먹이로 하여 양분을 얻는 생물을 골라 기호를 쓰시오.

㉠
㉡
㉢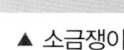

▲ 부들   ▲ 곰팡이   ▲ 소금쟁이

(   )

11 ➕ 9종 공통

다음 (1)~(3)의 생물 요소가 양분을 얻는 방법을 보기 에서 각각 골라 기호를 쓰시오.

┌─ 보기 ●
│ ㉠ 다른 생물을 먹이로 하여 양분을 얻는다.
│ ㉡ 햇빛을 이용하여 스스로 양분을 만든다.
│ ㉢ 죽은 생물이나 생물의 배출물을 분해하여 양분을 얻는다.
└─

(1) 배추: (   )

(2) 곰팡이: (   )

(3) 배추흰나비: (   )

12 ➕ 9종 공통

생태계의 생물 요소에 대한 설명으로 옳은 것에 ◯표 하시오.

⑴ 양분을 얻는 방법에 따라 생산자, 소비자, 분해자로 분류할 수 있다.   (   )

⑵ 곰팡이, 세균 등은 광합성을 통해 스스로 양분을 만드는 생산자이다.   (   )

13 ➕ 9종 공통

양분을 얻는 방법에 따라 생물 요소를 분류할 때 사과나무와 같은 무리로 분류할 수 있는 것에 대해 옳게 말한 사람의 이름을 쓰시오.

▲ 사과나무

┌─
│ • 은빈: 소비자로 분류하면 돼.
│ • 재준: 생물의 배출물을 분해하는 생물의 무리야.
│ • 소영: 햇빛을 이용해 스스로 양분을 만드는 생물 요소야.
└─

(   )

14 서술형 ➕ 9종 공통

생태계를 구성하는 생물 요소를 분류할 수 있는 기준을 포함하여 각각 무엇으로 부르는지 쓰시오.

_____

_____

_____

2 생물 요소의 먹이 관계, 생태계 평형

1 생물 요소의 먹이 관계

(1) 생물들의 먹이 관계

| 도토리 | 다람쥐는 도토리를 먹음. | 뱀은 다람쥐를 잡아먹음. | 매는 뱀을 먹이로 먹음. |

➡ 생태계에서 생물 요소는 서로 먹고 먹히는 관계에 있습니다.

(2) 먹이 사슬

맛있겠다. 맛있는 들쥐로군. 잘 먹겠습니다.

▲ 풀 → ▲ 들쥐 → ▲ 뱀 → ▲ 매

① 생물들의 먹고 먹히는 관계가 사슬처럼 연결되어 있는 것을 먹이 사슬이라고 합니다.
② 실제 생태계에서 소비자는 다양한 종류의 생물을 먹습니다.
③ 생물의 먹이 관계는 한 줄로 연결된 먹이 사슬의 형태가 아닌, 복잡한 형태로 나타납니다.

(3) 먹이 그물: 여러 개의 먹이 사슬이 복잡하게 얽혀 그물처럼 연결되어 있는 것을 먹이 그물이라고 합니다.

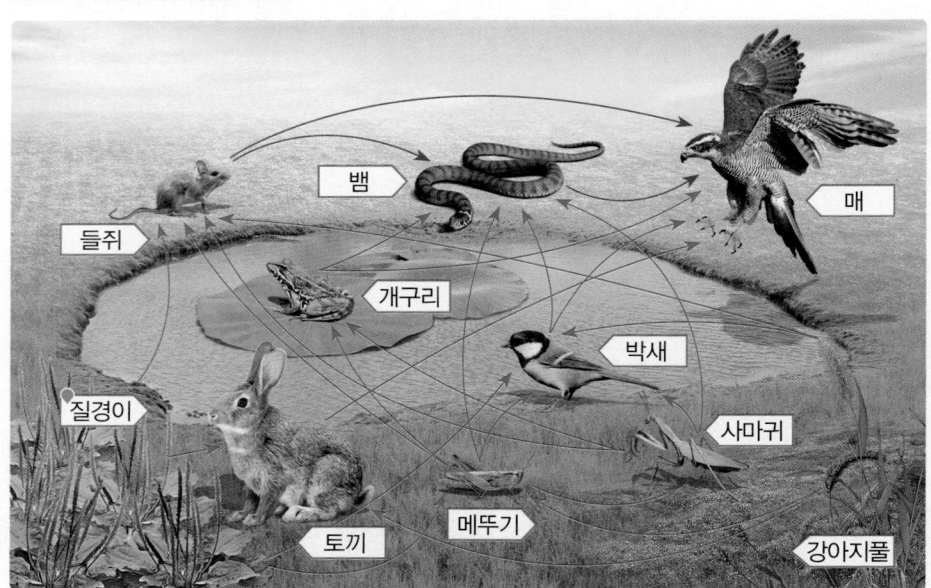

뱀 매 들쥐 개구리 박새 질경이 사마귀 토끼 메뚜기 강아지풀

(4) 생태계의 생물이 살아가기에 좋은 먹이 관계

① 먹이 사슬과 먹이 그물 중 생태계에서 여러 생물이 함께 살아가기에 유리한 것은 먹이 그물입니다.
② 먹이 그물은 어느 한 종류의 먹이가 부족해지더라도 다른 종류의 먹이를 먹고 살 수 있으므로 생물이 살아가는 데 영향을 덜 받을 수 있습니다.

생태계에서 생물의 먹고 먹히는 관계 나타내기

▲ 벼   ▲ 메뚜기 ▲ 개구리   ▲ 매

• 먹히는 쪽에서 먹는 쪽으로 화살표를 그어 표현합니다.
• 사슬과 같이 한 줄로 나열한 뒤 연결하는 형태로 나타낼 수 있습니다.

먹이 사슬과 먹이 그물의 공통점과 차이점

• 공통점: 생물들의 먹고 먹히는 관계가 나타납니다.
• 차이점: 먹이 사슬은 한 방향으로만 연결되어 있고, 먹이 그물은 여러 방향으로 연결되어 있습니다.

용어 사전

● **사슬** 고리를 여러 개 죽 이어서 만든 줄.
● **질경이** 들이나 길가에서 자라는 여러해살이 풀. 잎은 뿌리에서 뭉쳐나며 긴 타원형으로 어린잎은 먹기도 함.

2 생태계의 먹이 관계

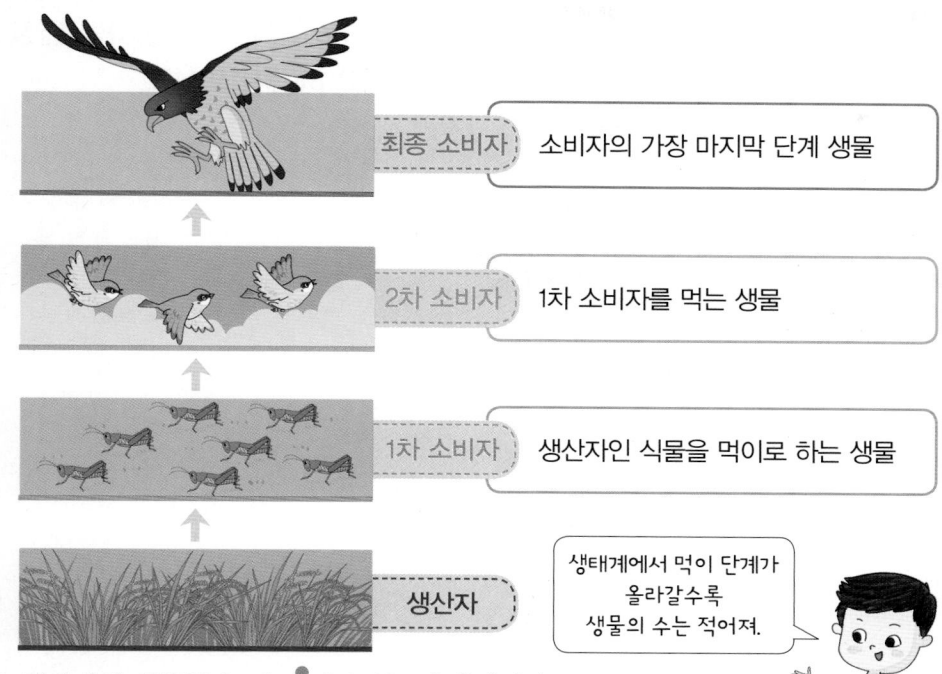

최종 소비자	소비자의 가장 마지막 단계 생물
2차 소비자	1차 소비자를 먹는 생물
1차 소비자	생산자인 식물을 먹이로 하는 생물
생산자	

생태계에서 먹이 단계가 올라갈수록 생물의 수는 적어져.

① 생태계의 생물들은 서로 의존하는 관계입니다.
② 만약 생산자가 사라진다면 소비자들도 살아남기 어려울 것입니다.

2 단원

➕ 안정된 생태계에서 생물의 수나 양

최종 소비자(매)
2차 소비자(개구리)
1차 소비자(메뚜기)
생산자(벼)

안정된 생태계에서 먹이 단계에 따라 생물의 수나 양을 아래에서부터 쌓아 올리면 위로 갈수록 줄어드는 피라미드 모양이 됩니다.

3 생태계 평형

(1) 생태계 평형
① 생태계의 생물은 서로 먹고 먹히는 관계를 이루며 안정적인 상태로 살아갑니다.
② 어떤 지역에 사는 생물의 종류와 수 또는 양이 균형을 이루며 안정된 상태를 유지하는 것을 생태계 평형이라고 합니다.

(2) 생태계 평형이 깨지는 까닭
① 특정 생물의 수나 양이 갑자기 늘거나 줄면 생태계 평형이 깨지기도 합니다.

일시적으로 깨진 생태계 평형은 자연적으로 회복되기도 해요.

(예)

 →  →

사람들의 무분별한 늑대 사냥으로 인해 국립 공원에 살던 늑대가 모두 사라지고, 늑대가 사라지자 사슴이 빠르게 늘어남.

늘어난 사슴이 풀과 나무를 닥치는 대로 먹은 결과 풀과 나무가 잘 자라지 못하고, 나무로 집을 짓고 살던 비버가 국립 공원에서 거의 사라짐.

늑대를 다시 국립 공원에 풀어놓자 사슴의 수는 조금씩 줄어들었고, 풀과 나무가 다시 자람. 오랜 시간이 지나면서 비버의 수도 늘어나게 됨.

② 산불, 홍수, 가뭄, 지진, 태풍 등과 같은 자연 재해에 의해 생태계 평형이 깨지는 경우가 있습니다.
③ 댐, 도로, 건물 등을 건설하면서 자연이 파괴되어 사람의 활동에 의해 생태계 평형이 깨지기도 합니다.

(3) 생태계 평형이 깨졌을 때: 생태계 평형이 깨지면 원래대로 회복하는 데 오랜 시간이 걸리고 많은 노력이 필요합니다.

용어사전

● **의존** 다른 것에 몸을 의지하고 기대어 존재함.
● **무분별** 세상 물정에 대한 바른 생각이나 판단이 없음.

기본 개념 문제

1

생태계에서 (   ) 요소는 서로 먹고 먹히는 관계에 있습니다.

2

먹이 그물은 여러 개의 (   ) 이/가 복잡하게 얽혀 그물처럼 연결된 것입니다.

3

먹이 사슬과 먹이 그물 중 여러 생물이 함께 살아가기에 유리한 것은 (   )입니다.

4

생산자인 식물을 먹이로 하는 생물을 (   ) 소비자라고 합니다.

5

(   )은/는 어떤 지역에 사는 생물의 종류와 수 또는 양이 균형을 이루며 안정된 상태를 유지하는 것을 말합니다.

6 ➕ 9종 공통

다음과 같이 생물들의 먹이 관계가 사슬처럼 연결되어 있는 것을 무엇이라고 하는지 쓰시오.

▲ 토끼풀   ▲ 토끼   ▲ 늑대

(   )

7 ➕ 9종 공통

다음 생물들을 먹이 사슬의 순서에 맞게 나열하시오.

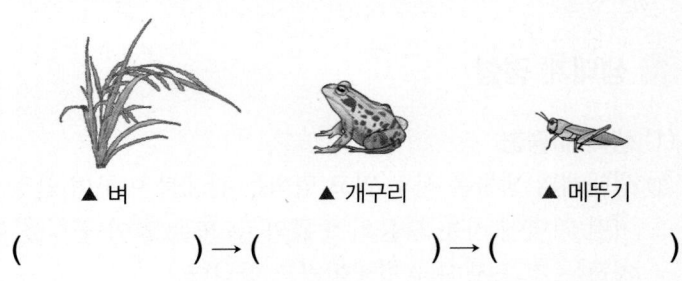

▲ 벼   ▲ 개구리   ▲ 메뚜기

(   ) → (   ) → (   )

8 ➕ 9종 공통

생태계에서 먹고 먹히는 먹이 관계를 화살표로 표시했더니 다음과 같이 그물처럼 연결되었습니다. 이것을 무엇이라고 하는지 쓰시오.

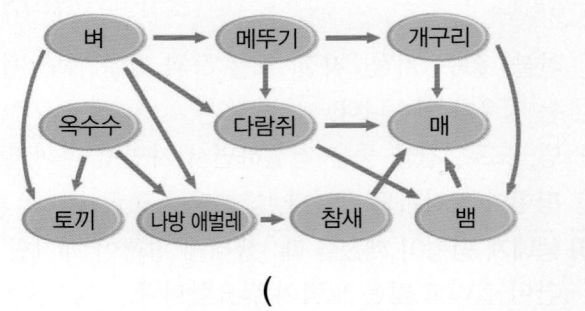

(   )

9 ➕ 9종 공통

먹이 그물에 대해 옳게 말한 사람의 이름을 쓰시오.

> • 태민: 먹이 사슬 여러 개가 얽혀 있는 모습이야.
> • 현구: 한 종류의 먹이가 부족해지면 생물은 살 수 가 없다는 것을 보여줘.
> • 보라: 생물들의 먹고 먹히는 관계가 한 방향으로 만 연결되어 있어.

(   )

10 ➕ 9종 공통

먹이 사슬과 먹이 그물의 공통점으로 옳은 것을 보기 에서 골라 기호를 쓰시오.

> **보기**
> ㉠ 한 방향으로만 연결되어 있다.
> ㉡ 생물의 수를 정확하게 알 수 있다.
> ㉢ 생물들의 먹고 먹히는 관계가 나타난다.

(   )

11 서술형 ➕ 9종 공통

먹이 사슬과 먹이 그물의 차이점을 생물의 먹고 먹히 는 관계가 연결된 방향과 관련지어 쓰시오.

_____

_____

_____

12 동아, 김영사

오른쪽 ㉠의 매와 같이 마지막 단계에 있는 소비자를 무엇이라고 하는지 쓰시오.

매

참새

메뚜기

(   ) 소비자

13 김영사, 미래엔, 아이스크림, 천재교과서, 천재교육

다음 이야기에서 만약 국립 공원에 다시 늑대를 풀어 놓지 않았다면, 현재 국립 공원에 살고 있는 비버의 수는 어떻게 될지 옳게 말한 사람의 이름을 쓰시오.

> 사람들의 무분별한 늑대 사 냥으로 인해 국립 공원에 살던 늑대가 모두 사라지자 사슴이 빠르게 늘어났다.
> 늘어난 사슴들이 풀과 나무를 닥치는 대로 먹자, 나무로 집을 짓고 살던 비버가 국립 공원에서 거의 사라졌다. 그 후 사람들이 다시 늑대를 국립 공원에 풀어놓았고, 오랜 시간에 걸쳐 생태계는 점점 평형 을 되찾았다.

> • 정윤: 국립 공원에 늑대를 풀어놓지 않았더라도 비버의 수는 금방 다시 늘어났을 거야.
> • 하린: 국립 공원에 늑대를 풀어놓지 않았다면 비 버는 그 수가 더 줄어들었을 거야.
> • 민준: 비버는 나무로 집을 짓고 나뭇가지 등을 먹 고 살기 때문에 비버의 수와 늑대를 풀어놓는 것 은 아무런 관련이 없어.

(   )

2 단원

3 비생물 요소가 생물에 미치는 영향

1 비생물 요소가 생물에 미치는 영향

햇빛

식물이 양분을 만들 때 햇빛이 필요하고, 꽃이 피는 시기와 번식에도 영향을 줌.

햇빛은 동물이 눈으로 볼 수 있게 하고 성장과 생활하는 데 필요하며, 동물의 번식 시기에 영향을 줌.

⊕ **동물의 번식 시기에 영향을 주는 햇빛**

꾀꼬리와 종달새는 일조 시간이 길어지는 봄에 번식하고, 송어와 노루는 일조 시간이 짧아지는 가을에 번식합니다.

물

식물은 뿌리로 물을 흡수하여 생명을 유지하며, 물이 부족한 환경에서는 가시 모양의 잎 등으로 물의 손실을 최소화하며 삶.

동물은 물을 마셔서 생명을 유지함. 지렁이는 땅 위에 있다가도 피부의 물기가 마르기 전에 흙 속으로 들어감.

온도

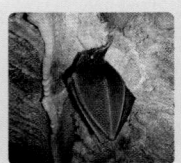 

온도가 낮아지면 식물은 잎에 단풍이 들거나 낙엽이 짐.

┌ 곰, 개구리, 다람쥐, 박쥐 등
털갈이를 하거나 <u>겨울잠을 자는 동물</u>도 있고, 철새는 먹이를 구하거나 새끼를 기르기에 온도가 알맞은 곳을 찾아 이동함.

⊕ **동물의 행동에 영향을 주는 온도**

주위 온도에 따라 체온이 변하는 동물인 도마뱀, 뱀, 거북 등은 온도가 낮아지면 일정 체온을 유지하기 위해 햇볕을 쬐어 체온을 유지합니다.

흙

식물이 살아가는 터전이며, 식물은 흙에서 자라는 데 필요한 물과 양분을 얻음.

흙은 다양한 동물이 살아가는 장소를 제공함.

공기

식물이 양분을 만드는 데 이용됨.

동물이 숨을 쉴 수 있게 해 줌.

---

① 햇빛은 식물의 자람과 동물의 활동에 영향을 미칩니다.
② 물은 생물이 생명을 유지하는 데 꼭 필요합니다.
③ 온도가 낮아지면 식물의 잎에 단풍이 들거나 낙엽이 지고, 동물은 개나 고양이처럼 털갈이를 하거나 곰이나 다람쥐처럼 겨울잠을 자기도 합니다.
④ 흙은 생물이 살아가는 장소를 제공해 주고, 식물은 흙에서 양분을 흡수합니다.
⑤ 생물은 공기가 있어야 숨을 쉴 수 있습니다.

용어사전

● **번식** 생물의 수가 늘어나는 것.
● **털갈이** 짐승이나 새의 묵은 털이 빠지고 새 털이 남.
● **일조 시간** 태양의 직사광선이 지표면에 실제로 비친 시간.

실험 1 햇빛과 물이 콩나물의 자람에 미치는 영향 알아보기 📖 9종 공통

❶ 자른 페트병 네 개의 입구 부분을 거꾸로 하여 각각 탈지면을 넣고, 길이와 굵기가 비슷한 콩나물을 같은 양씩 담습니다.

❷ 햇빛과 물의 조건을 각각 다르게 하여, 일주일 동안 콩나물이 자라는 모습을 관찰합니다.

실험 결과

① 실험에서 다르게 한 조건

• 햇빛이 콩나물의 자람에 미치는 영향을 알아보는 실험: 콩나물이 받는 햇빛의 양

• 물이 콩나물의 자람에 미치는 영향을 알아보는 실험: 콩나물에 주는 물의 양

② 콩나물이 자라는 모습 관찰하기

햇빛이 잘 드는 곳에 둔 콩나물	물을 준 것		• 콩나물 떡잎 색이 초록색으로 변함. • 떡잎 아래 몸통이 길고 굵게 자랐고, 초록색 본잎이 생김.
	물을 주지 않은 것		• 콩나물 떡잎 색이 초록색으로 변함. • 콩나물이 시들어 말랐음.
어둠상자로 덮어 놓은 콩나물	물을 준 것		• 콩나물 떡잎 색이 그대로 노란색이고, 떡잎 아래 몸통이 길게 자람. • 노란색 본잎이 생김. 우리가 먹는 콩나물의 모습이에요.
	물을 주지 않은 것		콩나물 떡잎 색은 변화가 없고, 콩나물이 시들었음.

➡ 햇빛이 잘 드는 곳에서 물을 준 콩나물이 가장 잘 자랐습니다.

정리 | 햇빛과 물은 식물이 자라는 데 영향을 줍니다.

실험 2 온도와 물이 씨가 싹 트는 데 미치는 영향 알아보기 📖 동아, 미래엔, 비상

❶ 페트리 접시 네 개에 솜을 깔고 같은 양의 무씨를 뿌려, 두 개는 교실에 두고 하나에만 물을 줍니다.

❷ 나머지 페트리 접시 두 개는 냉장고 안에 넣고 하나에만 ❶과 같은 양의 물을 줍니다.

❸ 모든 페트리 접시를 검은 상자로 덮어 햇빛을 가리고, 일주일 뒤 실험 결과를 비교해 봅니다.
└ 모두 햇빛을 가려서 온도와 물 외의 조건을 동일하게 해 주기 위해서예요.

실험 결과

• 실험에서 다르게 한 조건: 온도와 물

• 교실에 두고 물을 준 무씨에서만 싹이 틉니다.

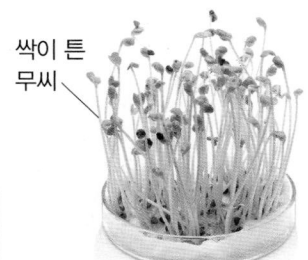
싹이 튼 무씨

정리 | 씨가 싹 트는 데에는 적당한 온도와 충분한 물이 필요합니다.

실험동영상

실험➕ **온도 변화에 따른 동물의 행동 알아보기** 📖 금성

❶ 열변색 점토로 주위 온도에 따라 체온이 변하는 동물(거북, 뱀, 곤충 등)의 모형을 만들어 야외의 여러 곳에 놓아둡니다.

❷ 동물 모형의 색깔이 빨리 변한 곳의 비생물 요소를 알아봅니다.

실험 결과

햇빛이 잘 비치는 곳에 있는 돌 위에서 동물 모형의 색깔이 빠르게 변했습니다.

➡ 주위 온도에 따라 체온이 변하는 거북, 뱀, 곤충 등은 밤사이 내려간 체온을 올리기 위해서 낮 동안에 햇볕을 쬡니다.

3 비생물 요소가 생물에 미치는 영향

기본 개념 문제

1

비생물 요소 중 ( )은/는 식물이 양분을 만들 때 필요하고, 꽃이 피는 시기에 영향을 줍니다.

2

식물은 뿌리로 흡수하고 동물은 마심으로써 생명을 유지하는 데 이용하는 비생물 요소는 ( ) 입니다.

3

( )이/가 낮아지면 식물의 잎에 단풍이 들거나 낙엽이 지고, 동물이 겨울잠을 자기도 합니다.

4

( )은/는 식물이 양분을 흡수하는 곳이며, 생물이 살아가는 장소를 제공해 줍니다.

5

생물이 숨을 쉴 수 있게 해 주는 비생물 요소는 ( )입니다.

[6-9] 다음과 같이 설치하고 비슷한 굵기와 길이의 콩나물을 같은 양으로 넣은 뒤, 햇빛과 물의 조건만 다르게 하였습니다. 물음에 답하시오.

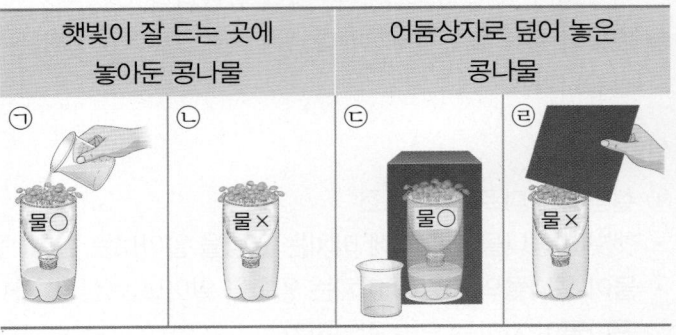

햇빛이 잘 드는 곳에 놓아둔 콩나물		어둠상자로 덮어 놓은 콩나물	
㉠ 물○	㉡ 물✕	㉢ 물○	㉣ 물✕

6 ➕ 9종 공통

위 ㉠~㉣ 중 일주일 후 콩나물이 자란 모습이 다음과 같은 것을 골라 기호를 각각 쓰시오.

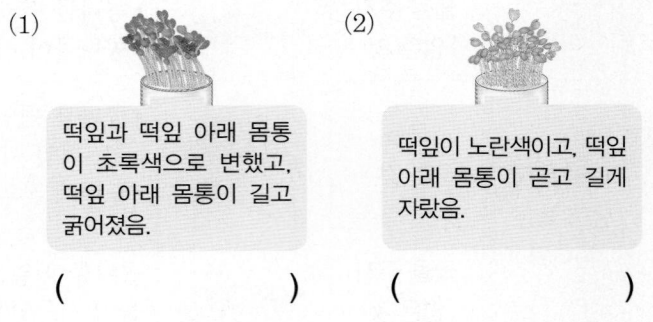

(1) 떡잎과 떡잎 아래 몸통이 초록색으로 변했고, 떡잎 아래 몸통이 길고 굵어졌음.

( )

(2) 떡잎이 노란색이고, 떡잎 아래 몸통이 곧고 길게 자랐음.

( )

7 ➕ 9종 공통

위 6번 결과와 같이 콩나물 떡잎의 색깔을 노란색에서 초록색으로 변하게 하는 비생물 요소는 무엇인지 쓰시오.

( )

8 ➕ 9종 공통

일주일 후 위 ㉣ 콩나물의 모습에 대해 옳게 말한 사람의 이름을 쓰시오.

- 희철: 콩나물의 떡잎 아래 몸통이 굵어졌어.
- 지영: 콩나물이 위로 자라면서 본잎이 나왔어.
- 성윤: 콩나물의 떡잎 색은 변화가 없고, 콩나물이 시들었어.

( )

9 🔵 9종 공통

앞 실험 결과를 통해 알 수 있는 내용으로 ( ) 안에 들어갈 알맞은 말을 각각 쓰시오.

(㉠)와/과 (㉡)은/는 식물이 자라는 데 영향을 준다.

㉠ ( ), ㉡ ( )

10 동아, 미래엔, 비상

페트리 접시 네 개에 솜을 깔고 같은 양의 무씨를 뿌려, 두 개는 교실에 두고 나머지 두 개는 냉장고 안에 넣었습니다. 일주일 뒤 싹이 튼 무씨로 알맞은 것을 골라 기호를 쓰시오.

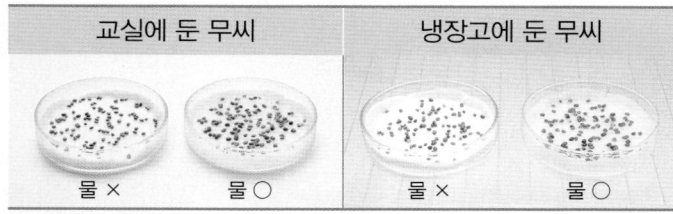

교실에 둔 무씨	냉장고에 둔 무씨
물 ✕ 물 ◯	물 ✕ 물 ◯

㉠ 교실에 두고 물을 준 것
㉡ 교실에 두고 물을 주지 않은 것
㉢ 냉장고에 두고 물을 준 것
㉣ 냉장고에 두고 물을 주지 않은 것

( )

11 🔵 9종 공통

생물이 생명을 유지하는 데 꼭 필요한 비생물 요소로 알맞은 것을 골라 ◯표 하시오.

돌, 물, 소리, 모래, 높은 온도

12 🔵 9종 공통

다음과 공통으로 관련 있는 비생물 요소는 무엇인지 쓰시오.

• 식물이 양분을 만들 때 필요하다.
• 동물이 눈으로 물체를 볼 수 있게 한다.
• 꽃이 피는 시기와 번식에도 영향을 준다.

( )

13 🔵 9종 공통

오른쪽과 같이 가을에 나뭇잎에 단풍이 드는 것은 비생물 요소 중 무엇의 영향인지 쓰시오.

( )

14 서술형 🔵 9종 공통

만약 흙이 없어진다면 오른쪽 민들레에게 어떤 영향을 미칠지 그렇게 생각한 까닭과 함께 쓰시오.

_____

_____

_____

4 생물의 적응, 환경 오염이 생물에 미치는 영향

1 생물의 적응

(1) 비생물 요소가 생물에 미치는 영향
① 생물은 사는 곳의 빛, 온도, 물과 같은 비생물 요소의 영향을 받으며 살아갑니다.
② 생물이 오랜 기간에 걸쳐 특정 비생물 요소의 영향을 받으면, **생김새**뿐만 아니라 **생활 방식**이 달라지기도 합니다.

(2) 적응
① 생물은 각 서식지에서 살아남기에 유리한 특징을 지녀야 번식할 수 있습니다.
② 생물이 오랜 기간에 걸쳐 서식지의 환경에서 살아남기에 유리한 특징을 가지는 것을 적응이라고 합니다.

(3) 다양한 환경에 적응한 생물

티베트모래여우
회색과 황토색 털이 황토색의 마른풀과 회색 돌로 덮인 서식지 환경과 비슷함.

사막여우
털색이 서식지 환경과 비슷하고, 몸집이 작고 귀가 커서 열이 잘 배출되므로 더운 환경에서 살아남기에 유리함.

북극여우
사막에서 사는 여우에 비해 몸집이 크며 귀가 짧고 둥글어서 열이 덜 배출되므로, 추운 환경에서 살아남기에 유리함.

바다거북
바다에 사는 거북은 넓적한 지느러미 모양의 다리로 헤엄을 잘 칠 수 있음.

강에 사는 거북
발가락 사이에 물갈퀴가 있어서 땅 위를 걷거나 헤엄을 칠 수 있음.

육지에 사는 거북
헤엄을 치는 거북과 달리 발에 물갈퀴가 없으며, 땅 위를 걷기에 알맞음.

펭귄(아프리카)
따뜻한 바다에 살기 알맞게 몸집이 작고 몸에 체지방이 적음.

펭귄(남극)
차가운 바다에 살기 알맞게 몸집이 크고 체지방이 많음.

사마귀 / 난초사마귀
같은 종류의 생물도 서식지 환경에 따라 생김새가 다양하게 적응함.

부리의 생김새
새들은 어떤 먹이를 먹는지에 따라 부리의 생김새가 다양함.

자벌레 / 대벌레
나뭇가지가 많은 환경에서 몸을 보호하기에 유리한 생김새를 가짐.

오리의 물갈퀴 / 부레옥잠 잎자루
물에 떠서 살아가기에 유리함. 잎자루에 공기 주머니가 있음.

공벌레의 행동 / 고슴도치의 가시
적의 공격으로부터 몸을 보호하기에 유리함. 밤송이의 가시도 동물에게서 밤을 보호하기 위한 것임.

철새의 서식지 이동 / 동물의 겨울잠
계절에 따라 살아남기에 알맞은 방법으로 행동함.

➕ **다양한 특징의 환경에서 살아가기에 유리한 생물의 특징** 예

사막
일년 내내 비가 거의 내리지 않아 건조하고 낮에는 더우므로, 물을 자주 마시거나 흡수하지 못해도 살 수 있는 특징을 가진 생물이 유리합니다.

극지방
온도가 매우 낮아 춥고 먹이가 부족하므로, 몸에 지방이 많거나 두꺼운 털 등이 있어 추위에 잘 견딜 수 있는 특징을 가진 생물이 유리합니다.

동굴
어둡고, 1년 내내 온도와 습도가 일정하게 유지되며 먹이를 찾기 힘든 환경이므로, 어둠 속에서도 먹이를 잘 찾고 이동할 수 있도록 여러 가지 감각 기관이 발달한 생물이 유리합니다.

서식지 환경과 몸의 색이 비슷하면 적으로부터 몸을 숨기거나 먹잇감에 접근하기 유리해.

용어 사전
● **체지방** 몸속에 쌓여 있는 지방으로, 추위를 막아 줌.
● **공벌레** 절지동물로 낮에는 어둡고 습한 곳에 숨어 있다가 밤이 되면 나와서 돌아다니며, 위협을 느꼈을 때 몸을 공처럼 오므림.

2 환경 오염이 생물에 미치는 영향

(1) **환경 오염**: 사람들의 활동으로 자연환경이나 생활 환경이 더럽혀지거나 훼손되는 것입니다.

(2) 환경 오염이 생물에 미치는 영향

① 환경이 오염되면 그곳에 사는 생물의 종류와 수가 줄어들고, 심지어 생물이 멸종되기도 합니다.

② 환경 오염 외에도 사람들이 농경지를 만들거나 도로나 건물을 짓는 등 환경을 개발할 때 생태계가 파괴될 수 있습니다. ●공장 폐기물 등에서 나오는 중금속도 토양 오염의 원인이에요.

토양 오염(흙 오염): 생활 쓰레기, 농약·비료의 지나친 사용 등이 원인이 됨.

- 쓰레기를 땅속에 묻으면 토양이 오염되어 나쁜 냄새가 심하게 나고, 동물이 살 곳을 잃음.
- 지하수가 오염되어 동물에게 질병을 일으킴.
- 식물에 오염 물질이 점점 쌓여 식물을 먹는 다른 생물에게 나쁜 영향을 미침.

수질 오염(물 오염): 공장 폐수, 생활 하수, 기름 유출 사고 등이 원인이 됨.

- 물이 더러워지고 좋지 않은 냄새가 남.
- 물고기가 오염된 물을 먹고 죽거나 모습이 이상해지기도 함.
- 바다에서 유조선의 기름이 유출되면 생물의 서식지가 파괴됨.

대기 오염(공기 오염): 자동차의 배기가스, 공장의 매연 등이 원인이 됨.

- 오염된 공기 때문에 동물의 호흡 기관에 이상이 생기거나 병에 걸림.
- 이산화 탄소 등이 많이 배출되어 지구의 평균 온도가 높아지면 동식물의 서식지가 파괴됨.
- 깨끗하고 선명한 하늘을 보기 어려워짐.

3 생태계 보전을 위한 노력

국가나 사회

우포늪

▲ 자연 생태계 보전 지역, 국립 공원을 지정함.

생태 통로

▲ 생태 하천, 생태 통로 등을 조성함.

▲ 오염된 물을 정화하는 하수 처리 시설을 만듦.

개인

▲ 일회용품, 물, 전기 등 자원의 사용을 줄임.

▲ 가까운 거리는 걷거나 자전거로 이동함.

▲ 재활용품을 분리하여 배출함.

2 단원

➕ **생태계를 지켜야 하는 까닭**

- 생태계가 파괴되면 동식물뿐만 아니라, 사람도 살 수 없습니다.
- 파괴된 생태계를 복원하려면 많은 노력과 비용, 오랜 시간이 필요합니다.

> 환경 개발은 주변의 생태계를 보호하며 균형 있게 이루어져야 해.

➕ **생태계 보전을 위한 국가나 사회의 노력 (예)**

- 생태계를 보전할 수 있는 규정을 만듭니다. 예) 람사르 협약, 파리 기후 변화 협약, 몬트리올 의정서
- 투명한 방음벽에 조류 충돌 방지 스티커를 붙입니다.

▲ 조류 충돌 방지 스티커를 붙인 모습

용어 사전

- **하수** 집, 공장 등에서 쓰고 버리는 더러운 물.
- **생태 통로** 도로 위에 다리를 놓거나 도로 아래로 굴을 파서 만든 길로, 야생 동물의 이동을 도우며 서식지가 단절되거나 훼손되는 것을 방지함.

4 생물의 적응, 환경 오염이 생물에 미치는 영향

기본 개념 문제

1

생물은 사는 곳의 (   )와/과 같은 비생물 요소의 영향을 받으며 살아갑니다.

2

(   )(이)란 생물이 오랜 기간에 걸쳐 서식지의 환경에서 살아남기에 유리한 특징을 가지는 것입니다.

3

환경 오염은 (   )들의 활동으로 자연환경이나 생활 환경이 더럽혀지거나 훼손되는 것입니다.

4

(   ) 오염은 자동차의 배기가스나 공장의 매연 등이 원인이 되어 생깁니다.

5

(   )은/는 도로 위에 다리를 놓거나 도로 아래로 굴을 파서 만든 길로, 야생 생물의 서식지가 단절되거나 훼손되는 것을 막습니다.

6 미래엔, 비상, 지학사, 천재교과서

다음은 각 서식지의 환경에서 살아남기에 유리하게 적응한 여우의 모습입니다. 어떤 방식으로 적응한 것인지 알맞은 것에 ○표 하시오.

▲ 사막여우

▲ 북극여우

생김새를 통한 적응,   생활 방식을 통한 적응

7 서술형 미래엔, 아이스크림, 천재교육

오른쪽은 나뭇가지 위 대벌레의 모습입니다. 대벌레는 환경에 어떻게 적응하였는지 쓰시오.

나 여기 있어.

8 김영사, 미래엔, 천재교육

몸을 보호하기에 유리하도록 몸을 공처럼 둥글게 오므리는 행동으로 적응한 아래 동물의 이름을 쓰시오.

(   )

9 ➕ 9종 공통

다음에서 설명하는 밑줄 친 이것은 무엇인지 쓰시오.

> <u>이것</u>은 사람들의 활동으로 자연환경이나 생활 환경이 더럽혀지거나 훼손되는 것을 말한다.

(　　　　　　　)

10 ➕ 9종 공통

다음은 동물의 호흡 기관에 이상이 생기거나 병에 걸릴 수 있는 황사나 미세 먼지가 심한 날의 모습입니다. 이와 관련 있는 환경 오염의 종류를 골라 알맞은 것에 ○표 하시오.

> 토양 오염,　수질 오염,　대기 오염

11 ➕ 9종 공통

환경 오염과 그 원인으로 알맞은 것끼리 선으로 이으시오.

(1) 토양 오염 (흙 오염) ・　　　・ ㉠ 생활 쓰레기, 농약과 비료의 지나친 사용

(2) 수질 오염 (물 오염) ・　　　・ ㉡ 공장 폐수, 생활 하수

12 ➕ 9종 공통

환경 오염에 대한 설명으로 옳은 것을 보기 에서 골라 기호를 쓰시오.

> **보기** ●
> ㉠ 환경이 오염되면 생태계 평형이 깨질 수 있다.
> ㉡ 사람들의 활동으로 자연환경이 깨끗해지는 것이다.
> ㉢ 환경이 오염되면 그곳에 사는 생물의 수가 최대로 늘어난다.

(　　　　　　　)

13 ➕ 9종 공통

우리의 생활로 인해 환경이 오염되어 생물에게 해로운 영향을 주는 경우로 알맞은 것의 기호를 모두 골라 쓰시오.

㉠
▲ 음식물 쓰레기 남기기

㉡
▲ 일회용품 많이 사용하기

㉢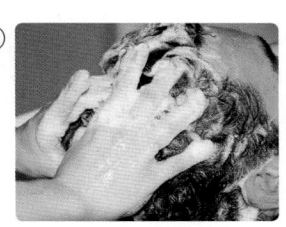
▲ 샴푸 많이 사용하기

㉣
▲ 쓰레기 분리배출하기

(　　　　　　　)

14 ➕ 9종 공통

생태계 보전을 위해 우리가 실천할 수 있는 일로 알맞은 것에 ○표 하시오.

(1) 물, 전기 등 자원 사용 줄이기　　　　　(　　)
(2) 냉장고 문은 자주 열었다 닫기　　　　　(　　)
(3) 가까운 거리는 자동차 타고 다니기　　　(　　)

2 생물과 환경

여러 가지 생태계의 모습

▲ 연못 생태계

▲ 숲 생태계

▲ 바다 생태계

1. 생태계, 생태계를 이루는 요소

(1) 서식지: ❶ [   ]이 사는 곳을 말합니다.

(2) ❷ [   ]: 어떤 장소에서 서로 영향을 주고받는 생물과 생물 주변의 환경 전체를 말합니다.

　　⑩ 화단, 연못, 어항, 숲, 하천, 갯벌, 바다, 북극, 남극, 사막

(3) 생태계의 구성 요소 분류하기

생물 요소	비생물 요소
살아 있는 것. ⑩ 사람, 고양이, 개, 민들레, 개미, 벌	살아 있지 않은 것. ⑩ 햇빛, 물, 온도, 흙, 공기, 돌

(4) 생물 요소 분류하기: ❸ [   ]을 얻는 방법에 따라 생산자, 소비자, 분해자로 분류할 수 있습니다.

생산자	햇빛 등을 이용하여 스스로 양분을 만드는 생물임. ⑩ 배추, 느티나무, 개망초, 괭이밥
소비자	다른 생물을 먹이로 하여 양분을 얻는 생물임. ⑩ 배추흰나비, 공벌레, 개미, 참새, 고양이
분해자	죽은 생물이나 배출물을 분해하여 양분을 얻는 생물임. ⑩ 곰팡이, 세균, 버섯

2. 생물 요소의 먹이 관계, 생태계 평형

(1) 생물 요소의 먹이 관계

① 먹이 사슬

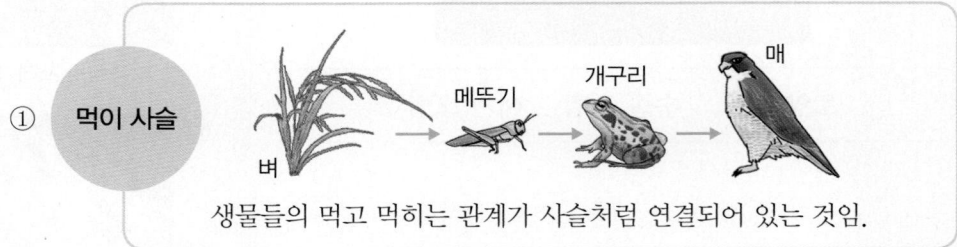

벼　메뚜기　개구리　매

생물들의 먹고 먹히는 관계가 사슬처럼 연결되어 있는 것임.

② ❹ [   ]: 여러 개의 먹이 사슬이 복잡하게 얽혀 그물처럼 연결되어 있는 것입니다.

(2) 생태계의 먹이 관계

먹이 그물

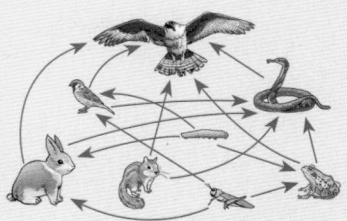

먹이 그물은 어느 한 종류의 먹이가 부족해지더라도 다른 종류의 먹이를 먹고 살 수 있으므로 생물이 살아가는 데 영향을 덜 받을 수 있습니다.

최종 소비자(매): 소비자의 가장 마지막 단계 생물임.

2차 소비자(개구리): 1차 소비자를 먹는 생물임.

1차 소비자(메뚜기): 생산자인 식물을 먹이로 하는 생물임.

생산자(벼): 안정된 생태계에서는 생산자의 수가 가장 많음.

(3) 생태계 ❺ [   ]: 어떤 지역에 살고 있는 생물의 종류와 수 또는 양이 균형을 이루며 안정된 상태를 유지하는 것입니다.

3. 비생물 요소가 생물에 미치는 영향

햇빛	• 식물이 양분을 만드는 데 필요함. • 동물의 번식 시기에 영향을 줌.	
물	생물의 생명 유지에 반드시 필요함.	
❻	• 식물의 잎에 단풍이 들거나 낙엽이 짐. • 동물은 털갈이를 하거나 겨울잠을 잠.	
흙	• 생물이 살아가는 장소를 제공함. • 식물은 흙에서 자라는 데 필요한 물과 양분을 얻음.	
공기	생물이 숨을 쉴 수 있게 해 줌.	

★ 햇빛과 물이 콩나물의 자람에 미치는 영향

잎이 초록색임.

몸통이 길고 굵게 자람.

햇빛이 있고 물을 준 조건의 콩나물이 그렇지 않은 조건의 콩나물보다 더 잘 자랍니다.

4. 생물의 적응, 환경 오염이 생물에 미치는 영향

(1) ❼⬚ : 생물이 오랜 기간에 걸쳐 서식지의 환경에서 살아남기에 유리한 특징을 가지는 것을 말합니다.

① 생물의 생김새가 환경에 적응한 예

▲ 선인장의 굵은 줄기와 뾰족한 가시는 건조한 환경에 적응함.

▲ 대벌레의 가늘고 길쭉한 생김새는 나뭇가지가 많은 환경에서 몸을 숨기기에 유리함.

▲ 밤송이의 가시는 밤을 먹으려고 하는 동물로부터 밤을 보호하기 유리하게 적응함.

② 생물의 행동이나 생활 방식이 환경에 적응한 예

철새의 이동	철새가 다른 지역으로 이동하는 행동은 계절별 온도 차가 큰 환경에서 생활 방식을 통해 적응한 것임.	
겨울잠	겨울잠을 자는 행동을 통해 몸에 저장된 양분을 천천히 사용하여 추운 겨울을 지내기 유리하게 적응함.	
공벌레의 행동	공벌레는 몸을 오므리는 행동을 통해 적의 공격으로부터 몸을 보호하기 유리하게 적응함.	

(2) ❽⬚ : 사람들의 활동으로 자연환경이나 생활 환경이 더 럽혀지거나 훼손되는 것입니다.

토양 오염	생활 쓰레기, 농약이나 비료의 지나친 사용 등이 원인임.
수질 오염	공장 폐수, 생활 하수, 기름 유출 사고 등이 원인임.
대기 오염	자동차의 배기가스, 공장의 매연 등이 원인임.

(3) **생태계 보전을 위한 우리의 노력**: 일회용품 사용 줄이기, 자전거 이용하기, 재활용품 분리배출하기, 음식을 남기지 않기, 샤워 시간 줄이기 등을 실천합니다.

★ 환경 오염이 생물에 미치는 영향

환경이 오염되면 그곳에 사는 생물의 종류와 수가 줄어들고, 심지어 생물이 멸종되기도 합니다.

1 ➕ 9종 공통

다음 설명의 밑줄 친 이것에 대해 옳게 말한 사람의 이름을 쓰시오.

> 생태계는 어떤 장소에서 서로 영향을 주고받는 이것과 그 주변의 환경 전체를 말한다.

> • 보영: 물에 사는 동물만 해당해.
> • 유진: 숲 생태계의 식물만을 의미해.
> • 탐희: 동물과 식물처럼 살아 있는 거야.

(   )

2 ➕ 9종 공통

다음 보기 에서 생물 요소로 알맞은 것을 모두 골라 기호를 쓰시오.

> **보기**
> ㉠ 물   ㉡ 흙   ㉢ 개미
> ㉣ 연꽃   ㉤ 온도   ㉥ 애벌레

(   )

3 ➕ 9종 공통

생물 요소와 비생물 요소가 서로 주고받는 영향에 대한 설명으로 ( ) 안에 들어갈 알맞은 비생물 요소를 각각 쓰시오.

> 비생물 요소인 (㉠)이/가 없으면 생물 요소는 호흡을 할 수 없다. 또한 비생물 요소인 (㉡)이/가 없으면 연못이나 바다에서 사는 생물 요소가 살 수 없을 것이다.

㉠ (   ), ㉡ (   )

4 ➕ 9종 공통

생태계를 구성하는 생물을 다음과 같이 분류하는 기준으로 알맞은 것은 어느 것입니까? (   )

> 생산자   소비자   분해자

① 몸의 크기   ② 생활하는 곳
③ 번식하는 방법   ④ 양분을 얻는 방법
⑤ 생물의 겉 표면을 이루는 것

5 서술형 ➕ 9종 공통

살아가는 데 필요한 양분을 얻는 방법이 나머지와 다른 하나를 골라 쓰고, 고른 생물이 양분을 얻는 방법을 쓰시오.

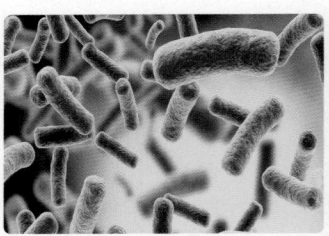
▲ 세균

▲ 수련

▲ 튤립

▲ 은행나무

_____

_____

6 ✚ 9종 공통

소비자에 대한 설명으로 옳은 것을 보기 에서 골라 기호를 쓰시오.

보기 ●
㉠ 곰팡이와 세균은 소비자에 속한다.
㉡ 생태계의 비생물 요소에 해당한다.
㉢ 꽃의 꿀을 먹는 벌은 1차 소비자이다.

( )

7 ✚ 9종 공통

다음 중 먹이 사슬이 바르게 연결된 것은 어느 것입니까? ( )

① 벼 → 매 → 개구리
② 개구리 → 메뚜기 → 벼
③ 뱀 → 개구리 → 메뚜기
④ 벼 → 메뚜기 → 개구리 → 매
⑤ 메뚜기 → 벼 → 개구리 → 매

8 서술형 ✚ 9종 공통

먹이 그물이란 무엇인지 먹이 사슬과의 차이점을 예로 들어 쓰시오.

_____

_____

_____

9 ✚ 9종 공통

다음은 무엇에 대한 설명인지 쓰시오.

• 어떤 지역에 사는 생물의 종류와 수 또는 양이 균형을 이루며 안정된 상태를 유지하는 것이다.
• 산불, 홍수, 가뭄, 지진, 태풍 등과 같은 자연 재해에 의해 깨지는 경우도 있다.

( )

10 ✚ 9종 공통

다음은 비슷한 굵기와 길이의 콩나물을 같은 양씩 각각의 페트병에 넣고 햇빛과 물의 조건만 다르게 하여 일주일 이상 관찰한 결과입니다. ㉠~㉣ 중 어느 것의 결과인지 알맞은 것을 골라 기호를 쓰시오.

[관찰 결과]
• 떡잎이 노란색이다.
• 떡잎 아래 몸통이 길게 자랐다.
• 노란색 본잎이 생겼다.

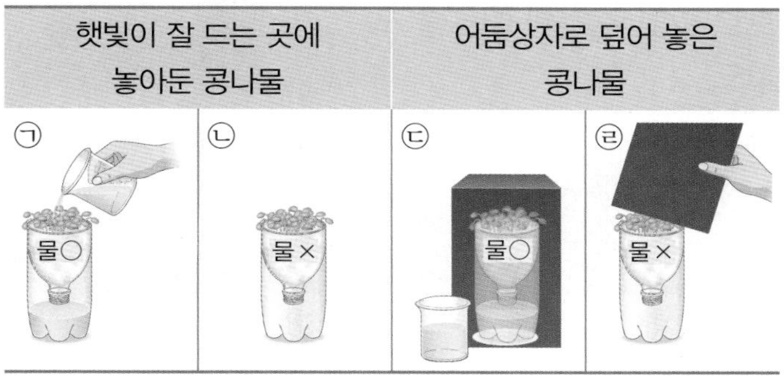

햇빛이 잘 드는 곳에 놓아둔 콩나물		어둠상자로 덮어 놓은 콩나물	
㉠	㉡	㉢	㉣
물○	물✕	물○	물✕

( )

11 ➕ 9종 공통

오른쪽 대화를 보고, 대화의 내용과 관련 있는 비생물 요소를 골라 ○표 하시오.

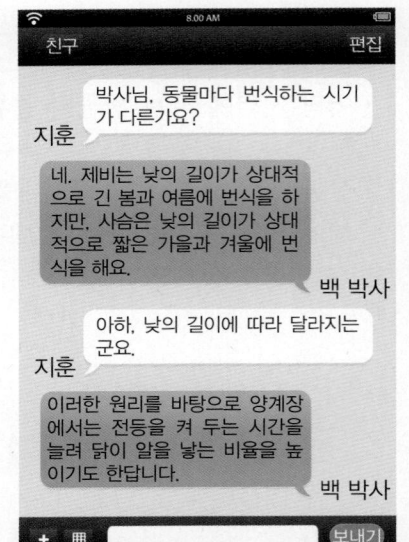

친구 · · · · 편집

지훈
박사님, 동물마다 번식하는 시기가 다른가요?

네. 제비는 낮의 길이가 상대적으로 긴 봄과 여름에 번식을 하지만, 사슴은 낮의 길이가 상대적으로 짧은 가을과 겨울에 번식을 해요.
백 박사

지훈
아하, 낮의 길이에 따라 달라지는군요.

이러한 원리를 바탕으로 양계장에서는 전등을 켜 두는 시간을 늘려 닭이 알을 낳는 비율을 높이기도 한답니다.
백 박사

＋ ▦ [　　　　] 보내기

흙,　물,
공기,　햇빛

12 ➕ 9종 공통

오른쪽과 같이 얼음과 눈이 많은 서식지에 사는 동물이 살아남기에 유리한 털 색깔로 알맞은 것은 어느 것입니까? (　　　)

① 갈색　　　② 빨간색　　　③ 노란색
④ 검은색　　　⑤ 하얀색

13 김영사, 미래엔, 아이스크림, 지학사, 천재교육

고슴도치의 가시와 비슷한 방식으로 환경에 적응한 것으로 알맞은 것의 기호를 쓰시오.

▲ 서식지를 이동하는 철새

▲ 겨울잠을 자는 다람쥐

▲ 가시를 가진 밤송이

(　　　　　　　)

14 서술형 ➕ 9종 공통

오른쪽과 같이 쓰레기를 땅속에 묻었을 때 발생할 수 있는 환경 오염은 무엇인지 쓰고, 이 환경 오염은 생물에게 어떤 영향을 미칠 수 있는지 한 가지 쓰시오.

_____

_____

_____

15 ➕ 9종 공통

생태계 보전을 위한 노력으로 옳은 것을 보기 에서 모두 골라 기호를 쓰시오.

보기
㉠ 물을 절약한다.
㉡ 가까운 거리는 걸어 다닌다.
㉢ 오염된 물을 정화하는 하수 처리 시설을 만든다.
㉣ 생태계 보전이 필요한 곳을 개발하여 주민 센터로 만든다.

(　　　　　　　)

1 ⊕ 9종 공통

생태계에 대한 설명으로 옳지 <u>않은</u> 것을 보기 에서 골라 기호를 쓰시오.

보기
- ㉠ 생태계의 종류는 다양하다.
- ㉡ 동물과 식물처럼 살아 있는 것만 해당한다.
- ㉢ 서로 영향을 주고받는 생물과 생물 주변의 환경 전체를 말한다.

( )

2 ⊕ 9종 공통

다음 연못 생태계에서 볼 수 있는 생물 요소와 비생물 요소를 각각 분류하여 쓰시오.

(1) 생물 요소: ( )
(2) 비생물 요소: ( )

3 ⊕ 9종 공통

생물 요소와 비생물 요소가 서로 주고받는 영향에 대하여 옳게 말한 사람의 이름을 쓰시오.

- 준희: 생물 요소인 식물에게는 비생물 요소가 필요 없어.
- 강수: 비생물 요소인 흙이 없어도 산이나 들의 민들레와 소나무는 살 수 있어.
- 규진: 비생물 요소인 공기가 없으면 생물 요소들이 호흡할 수 없어.

( )

4 ⊕ 9종 공통

㉠~㉢에 들어갈 생물로 알맞은 것을 다음에서 골라 이름을 각각 쓰시오.

▲ 토끼　　　　▲ 곰팡이　　　　▲ 구절초

- (㉠)은/는 스스로 양분을 만든다.
- (㉡)은/는 다른 생물을 먹이로 하여 양분을 얻는다.
- (㉢)은/는 죽은 생물이나 배출물을 분해하여 양분을 얻는다.

㉠ ( ), ㉡ ( )
㉢ ( )

5 서술형 ⊕ 9종 공통

생태계에서 분해자가 모두 사라진다면 어떤 일이 생길지 쓰시오.

_____
_____
_____

6 ⊕ 9종 공통

다음 먹이 사슬에서 2차 소비자에 해당하는 것은 무엇인지 이름을 쓰시오.

벼　　　　메뚜기　　　　개구리　　　　뱀

(　　　　　　　　　)

9 ⊕ 9종 공통

생태계 평형이 깨지는 원인으로 옳지 <u>않은</u> 것은 어느 것입니까? (　　　　)

① 건물을 짓기 위해 산을 깎는다.
② 태풍이 불어 숲의 나무와 풀이 모두 꺾인다.
③ 댐을 건설하여 인위적으로 물의 흐름을 막는다.
④ 가뭄을 견디지 못한 특정한 생물이 모두 죽는다.
⑤ 어떤 지역에 살고 있는 생물의 종류와 수가 조화롭게 균형을 이룬다.

[7-8] 다음은 생물들 사이의 먹고 먹히는 관계를 화살표로 나타낸 것입니다. 물음에 답하시오.

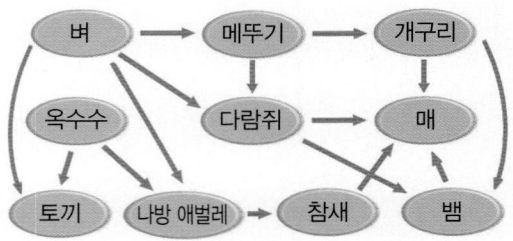

7 ⊕ 9종 공통

위 먹이 관계에 대한 설명으로 옳지 <u>않은</u> 것은 어느 것입니까? (　　　　)

① 옥수수는 먹이 관계가 이어져 있지 않다.
② 다람쥐도 벼를 먹고, 메뚜기도 벼를 먹는다.
③ 매는 개구리, 다람쥐, 참새, 뱀을 잡아먹는다.
④ 개구리는 메뚜기를 먹고, 뱀은 개구리를 먹는다.
⑤ 참새는 나방 애벌레를 먹고, 매에게 잡아먹힌다.

10 서술형 ⊕ 9종 공통

자른 페트병의 입구 부분을 거꾸로 하여 탈지면을 깔고 콩나물을 담은 후, 어둠상자로 덮어 햇빛을 가렸습니다. 물을 주지 않고 일주일 뒤 콩나물의 모습을 쓰시오.

8 ⊕ 9종 공통

위 먹이 관계에서 벼로부터 시작하는 먹이 사슬을 찾아 한 가지 쓰시오.

(　　　　　　　　　　　　　　　)

11 ✚ 9종 공통

다음에서 설명하는 비생물 요소는 각각 무엇인지 쓰시오.

(1) 사람이 숨을 쉴 수 있게 해 준다.

(   )

(2) 식물이 자라는 데 필요한 양분과 식물이 살아가는 터전을 제공한다. (   )

12 ✚ 9종 공통

생물의 적응에 대한 설명으로 옳은 것은 어느 것입니까? (   )

① 생물이 사는 곳을 말한다.
② 생물이 양분을 만드는 방법이다.
③ 생물 간의 먹고 먹히는 관계이다.
④ 어떤 장소에서 생물이 다른 생물과 상호 작용하는 것이다.
⑤ 생물이 오랜 기간에 걸쳐 서식지의 환경에서 살아남기에 유리한 특징을 가지는 것이다.

13 ✚ 9종 공통

환경이 오염되는 원인에 대해 옳게 말한 사람의 이름을 쓰시오.

> • 상호: 공기 청정기를 오래 작동시켰기 때문이야.
> • 기정: 화학 농약을 많이 사용하지 않았기 때문이야.
> • 주완: 사람들이 쓰레기나 생활 하수를 많이 배출하기 때문이야.

(   )

14 서술형 ✚ 9종 공통

다음은 환경 오염의 여러 가지 원인입니다. 대기 오염의 직접적인 원인을 골라 기호를 쓰고, 대기 오염이 생물에게 미치는 영향을 한 가지 쓰시오.

▲ 생활 쓰레기

▲ 농약의 지나친 사용

▲ 기름 유출 사고

▲ 공장의 매연

(1) 대기 오염의 원인: (   )

(2) 대기 오염이 생물에게 미치는 영향: _____

_____

15 ✚ 9종 공통

사람들의 활동으로 환경이 오염되어 생물에게 해로운 영향을 주는 일이 <u>아닌</u> 것은 어느 것입니까?

(   )

① 생태 하천을 조성한다.
② 난방이나 냉방을 세게 튼다.
③ 산을 깎아 골프장을 짓는다.
④ 산을 관통하는 터널을 뚫는다.
⑤ 음식물 쓰레기를 많이 남긴다.

평가 주제	생물 요소 분류하기, 생물들의 먹이 관계 알아보기
평가 목표	생물이 양분을 얻는 방법에 따라 생물 요소를 분류할 수 있고, 생물 간의 먹고 먹히는 관계를 알 수 있다.

[1-2] 다음은 숲 생태계의 모습입니다. 물음에 답하시오.

1 위 생태계의 생물 요소를 모두 찾아 양분을 얻는 방법에 따라 세 무리로 분류하여 쓰시오.

도움 그림 속 생물 요소들이 양분을 얻는 방법이 어떻게 다른지 생각해 봅니다.

	생산자	소비자	분해자
양분을 얻는 방법	㉠	㉡	㉢
생물 요소	㉣	㉤	㉥

2 생물들의 먹고 먹히는 관계가 사슬처럼 연결되어 있는 것을 무엇이라고 하는지 골라 ○표 하고, 위 숲 생태계 생물 요소의 먹고 먹히는 관계 중에서 한 가지를 나타내시오.

도움 생태계 생물 요소의 먹고 먹히는 관계는 화살표를 이용하여 나타낼 수 있습니다.

먹이 사슬,　먹이 낚시, 먹이 그물,　먹이 관계, 먹이 피라미드	생물 요소의 먹고 먹히는 관계

2. 생물과 환경

| 평가 주제 | 환경 오염이 생물에게 미치는 영향, 생태계 보전을 위한 노력 알아보기 |
| 평가 목표 | 환경 오염이 생물에게 미치는 영향을 통해 생태계 보전의 필요성을 알 수 있다. |

[1-3] 다음은 환경 오염의 여러 가지 원인입니다. 물음에 답하시오.

▲ 자동차의 배기가스

▲ 공장의 폐수와 쓰레기

▲ 많은 양의 생활 쓰레기

1 오른쪽과 같은 수질 오염의 직접적인 원인을 위에서 골라 기호를 쓰고, 수질 오염이 생물에게 미치는 영향을 한 가지 쓰시오.

(1) 수질 오염의 직접적인 원인: (   )

(2) 수질 오염이 생물에게 미치는 영향: _____

_____

> **도움** ㉠~㉢ 모두 환경 오염의 원인이 될 수 있지만, 이 중에서 수질 오염에 직접적으로 영향을 미치는 것은 무엇인지 생각해 봅니다.

2 위 ㉠~㉢과 관련 있는 생태계를 보전하기 위한 방법을 보기 에서 골라 각각 기호를 쓰시오.

> **보기**
> ㉮ 하수 처리 시설 만들기
> ㉯ 가까운 거리는 자전거 타기
> ㉰ 쓰레기를 분리하여 배출하기

㉠ (   )
㉡ (   )
㉢ (   )

> **도움** ㉠~㉢을 해결하거나 줄이는 데 도움을 줄 수 있는 방법을 연관지어 생각해 봅니다.

3 위 **2**번 보기 의 방법들이 생태계를 보전하는 데 어떻게 도움이 되는지, ㉮~㉰ 중 한 가지를 골라서 쓰시오.

(1) 내가 고른 생태계 보전 방법: (   )

(2) 생태계 보전에 도움이 되는 점: _____

_____

> **도움** 수질 오염, 대기 오염, 토양 오염과 생태계를 보전하기 위한 방법을 연관지어 이것이 어떤 도움을 줄 수 있을지 생각합니다.

다른 그림을 찾아보세요.

● 정답 6쪽

다른 곳이 15군데 있어요.

3

날씨와 우리 생활

1 습도가 우리 생활에 미치는 영향

 개념 강의

1 습도

(1) 공기 중에 포함되어 있는 수증기

① 눈에 보이지 않지만 공기 중에는 수증기가 있습니다.

② 공기 중에 수증기가 없다면 차가운 물체를 놔두었을 때 물체의 표면에 물방울이 맺히지 않을 것입니다.

> 겨울철 창틀에 맺힌 물방울은 공기 중 수증기가 응결한 거야.

(2) 습도: 공기 중에 수증기가 포함된 정도를 말합니다.

(3) 습도를 측정하는 방법

① 건습구 습도계로 건구 온도와 습구 온도를 측정한 다음, 습도표를 이용하여 현재 습도를 구합니다.

② 측정한 습도는 숫자에 단위 %(퍼센트)를 붙여 나타냅니다.

③ 습도표 읽는 방법(예 건구 온도: 15 ℃, 습구 온도: 13 ℃일 때)

(단위: %)

건구 온도 (℃)	건구 온도와 습구 온도의 차(℃)		
	0	1	2 ❷
14	100	90	79
❶ 15	100	90	80
16	100	90	81

❶ 건구 온도에 해당하는 15 ℃를 세로줄에서 찾아 표시하기

❷ 건구 온도와 습구 온도의 차 (15 ℃−13 ℃=2 ℃)를 구해 가로줄에서 찾아 표시하기

❸ ❶과 ❷가 만나는 지점이 현재 습도를 나타냄.

➡ 현재 습도는 80 %입니다.

2 습도가 우리 생활에 미치는 영향

(1) 습도가 우리 생활에 미치는 영향

| 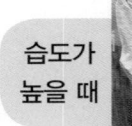 습도가 높을 때 |  ▲ 빨래가 잘 마르지 않음. |  ▲ 세균이 쉽게 번식하고 음식이 부패하기 쉬움. |  ▲ 곰팡이가 잘 핌. |

| 습도가 낮을 때 |  ▲ 빨래가 잘 마름. |  ▲ 산불이 발생하기 쉬움. | 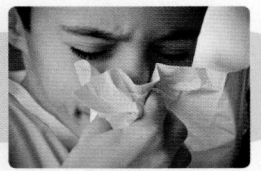 ▲ 코나 목이 건조해져 호흡기 질환이 생기기 쉬움. |

> 피부도 쉽게 건조해져요.

(2) 습도를 조절하는 방법

습도를 낮추는 방법	• 제습기나 제습제를 사용함. • 바람이 잘 통하게 함.
습도를 높이는 방법	• 가습기를 사용함. • 젖은 수건을 널어 두거나 물을 끓임.

➕ 건습구 습도계

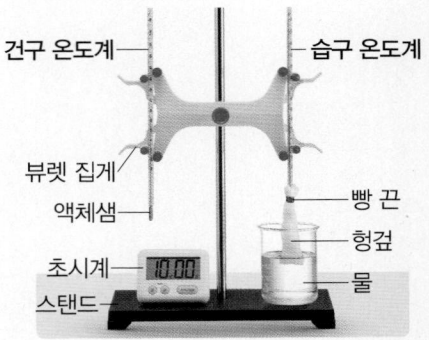

건구 온도계 ─── 습구 온도계

뷰렛 집게

액체샘

초시계

스탠드

빵 끈

헝겊

물

알코올 온도계 두 개를 사용하여 습도를 측정하며, 액체샘을 헝겊으로 감싼 아랫부분이 물에 잠기도록 한 온도계를 습구 온도계, 헝겊을 감싸지 않은 온도계를 건구 온도계라고 합니다.

➕ 장소에 따라 다른 습도

• 운동장 한가운데나 운동장 쪽 창가와 같이 햇볕에 의해 물의 증발이 잘 일어나고 바람이 잘 통하는 곳은 습도가 낮습니다.

• 화장실의 세면대나 식당과 같이 물을 자주 사용하는 곳은 습도가 높습니다.

➕ 습도를 느껴 본 경험 예

• 장마철에 피부가 끈적한 것을 느꼈고, 과자나 김이 빨리 눅눅해졌습니다.

• 흐린 날보다 맑고 건조한 날에 목이 금방 마르고, 코에 코딱지가 잘 생기는 것을 경험했습니다.

용어 사전

• **부패** 단백질이나 지방 등이 미생물에 의해 분해되는 과정. 또는 그런 현상으로 독특한 냄새가 나거나 독성 물질이 발생함.

• **제습기** 공기 중의 수분을 직접 흡수하여 습기를 제거하는 전기 기구.

교과서 통합 대표 실험

실험 건습구 습도계로 습도 측정하기 📖 9종 공통

❶ 알코올 온도계 두 개 중 한 개만 액체샘을 헝겊으로 감쌉니다.

❷ 스탠드에 뷰렛 집게를 연결하고 알코올 온도계 두 개를 설치합니다.

❸ 헝겊으로 감싼 온도계 아래에 물이 담긴 비커를 놓고 헝겊의 아랫부분이 물에 잠기도록 합니다.

실험동영상

헝겊으로 알코올 온도계를 감쌀 때 액체샘 부분을 손으로 만지지 않도록 하고, 헝겊은 너무 두껍지 않은 것으로 해요.

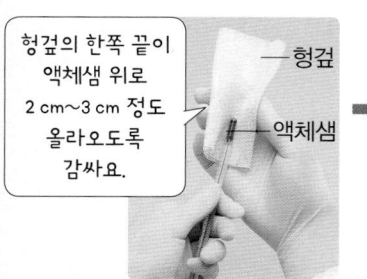

헝겊의 한쪽 끝이 액체샘 위로 2 cm ~ 3 cm 정도 올라오도록 감싸요.

헝겊 · 액체샘

빵 끈 · 액체샘

헝겊으로 감싼 온도계의 액체샘이 물에 잠기지 않도록 해요.

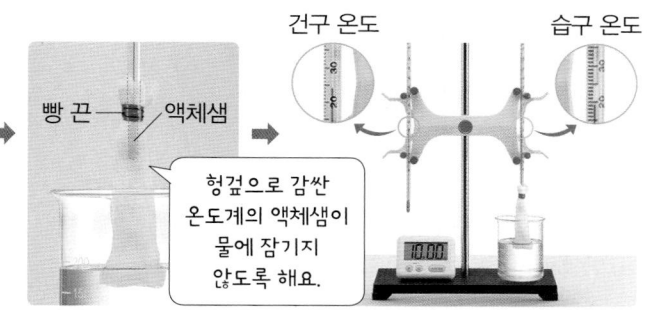

건구 온도 / 습구 온도

❹ 10분이 지난 뒤 건구와 습구의 온도 변화가 없을 때 온도를 각각 측정해 봅시다.

❺ 습도표를 이용하여 현재 습도를 구해 봅니다.

실험 결과

★ 건구 온도는 23 ℃이고, 습구 온도는 19 ℃입니다.

◆ 건구 온도와 습구 온도의 차이는 4 ℃입니다.

➡ 따라서, 습도표를 이용하여 구한 현재 습도는 69 %입니다.

젖은 손이 마르면서 시원해지는 것처럼, 습구 온도계의 액체샘 부분을 감싸고 있는 젖은 헝겊에서 물이 증발하면서 주변의 온도를 낮추기 때문에 습구 온도가 건구 온도보다 낮아요.

습도표
(단위: %)

건구 온도 (℃)	건구 온도와 습구 온도의 차(℃)										
	0	1	2	3	4	5	6	7	8	9	10
10	100	88	77	66	55	44	34	24	15	6	
11	100	89	78	67	56	46	36	27	18	9	
12	100	89	78	68	58	48	39	29	21	12	
13	100	89	79	69	59	50	41	32	22	15	7
14	100	90	79	70	60	51	42	34	26	18	10
15	100	90	80	71	61	53	44	36	27	20	13
16	100	90	81	71	63	54	46	38	30	23	15
17	100	91	81	72	64	55	47	40	32	25	18
18	100	91	82	73	65	57	49	41	34	27	20
19	100	91	82	74	65	58	50	43	36	29	22
20	100	91	83	74	66	59	51	44	37	31	24
21	100	92	83	75	67	60	53	46	39	32	26
22	100	92	83	76	68	61	54	47	40	34	28
23	100	92	84	76	69	62	55	48	42	36	30
24	100	92	84	77	69	62	56	49	43	37	31
25	100	92	84	77	70	63	57	50	44	39	33
26	100	92	85	78	71	64	58	51	46	40	34
27	100	92	85	78	71	65	58	52	47	41	36
28	100	93	85	78	72	65	59	53	48	42	37
29	100	93	86	79	72	66	60	54	49	43	38
30	100	93	86	79	73	67	61	55	50	44	39

• 건구 온도와 습구 온도의 차이가 적을수록 습도가 높아요.

• 습도는 고정된 값이 아니며, 날씨와 시간에 따라 달라질 수 있어요.

정리 건습구 습도계를 이용하면 습도를 측정할 수 있으며, 습도는 %(퍼센트)로 나타냅니다.

1 습도가 우리 생활에 미치는 영향

기본 개념 문제

1

공기 중에 (   )이/가 포함된 정도를 습도라고 합니다.

2

습도는 숫자에 단위인 (   )을/를 붙여서 나타냅니다.

3

습도가 (   )으면 세균이 쉽게 번식하고 곰팡이가 잘 핍니다.

4

습도가 (   )으면 산불이 발생하기 쉬워집니다.

5

가습기를 사용하면 습도를 (   ) 수 있습니다.

6 ➕ 9종 공통

다음에서 설명하는 것은 무엇인지 쓰시오.

공기 중에 수증기가 포함된 정도를 말한다.

(   )

7 ➕ 9종 공통

오른쪽 건습구 습도계에서 습구 온도계로 알맞은 것의 기호를 쓰시오.

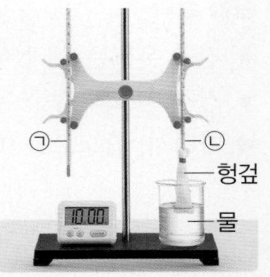
─ 헝겊
─ 물

(   )

8 ➕ 9종 공통

건구 온도가 23 ℃이고, 습구 온도가 20 ℃일 때 아래 표를 이용해 현재의 습도를 구하시오.

건구 온도 (℃)	건구 온도와 습구 온도의 차(℃)					
	0	1	2	3	4	5
23	100	92	84	76	69	62
24	100	92	84	77	69	62
25	100	92	84	77	70	63

(   ) %

9 ➕ 9종 공통

앞 **8**번과 같이 습도를 구할 때 사용하는 표를 무엇이라고 하는지 쓰시오.

(   )

10 ➕ 9종 공통

다음 중 습도가 높을 때 나타날 수 있는 현상으로 알맞은 것을 골라 기호를 쓰시오.

ⓒ

▲ 빨래가 잘 마름.

ⓒ
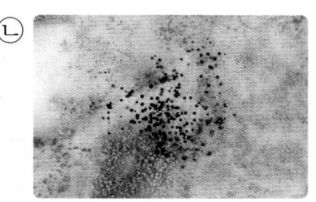
▲ 곰팡이가 잘 핌.

(   )

11 서술형 ➕ 9종 공통

습도가 높을 때 나타날 수 있는 현상과 이때 습도를 낮출 수 있는 방법을 각각 한 가지 쓰시오.

(1) 습도가 높을 때 나타날 수 있는 현상: _____

_____

(2) 습도를 낮출 수 있는 방법: _____

_____

12 ➕ 9종 공통

낮은 습도가 우리 생활에 미치는 영향으로 옳은 것에 모두 ○표 하시오.

(1)

▲ 피부가 촉촉해짐.
(   )

(2)

▲ 산불이 발생하기 쉬워짐.
(   )

(3)
▲ 호흡기 질환이 생기기 쉬워짐.
(   )

(4)

▲ 과자나 김이 빠르게 눅눅해짐.
(   )

13 ➕ 9종 공통

다음 ㉠~㉢을 습도를 높이는 방법과 습도를 낮추는 방법으로 분류하여 각각 기호를 쓰시오.

㉠ 옷장 속에 제습제를 넣는다.
㉡ 실내에 젖은 수건을 널어 둔다.
㉢ 실내에 바람이 잘 통하게 한다.

(1) 습도를 높이는 방법: (   )
(2) 습도를 낮추는 방법: (   )

2 이슬과 안개, 그리고 구름

1 이슬과 안개, 그리고 구름

응결은 공기 중의 수증기가 물방울로 변하는 현상을 말해요.

응결

구름

이슬

안개

① 이슬: 밤이 되어 기온이 낮아지면 공기 중의 수증기가 응결하여 나뭇가지나 풀잎 등에 물방울로 맺히는 것입니다.

② 안개: 지표면 근처의 공기가 차가워져 공기 중의 수증기가 응결해 작은 물방울로 지표면 가까이에 떠 있는 것입니다.

③ 구름: 공기 중의 수증기가 응결하여 작은 물방울이나 얼음 알갱이로 변해 높은 하늘에 떠 있는 것입니다.

➕ 이슬, 안개, 구름이 잘 생기는 날씨

공기 중에 수증기가 많고 기온 차가 큰 날씨에 잘 생깁니다. 수증기는 기온 차가 많이 날 때 잘 응결하기 때문입니다.

➕ 구름이 만들어지는 과정

❶ 육지나 바다와 같은 지구 표면에서 물이 증발하여 수증기로 변합니다.

❷ 공기 중의 수증기가 지표면에서 하늘로 올라가면서 온도가 점점 낮아집니다.

❸ 수증기가 응결하여 작은 물방울이나 더 낮은 온도에서는 얼음 알갱이로 변합니다.

❹ 응결한 물방울과 얼음 알갱이가 모여서 구름이 됩니다.

2 이슬, 안개, 구름의 공통점과 차이점

구분		이슬	안개	구름
공통점		공기 중의 수증기가 응결하여 나타나는 현상임.		
차이점	생성 과정	공기 중의 수증기가 차가운 물체 표면에 닿아 응결하여 생성됨.	지표면 가까이에 있는 공기 중의 수증기가 응결하여 생성됨.	공기 중의 수증기가 높은 하늘에서 응결하여 생성됨.
	생성 위치	물체 표면	지표면 근처	높은 하늘

➕ 이슬이 낮보다 새벽에 잘 맺히는 까닭

응결은 온도가 낮을 때 잘 일어나므로 낮보다 온도가 낮은 새벽 시간, 차가워진 물체 표면에 물방울이 잘 맺힙니다.

3 우리 생활에서 볼 수 있는 이슬과 같은 현상

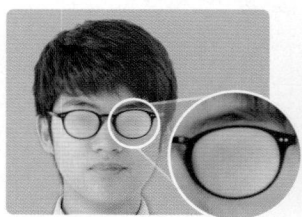

추운 날 밖에 나갔다가 따뜻한 실내에 들어오면 안경이 뿌옇게 흐려짐.

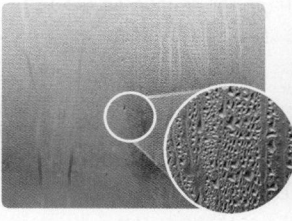

욕실에서 목욕을 하면 욕실 거울이 뿌옇게 흐려짐.

물이 끓고 있는 냄비의 뚜껑 안쪽에 물방울이 맺힘.

용어 사전

● **지표면** 지구의 표면. 또는 땅의 겉면.

● **생성** 사물이 생겨남. 또는 사물이 생겨 이루어지게 함.

| 실험TIP! |

실험 1 이슬과 안개 발생 실험하기 (1) 📖 금성, 김영사, 미래엔, 비상, 아이스크림, 지학사, 천재교육

활동 1 이슬 발생 실험하기

집기병에 얼음과 물을 $\frac{2}{3}$ 정도 넣고 표면을 마른 수건으로 닦은 뒤, 집기병 표면의 변화를 관찰해 봅니다.

실험 결과

| 집기병 표면이 뿌옇게 흐려지고 작은 물방울이 맺힘. | ➡ | 집기병 주변에 있는 공기 중의 수증기가 차가워진 집기병 표면에 응결해 물방울로 맺혔기 때문임. | ➡ | 이슬 |

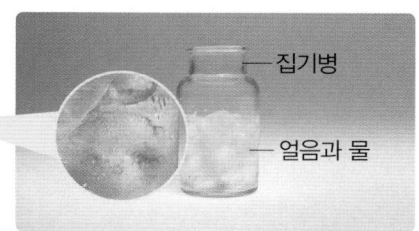

집기병
얼음과 물

활동 2 안개 발생 실험하기

향 연기를 넣은 따뜻한 집기병에 얼음이 담긴 페트리 접시를 올려놓고 집기병 안의 변화를 관찰해 봅니다.

실험 결과

| 페트리 접시 아래부터 하얀 연기와 같은 것이 생기고, 집기병 안이 뿌옇게 흐려짐. | ➡ | 집기병 안에 있는 공기 중의 수증기가 차가워져 응결해 작은 물방울로 떠 있기 때문임. | ➡ | 안개 |

따뜻한 집기병은 집기병에 뜨거운 물을 넣어 데운 뒤 물을 버려서 준비해요.

얼음
따뜻한 집기병

| 정리 | 이슬과 안개는 공기 중의 수증기가 응결하여 나타나는 현상입니다. |

실험 2 이슬과 안개 발생 실험하기 (2) 📖 동아, 천재교과서

실험동영상

❶ 투명 플라스틱 통에 따뜻한 물을 높이 1 cm 정도 넣고, 향에 불을 붙여 통에 향을 2초 정도 넣었다가 뺍니다.

❷ 투명 반구를 투명 플라스틱 통에 올려 놓고, 얼음과 색소를 탄 물을 $\frac{2}{3}$ 정도 넣어 나타나는 현상을 관찰해 봅시다.

향
반구
통

실험 결과

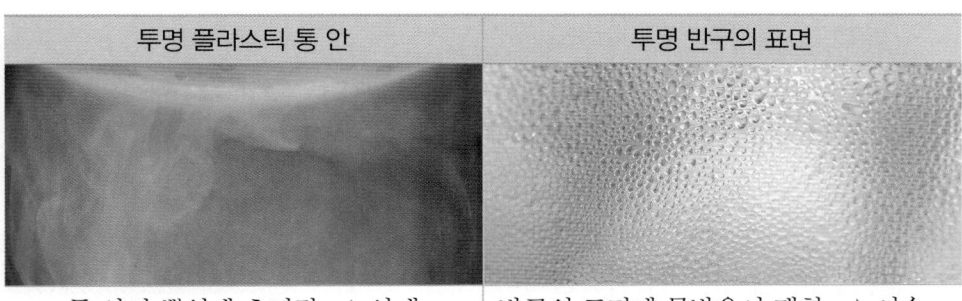

투명 플라스틱 통 안	투명 반구의 표면
통 안이 뿌옇게 흐려짐. ➡ 안개	반구의 표면에 물방울이 맺힘. ➡ 이슬

투명 반구의 표면에 맺힌 물방울을 흰 종이에 묻혀 보면, 색소를 탄 물이 밖으로 새어 나온 것이 아니라 공기 중 수증기가 응결하여 맺힌 것임을 알 수 있어요.

| 정리 | 이슬은 공기 중의 수증기가 차가워진 물체 표면에 응결해 맺힌 것이고, 안개는 공기 중의 수증기가 응결해 작은 물방울로 떠 있는 것입니다. |

2 이슬과 안개, 그리고 구름

기본 개념 문제

1

이슬은 공기 중의 수증기가 차가운 물체의 표면에 닿아 (　　　　)하여 생성됩니다.

2

이슬이 낮보다 새벽에 잘 맺히는 까닭은, 응결은 온도가 (　　　　)을 때 잘 일어나기 때문입니다.

3

지표면 가까이에 있는 공기 중 (　　　　　　)이/가 응결하여 안개가 생성됩니다.

4

(　　　　　)은/는 공기 중의 수증기가 응결하여 작은 물방울이나 얼음 알갱이로 변해 높은 하늘에 떠 있는 것입니다.

5

물이 끓고 있는 냄비의 뚜껑 안쪽에 물방울이 맺히는 현상은 자연 현상에서 (　　　　　)와/과 비슷합니다.

6 ➕ 9종 공통

다음 (　　) 안에 들어갈 알맞은 말을 쓰시오.

집기병에 얼음과 물을 반 정도 넣고, 표면을 마른 수건으로 닦은 뒤 시간이 지나면 집기병 표면에 작은 물방울이 맺힌다. 이는 공기 중의 수증기가 집기병 표면에 (　　　　)한 것이다.

작은 ― 물방울이 맺힘.

(　　　　　　　　　　　)

7 ➕ 9종 공통

다음은 무엇에 대한 설명인지 쓰시오.

밤이 되어 기온이 낮아지면 공기 중 수증기가 응결하여 나뭇가지나 풀잎 등에 물방울로 맺히는 것이다.

(　　　　　　　　　　　)

8 ➕ 9종 공통

차가운 주스가 담긴 컵 표면에 시간이 지난 뒤 물방울이 맺힌 것은 자연 현상에서 무엇이 만들어지는 현상과 가장 비슷합니까? (　　　)

① 눈　　　　　　　② 안개
③ 이슬　　　　　　④ 구름
⑤ 고드름

9 서술형 ➕ 9종 공통

생활에서 볼 수 있는 다음의 두 가지 현상과 자연에서 이슬이 만들어지는 현상의 공통점은 무엇인지 쓰시오.

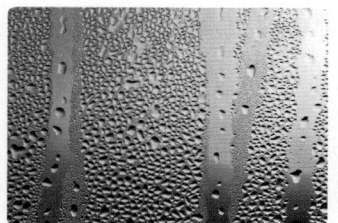

▲ 목욕을 하면 욕실 거울이 뿌옇게 흐려짐.

▲ 겨울에 따뜻한 실내에 들어오면 안경이 뿌옇게 흐려짐.

---

10 동아, 천재교과서

따뜻한 물을 조금 넣은 플라스틱 통에 불을 붙인 향을 넣었다가 뺀 뒤 얼음과 물을 넣은 반구를 플라스틱 통 위에 올려놓았습니다. 플라스틱 통 안에서 나타나는 변화로 옳은 것에 ○표 하시오.

(1) 플라스틱 통 안에 얼음이 생긴다. ( )
(2) 플라스틱 통 안이 뿌옇게 흐려진다. ( )
(3) 플라스틱 통이 점점 뜨거워지며 떨린다. ( )

11 동아, 천재교과서

위 **10**번 플라스틱 통 안에서 나타나는 현상은 자연에서 무엇이 만들어지는 과정과 비슷한지 쓰시오.

( )

12 ➕ 9종 공통

다음 ㉠~㉢ 안에 들어갈 알맞은 말을 각각 쓰시오.

공기 중의 수증기가 응결하여 차가운 물체의 표면에 물방울로 맺히는 것은 (㉠), 지표면 가까이에 있는 공기 중의 수증기가 응결하여 떠 있는 것은 (㉡), 공기 중의 수증기가 높은 하늘에서 응결하여 떠 있는 것은 (㉢)이다.

㉠ ( ), ㉡ ( )
㉢ ( )

13 ➕ 9종 공통

다음 중 우리 생활에서 볼 수 있는 이슬과 같은 현상과 가장 관련이 적은 것을 골라 기호를 쓰시오.

㉠

▲ 물가에 핀 안개

㉡

▲ 뿌옇게 흐려진 안경

㉢

▲ 거미줄에 맺힌 물방울

㉣

▲ 뚜껑 안쪽에 맺힌 물방울

( )

3 비와 눈이 내리는 과정

1 비나 눈이 내릴 때 하늘의 모습

① 하늘에 구름이 많이 끼어 있습니다.
② 구름이 두껍게 발달해 있어 하늘이 어둡습니다.
③ 구름이 점점 몰려오고 하늘이 어두워지면서 비가 내리기 시작합니다.

2 비가 내리는 과정 알아보기

비의 생성 과정 모형실험 (1)

과정 📖 천재교과서

> 세제를 묻히면 비커 안쪽에 김이 생기는 것을 막아 나타나는 변화를 관찰하기 쉬워요.

❶ 비커에 뜨거운 물을 $\frac{1}{4}$ 정도 넣기

❷ 빨대 한쪽 끝을 화장지로 말아 셀로판테이프로 고정하기

❸ ❷의 화장지에 세제를 묻힌 뒤, 비커 입구 안쪽에 세제를 돌려 가며 바르기

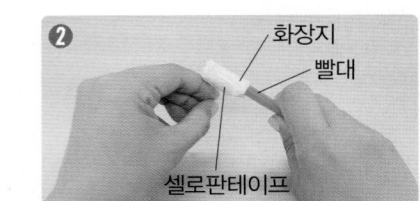

❷ 화장지 / 빨대 / 셀로판테이프
❸ 세제를 묻힘. / 뜨거운 물

❹ 투명 반구에 얼음물을 절반 정도 넣고 ❸의 비커 위에 올려놓은 뒤, 5분 동안 투명 반구에서 나타나는 변화 관찰하기

결과
• 물이 증발하여 생긴 수증기가 투명 반구 아랫부분에서 응결하여 물방울이 맺힙니다.
• 물방울들이 합쳐지고 커져서 떨어집니다.
• 투명 반구에 맺힌 물방울이 합쳐지고 무거워져 떨어지는 것처럼, 구름 속 작은 물방울이 합쳐지면서 무거워지면 비가 되어 내립니다.

얼음물 / 투명 반구 / 뜨거운 물

물방울이 맺히고, 커져서 떨어짐.

비의 생성 과정 모형실험 (2) 📖 천재교육

과정
❶ 잘게 부순 얼음과 찬물을 둥근바닥 플라스크에 $\frac{1}{3}$ 정도 넣고 겉면을 마른 수건으로 닦기

❷ 뜨거운 물을 $\frac{1}{3}$ 정도 넣은 비커를 스탠드에 놓고, 둥근바닥 플라스크를 비커 위에서 3 cm 정도 떨어뜨려 고정하기

❸ 둥근바닥 플라스크 아랫면에 어떤 변화가 생기는지 관찰하기

결과
둥근바닥 플라스크의 아랫면에 작은 물방울이 맺히고, 작은 물방울들이 합쳐지고 커져서 비처럼 떨어집니다.

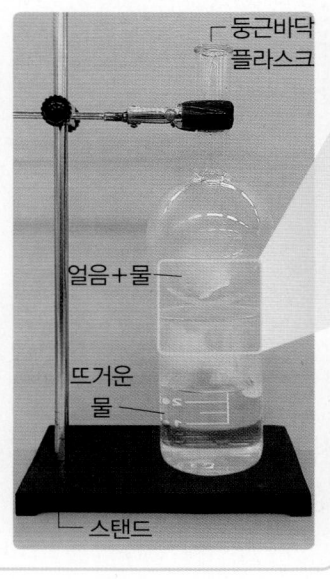

둥근바닥 플라스크 / 얼음+물 / 뜨거운 물 / 스탠드

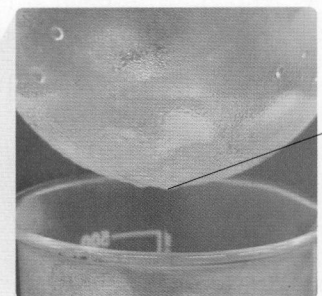

물방울이 맺히고 합쳐져서 커지며, 비처럼 떨어짐.

➕ 비와 관련된 경험 예
• 태풍이 와서 비가 많이 내린 적이 있습니다.
• 갑자기 소나기가 내려 비를 맞은 적이 있습니다.
• 운동장에서 체육 수업을 할 때 비가 와서 교실로 들어온 경험이 있습니다.

➕ 눈과 관련된 경험 예
• 눈사람을 만들었던 경험이 있습니다.
• 친구들과 눈싸움을 해 보았습니다.
• 눈이 오는 날 미끄러지지 않게 조심조심 걸었던 경험이 있습니다.

용어 사전
● **태풍** 세찬 바람과 함께 큰 비를 내리는 강한 열대 저기압.
● **소나기** 짧고 굵게 내리는 비로, 갑자기 구름이 짙어지면서 굵은 빗방울이 1~2시간 휘몰아치듯 내리다가 그침.

비가 내리는 과정 모형실험 (1)　📖 아이스크림

과정
원통에 스펀지를 올려놓고 분무기로 물을 계속 뿌리면서 나타나는 현상 관찰하기

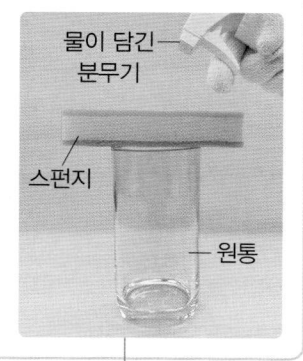

물이 담긴 분무기
스펀지
원통

결과
물방울이 스펀지 구멍에 모여서 합쳐지면서, 커진 물방울이 아래로 떨어집니다.

스펀지는 구름, 아래로 떨어지는 물방울은 비를 의미해요.

비가 내리는 과정 모형실험 (2)　📖 미래엔

과정
❶ 페트리 접시에 스포이트로 물을 여러 군데 떨어뜨려 뒤집고, 여러 방향으로 기울여 물방울을 합칩니다.
❷ 물방울이 합쳐지면 어떻게 되는지 관찰해 봅니다.

결과
물방울이 합쳐져 크기가 커지고, 커진 물방울이 아래로 떨어집니다.

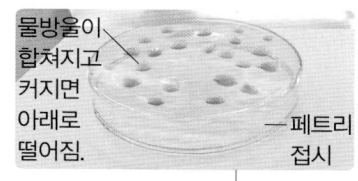

물방울이 합쳐지고 커지면 아래로 떨어짐.
페트리 접시

합쳐지기 전 물방울은 구름을 이루는 작은 물방울을 의미해요.

3　비와 눈이 내리는 과정

비가 내리는 과정

작은 물방울
큰 물방울
빗방울

비는 구름 속 작은 물방울이 합쳐지고 커지면서 무거워져 떨어지거나, 크고 무거워진 얼음 알갱이가 녹아서 떨어지는 것이에요.

눈이 내리는 과정

얼음 알갱이
수증기
커진 얼음 알갱이

눈은 구름 속 작은 얼음 알갱이가 커지면서 무거워져 떨어질 때 녹지 않은 채로 떨어지는 것이에요.

➕ **비가 내리다가 얼어서 만들어진 것**

비가 내리다가 얼면 눈이라고 생각할 수 있습니다. 하지만 눈은 구름 속 작은 얼음 알갱이가 떨어질 때 녹지 않은 채로 떨어지는 것입니다. 비가 내리다가 찬 공기를 통과하면서 얼어서 생긴 것을 '언비'라고 하며, 이는 눈과 다릅니다.

➕ **우리나라에서 여름에 눈이 내리지 않는 까닭**

우리나라의 여름에는 온도가 높으므로 구름 속 작은 얼음 알갱이가 떨어질 때 모두 녹기 때문입니다.

용어 사전

● **스펀지** 생고무나 합성수지로 만들어 탄력이 있고, 수분을 잘 빨아들여 쿠션이나 물건을 닦는 재료로 많이 쓰이는 물건.

3 비와 눈이 내리는 과정

기본 개념 문제

1

비나 눈이 내릴 때 하늘에는 (   )이/가 많은 공통점이 있습니다.

2

(   )은/는 구름 속 작은 물방울이 합쳐지고 무거워져 떨어지는 것입니다.

3

비가 내리는 과정을 알아보는 실험에서 투명 반구 아랫부분에 맺힌 물방울은 (   )이/가 응결하여 생긴 것입니다.

4

원통에 스펀지를 올려놓고 분무기로 물을 계속 뿌리면, 스펀지 구멍에 모여서 합쳐지고 커진 물방울이 (   ).

5

(   )은/는 구름 속 작은 얼음 알갱이가 커지면서 무거워져 떨어질 때 녹지 않은 것입니다.

6 ➕ 9종 공통

다음 중 비나 눈이 내릴 때 하늘의 모습으로 알맞지 않은 것에 ×표 하시오.

⑴ 하늘에 구름이 많이 끼어 있다. (   )

⑵ 구름이 없어 하늘이 맑고 파랗다. (   )

⑶ 구름이 점점 몰려오고 하늘이 어두워지며 비나 눈이 내리기 시작한다. (   )

[7-9] 비커에 뜨거운 물을 넣고 비커 안쪽에 세제를 바른 뒤, 얼음물을 넣은 투명 반구를 비커 위에 올려놓았습니다. 물음에 답하시오.

7 천재교과서

위에서 비커 안쪽에 세제를 바르는 까닭으로 알맞은 말에 ○표 하시오.

비커 안쪽에 김이 생기는 것을 (도와, 막아) 주어 나타나는 변화를 관찰하기 쉽기 때문이다.

8 천재교과서

위 투명 반구에서 5분 동안 나타나는 현상을 옳게 말한 사람의 이름을 쓰시오.

• 지훈: 5분 동안 아무런 변화가 없어.
• 민아: 투명 반구의 얼음물이 순식간에 녹아.
• 소정: 투명 반구 아랫부분에 물방울이 맺히고, 합쳐지고 커져서 떨어져.

(   )

9 천재교과서

앞 **8**번 투명 반구에서 나타나는 현상은 자연 현상에서 무엇이 생성되는 과정과 비슷한지 쓰시오.

(   )

10 아이스크림

비가 내리는 과정을 알아보기 위해, 원통에 스펀지를 올려놓고 분무기로 물을 계속 뿌리면서 나타나는 현상을 관찰하는 실험을 하였습니다. 각각 무엇에 해당하는지 알맞은 것끼리 선으로 이으시오.

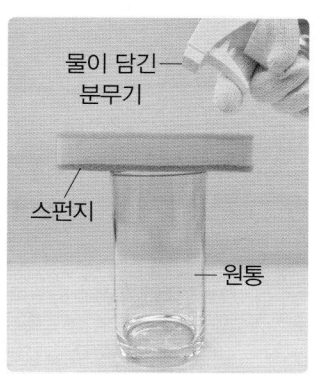

물이 담긴 분무기

스펀지

원통

(1) 스펀지 •   •㉠ 비

(2) 스펀지에서 떨어지는 물방울 •   •㉡ 구름

11 미래엔

페트리 접시에 스포이트로 물을 여러 군데 떨어뜨려 뒤집고, 여러 방향으로 기울여 물방울을 합칠 때 볼 수 있는 모습으로 잘못된 것을 골라 기호를 쓰시오.

스포이트

㉠ 물방울이 합쳐져 크기가 커진다.
㉡ 크기가 커진 물방울이 아래로 떨어진다.
㉢ 물방울이 합쳐지고 응결하여 페트리 접시가 뿌옇게 흐려진다.

(   )

12 서술형 ➕ 9종 공통

구름에서 비가 내리는 과정을 쓰시오.

난 빗방울이야. 어떻게 만들어졌을까?

_____

_____

_____

_____

13 ➕ 9종 공통

눈이 내리는 과정으로 옳은 것을 보기 에서 골라 기호를 쓰시오.

보기

㉠ 구름 속 물방울이 증발하여 만들어진다.
㉡ 구름에서 비가 내리다가 얼어서 만들어진다.
㉢ 구름 속 얼음 알갱이가 무거워져 떨어질 때 녹지 않은 채로 떨어지는 과정을 거친다.

(   )

4 고기압과 저기압

 개념 강의

1 공기의 무게

① 공기는 눈에 보이지 않지만 무게가 있습니다.
② 공기의 무게는 공기의 온도에 따라 달라집니다.

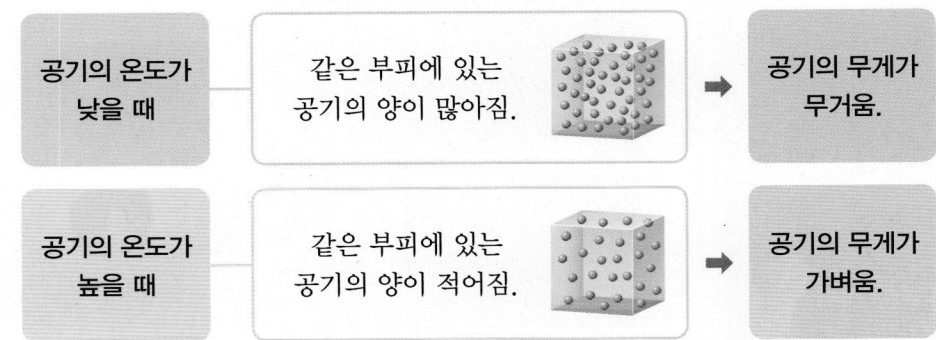

| 공기의 온도가 낮을 때 | 같은 부피에 있는 공기의 양이 많아짐. | → | 공기의 무게가 무거움. |

| 공기의 온도가 높을 때 | 같은 부피에 있는 공기의 양이 적어짐. | → | 공기의 무게가 가벼움. |

③ 같은 부피일 때, 차가운 공기가 따뜻한 공기보다 무겁습니다.

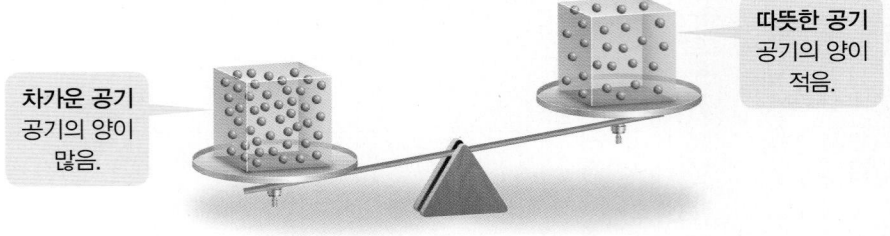

차가운 공기 공기의 양이 많음.

따뜻한 공기 공기의 양이 적음.

2 고기압과 저기압

(1) 기압
① 공기의 무게 때문에 생기는 힘을 기압이라고 합니다.
② 일정한 부피에 공기의 양이 많을수록 공기는 무거워지고, 기압은 높아집니다.
③ 기압은 공기의 무게 때문에 생기는 힘이므로 차가운 공기가 따뜻한 공기보다 기압이 높습니다.

(2) 고기압과 저기압

고기압	저기압
• 주변보다 공기가 많음.	• 주변보다 공기가 적음.
• 주위보다 상대적으로 온도가 낮고, 기압이 높은 곳임.	• 주위보다 상대적으로 온도가 높고, 기압이 낮은 곳임.

(3) 고기압과 저기압 구분하기: 지구 표면에서 고기압과 저기압은 정해져 있는 것이 아니라 시간과 장소, 상황에 따라 달라집니다.

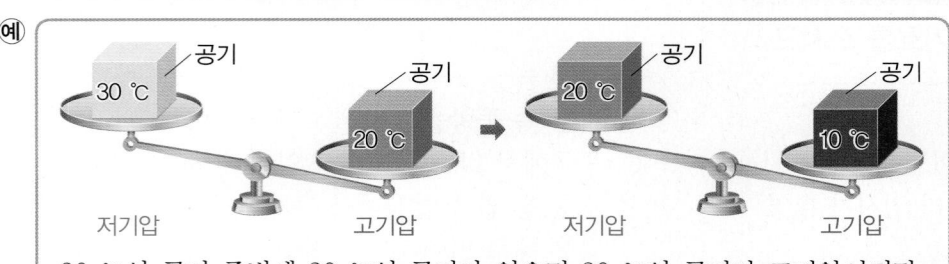

예)

| 공기 30 ℃ | 공기 20 ℃ | → | 공기 20 ℃ | 공기 10 ℃ |
| 저기압 | 고기압 | | 저기압 | 고기압 |

20 ℃인 공기 주변에 30 ℃인 공기가 있으면 20 ℃인 공기가 고기압이지만, 20 ℃인 공기 주변에 10 ℃인 공기가 있으면 20 ℃인 공기는 저기압이 됨.

➕ **공기의 무게 느껴보기** 예)

공기는 무게가 있기 때문에 고무보트에 공기를 넣은 뒤 들었을 때가 공기를 넣기 전보다 무겁게 느껴집니다.

➕ **기압에 대하여 들어본 경험** 예)

• 텔레비전의 날씨 예보 방송에서 들어보았습니다.
• 날씨가 기압과 관련이 있다는 것을 책에서 본 적이 있습니다.
• 내일은 저기압의 영향으로 날씨가 흐릴 것이라는 말을 방송에서 들어보았습니다.

➕ **기압과 온도**

실험에서는 온도가 높아지면 가벼워져 저기압이 되고 온도가 낮아지면 무거워져 고기압이 되지만, 날씨에서 고기압과 저기압은 주변과 비교하여 상대적인 무게로 나타납니다.
예) 시베리아 고기압은 온도가 낮지만 북태평양 고기압은 온도가 높음.

용어 사전

● **상대적** 서로 맞서거나 비교되는 관계에 있는 것.

실험 1 온도에 따른 공기의 무게 비교하기 📖 동아, 금성, 김영사, 아이스크림, 천재교과서, 천재교육

❶ 투명 플라스틱 통의 안쪽에 액정 온도계를 붙입니다.
❷ 얼음물이 담긴 그릇에 뚜껑을 닫지 않은 투명 플라스틱 통을 넣습니다.
❸ 5분 뒤 투명 플라스틱 통의 뚜껑을 닫고 표면의 물기를 마른 수건으로 닦아, 전자저울에 올려놓고 온도와 무게를 측정합니다.

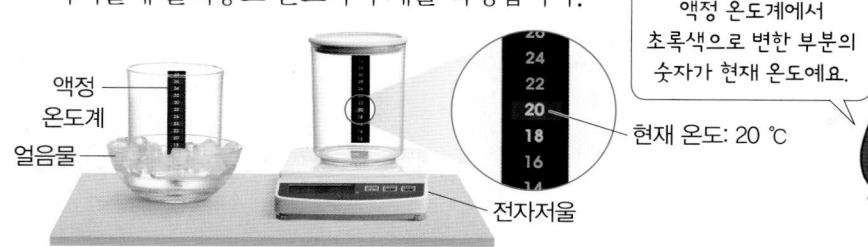

> 액정 온도계에서 초록색으로 변한 부분의 숫자가 현재 온도예요.

현재 온도: 20 ℃

액정 온도계
얼음물
전자저울

❹ 따뜻한 물이 담긴 그릇에 뚜껑을 닫지 않은 같은 투명 플라스틱 통을 넣고, ❸을 반복하여 결과를 비교합니다.

머리말리개의 온풍 기능을 이용해 플라스틱 통에 공기를 넣기 전과 공기를 넣은 뒤의 무게를 비교해 공기의 온도에 따른 공기의 무게 변화를 비교할 수도 있어요.

3 단원

실험 결과

구분	얼음물에 넣은 플라스틱 통	따뜻한 물에 넣은 플라스틱 통
온도	20 ℃	24 ℃
무게	150.3 g	149.9 g

➡ 얼음물에 넣은 플라스틱 통의 무게가 따뜻한 물에 넣은 플라스틱 통보다 더 무거운 것을 통해, 차가운 공기가 따뜻한 공기보다 더 무겁다는 것을 알 수 있습니다.

정리	공기는 무게가 있으며, 같은 부피일 때 차가운 공기가 따뜻한 공기보다 무거워 기압이 더 높습니다.

> 기압은 공기의 무게 때문에 생기는 힘이므로, 상대적으로 무거운 공기의 기압이 높아요.

실험 2 공기의 무게 측정하기 📖 지학사

❶ 감압 용기의 뚜껑을 닫고 전자저울로 무게를 측정합니다.
❷ 무게를 측정한 용기를 저울에서 내리고, 뚜껑 위 중앙 홈에 펌프를 끼워 용기 속에서 공기를 빼낸 뒤 펌프를 제거합니다.
❸ 공기를 빼낸 감압 용기의 무게를 전자저울로 측정하여, ❶과 비교해 봅니다.

홈
감압 용기
펌프로 공기를 빼냄.

감압 용기는 일정한 부피 안에 들어 있는 공기를 빼낼 때 사용하는 기구예요.

실험 결과

구분	공기를 빼내기 전	공기를 빼낸 후
무게	220.0 g	219.5 g

➡ 감압 용기의 공기를 빼내기 전과 비교하여 빼낸 후의 무게가 줄어들었습니다.

정리	공기가 많을수록 공기의 무게도 무거워지고, 공기가 적을수록 공기의 무게도 가벼워집니다.

4 고기압과 저기압

기본 개념 문제

1

공기의 온도가 ( )을 때 같은 부피에 있는 공기의 양이 많아져 무겁습니다.

2

공기의 온도가 ( )을 때 같은 부피에 있는 공기의 양이 적어져 가볍습니다.

3

( )은/는 공기의 무게 때문에 생기는 힘입니다.

4

주변보다 기압이 높은 곳을 ( )기압이라고 합니다.

5

주변보다 기압이 낮은 곳을 ( )기압이라고 합니다.

[6-8] 얼음물에 넣었던 플라스틱 통과 따뜻한 물에 넣었던 플라스틱 통의 무게를 비교하는 실험을 했습니다. 물음에 답하시오.

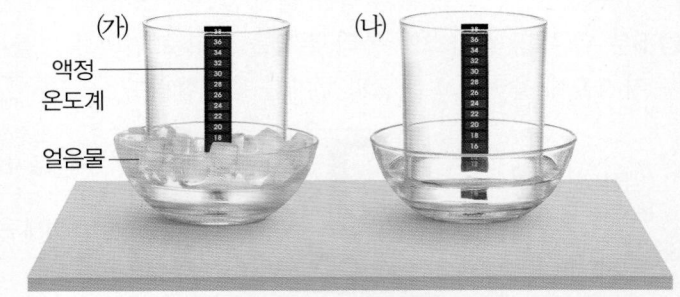

액정
온도계

얼음물

▲ 얼음물에 넣었던 것   ▲ 따뜻한 물에 넣었던 것

6 동아, 금성, 김영사, 아이스크림, 천재교과서, 천재교육

위 실험에 대한 설명으로 옳은 것은 어느 것입니까?

( )

① (가) 통과 (나) 통의 무게가 같다.
② (가) 안쪽 공기의 온도와 (나) 안쪽 공기의 온도가 같다.
③ (가) 통 안쪽에 들어 있는 공기의 양이 (나) 통 안쪽에 들어 있는 공기의 양보다 많다.
④ (가)와 (나)에서 나타나는 모습을 통해 안개와 구름이 생성되는 과정을 알 수 있다.
⑤ 같은 부피일 때 공기 중 산소의 양을 비교하는 실험이다.

7 동아, 금성, 김영사, 아이스크림, 천재교과서, 천재교육

위 실험의 무게 측정 결과가 다음과 같을 때, (가)와 (나) 중에서 어떤 것의 무게를 측정한 것인지 구분하여 쓰시오.

(1) 측정한 무게: 148.9 g	(2) 측정한 무게: 150.3 g

8 동아, 금성, 김영사, 아이스크림, 천재교과서, 천재교육

앞 실험에서 알 수 있는 같은 부피일 때 공기의 온도에 따른 공기의 무게에 대해 옳게 말한 사람의 이름을 쓰시오.

- 보람: 공기의 온도와 공기의 무게는 관련이 없어.
- 지우: 차가운 공기가 따뜻한 공기보다 더 무거워.
- 미라: 공기가 따뜻할수록 공기의 무게가 무거워져.

( )

9 ➕ 9종 공통

공기의 무게 때문에 생기는 힘을 무엇이라고 합니까? ( )

① 기온
② 속력
③ 기단
④ 습도
⑤ 기압

10 ➕ 9종 공통

다음은 같은 부피일 때 공기의 양과 공기의 무게를 비교한 모습입니다. 고기압을 나타내는 것을 골라 기호를 쓰시오.

( )

11 서술형 ➕ 9종 공통

다음은 같은 부피인 공기의 무게를 비교한 모습입니다. ㉠과 ㉡을 이루고 있는 공기의 양을 ○ 안에 >, =, <로 나타내고, 기압을 비교하여 쓰시오.

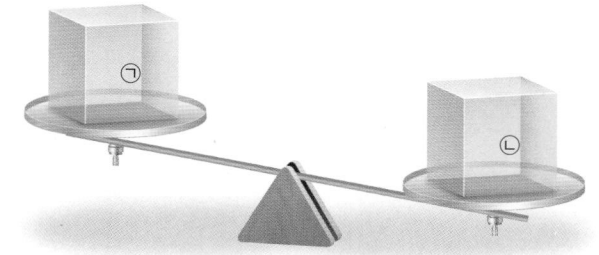

(1) 공기의 양: ㉠ ◯ ㉡

(2) ㉠, ㉡의 기압 비교하기: _____

_____

_____

12 ➕ 9종 공통

다음 ( ) 안에 들어갈 알맞은 말을 각각 쓰시오.

주위보다 상대적으로 공기가 많아서 무거워 기압이 높은 곳을 (㉠)(이)라고 하고, 상대적으로 공기가 적어서 가벼워 기압이 낮은 곳을 (㉡)(이)라고 한다.

㉠ ( ), ㉡ ( )

1 바람이 부는 방향

(1) 바람이 부는 까닭

① 이웃한 어느 두 지역 사이에 기압 차가 생기면 공기가 고기압에서 저기압으로 이동하여 바람이 생깁니다.

└ 수평 방향으로 이동해요.

② 바람: 기압의 차이 때문에 공기가 이동하는 것을 바람이라고 합니다.

(2) 바닷가에서 부는 바람의 방향: 맑은 날 낮과 밤에 부는 바람의 방향이 다릅니다.

맑은 날 낮에 바람이 부는 방향

바람의 방향
육지 / 바다

낮에는 육지가 바다보다 온도가 높으므로 육지 위는 저기압, 바다 위는 고기압이 됨.
➡ 바람이 바다에서 육지로 붊.
해풍

맑은 날 밤에 바람이 부는 방향

바람의 방향 ➡
육지 / 바다

밤에는 바다가 육지보다 온도가 높으므로 바다 위는 저기압, 육지 위는 고기압이 됨.
➡ 바람이 육지에서 바다로 붊.
육풍

2 우리나라의 계절별 날씨

(1) 공기 덩어리의 성질

① 공기 덩어리가 대륙이나 바다, 사막과 같이 넓은 지역에 오랫동안 머물게 되면 그 지역의 온도나 습도와 비슷한 성질을 가지게 됩니다.

② 일정한 성질을 가진 공기 덩어리가 다른 지역으로 이동해 가면 그 지역의 온도와 습도, 날씨에 영향을 미칩니다.

(2) 우리나라의 계절별 날씨: 계절마다 성질이 다른 공기 덩어리의 영향을 받습니다.

| **겨울** | 춥고 건조함. |

북서쪽의 차갑고 건조한 공기 덩어리의 영향을 받음.

| **초여름** | 서늘하고 습함. |

북동쪽의 차갑고 습한 공기 덩어리의 영향을 받음.

• 짧은 기간 동안 동해안에 서늘하고 습한 날이 나타나기도 해요.

| **봄, 가을** | 따뜻하고 건조함. |

남서쪽의 따뜻하고 건조한 공기 덩어리의 영향을 받음.

| **여름** | 덥고 습함. |

남동쪽의 따뜻하고 습한 공기 덩어리의 영향을 받음.

(3) 날씨가 우리 생활에 미치는 영향

① 날씨는 우리 생활에 많은 영향을 줍니다.

② 야외 활동이나 옷차림, 사람들의 건강, 생활에 불쾌감을 느끼는 정도 등 계절별 날씨에 따라 우리의 생활 모습이 달라집니다.

➕ **바닷가에서 하루 동안 측정한 육지와 바다의 기온 그래프** 예

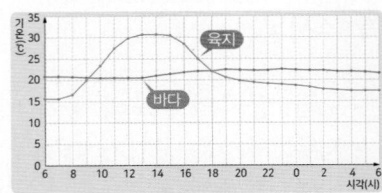

• 낮에는 육지가 바다보다 빠르게 데워지기 때문에 육지의 온도가 바다의 온도보다 높습니다.

• 밤에는 육지가 바다보다 빠르게 식기 때문에 육지의 온도가 바다의 온도보다 낮습니다.

• 모래는 물보다 온도 변화가 큽니다.

➕ **공기 덩어리의 성질**

위치	성질
적도 근처	따뜻함.
극지방 근처	차가움.
대륙(육지)	건조함.
바다	습함.

➕ **다양한 날씨 지수**

기상청에서는 다양한 날씨에 사람들이 적절하게 대처하여 생활할 수 있도록 날씨 지수를 제공합니다.

식중독 지수	식중독 발생 확률을 예측함.
감기 가능 지수	감기 발생 가능 정도를 예측함.
피부 질환 지수	피부 질환 발생 가능 정도를 예측함.

용어 사전

● **바람** 고기압에서 저기압으로 공기가 이동하는 것.

● **질환** 몸의 온갖 병.

실험 1 **바람 발생 모형실험 하기** 📖 동아, 김영사, 비상, 아이스크림, 지학사, 천재교과서, 천재교육

❶ 수조의 한가운데에 향을 세웁니다.

❷ 수조의 한쪽에는 데우지 않은 찜질팩을 넣고 다른 쪽에는 따뜻하게 데운 찜질팩을 넣습니다.

❸ 향에 불을 붙여 약 30초 동안 향 연기의 움직임을 관찰해 봅시다.

실험 결과

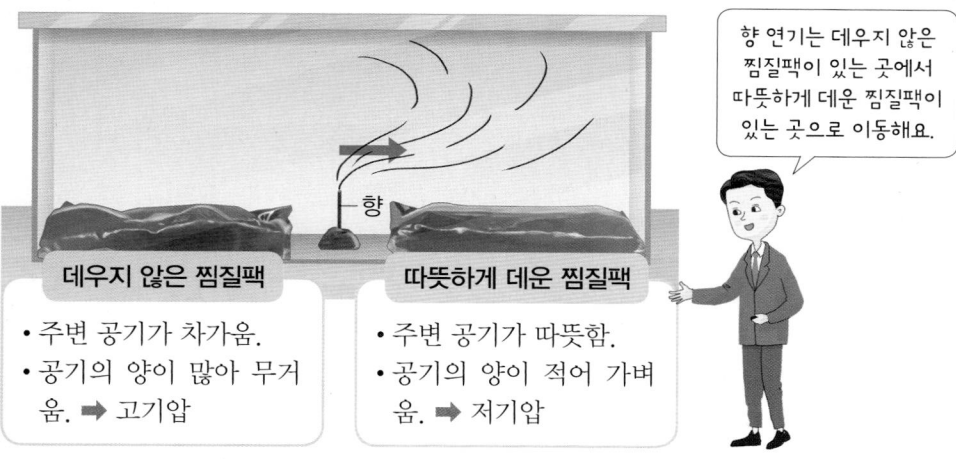

> 향 연기는 데우지 않은 찜질팩이 있는 곳에서 따뜻하게 데운 찜질팩이 있는 곳으로 이동해요.

데우지 않은 찜질팩
- 주변 공기가 차가움.
- 공기의 양이 많아 무거움. ➡ 고기압

따뜻하게 데운 찜질팩
- 주변 공기가 따뜻함.
- 공기의 양이 적어 가벼움. ➡ 저기압

| 정리 | 공기는 고기압에서 저기압으로 이동합니다. |

실험 2 **바람이 부는 까닭 알아보기** 📖 미래엔, 금성

❶ 같은 양의 물과 모래를 각각 담은 두 그릇으로부터 일정한 거리 위에 전등이 위치하도록 설치하고, 스탠드를 하나씩 놓아 알코올 온도계를 매답니다.

❷ 알코올 온도계의 액체샘 부분이 물과 모래에 약 1 cm 깊이로 꽂히도록 높이를 조정한 뒤 물과 모래의 온도를 측정합니다.

❸ 전등을 켜고 물과 모래를 5분~6분 동안 가열한 뒤, 온도를 측정합니다.

❹ 불을 붙인 향을 물과 모래 그릇의 중앙에 넣어 향 연기의 움직임을 관찰합니다.

실험 결과

① **물과 모래의 온도 측정 결과** → 모래는 물보다 온도 변화가 커요.

구분	물	모래
가열하기 전의 온도(℃)	14	14
가열한 후의 온도(℃)	17	24

➡ 물 위는 고기압이 되고, 모래 위는 저기압이 됩니다.

② **향 연기의 움직임:** 향 연기는 물 위에서 모래 위로 이동합니다.

| 정리 | 바닷가에서 맑은 날 낮에는 육지가 바다보다 빨리 데워져서 바다 위는 고기압, 육지 위는 저기압이 되므로 바다에서 육지로 바람이 붑니다. |

실험TIP!

실험동영상

- 따뜻하게 데운 찜질팩과 데우지 않은 찜질팩 대신에 따뜻한 물과 얼음물을 이용해도 돼요.

- 향 연기를 넣는 까닭은 공기가 눈에 보이지 않기 때문에 향 연기를 통하여 공기의 움직임을 알아보기 위해서예요.

> 공기의 이동 방향이 항상 똑같은 것은 아니에요. 모래보다 물의 온도가 더 높으면 모래 위가 고기압, 물 위가 저기압이 되므로 공기는 모래 위에서 물 위로 이동해요.

5 바람이 부는 방향, 우리나라의 계절별 날씨

기본 개념 문제

1

(   )은/는 공기가 고기압에서 저기압으로 이동하여 생깁니다.

2

맑은 날 바닷가에서 낮에는 (   )풍이 붑니다.

3

맑은 날 바닷가에서 밤에는 바다가 육지보다 온도가 (   )으므로 바다 위는 저기압, 육지 위는 고기압이 됩니다.

4

우리나라는 (   )철에 북서쪽의 차갑고 건조한 공기 덩어리의 영향을 받습니다.

5

계절별 (   )에 따라 야외 활동이나 옷차림, 사람들의 건강, 생활에 불쾌감을 느끼는 정도 등 우리의 생활 모습이 달라집니다.

6 ➕ 9종 공통

다음은 어느 두 지점의 공기의 양을 나타낸 것입니다. 공기가 어디에서 어디로 이동할지 [   ] 안에 화살표로 방향을 나타내시오.

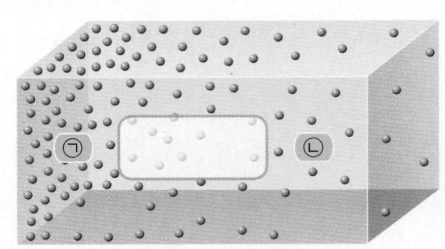

7 ➕ 9종 공통

위 **6**번과 같이 공기가 수평 방향으로 이동하는 것을 무엇이라고 하는지 쓰시오.

(   )

8 ➕ 9종 공통

바람에 대해 옳게 말한 사람의 이름을 쓰시오.

- 가온: 차가운 공기가 따뜻해질 때 바람이 불어.
- 태희: 어느 두 지역 사이에 기압 차가 생기기 때문에 바람이 불어.
- 세진: 기압이 낮은 곳에서 기압이 높은 곳으로 공기가 이동하는 거야.

(   )

[9-10] 다음은 수조에 데우지 않은 찜질팩과 따뜻하게 데운 찜질팩을 넣고 향에 불을 붙였을 때 향 연기의 움직임을 화살표로 나타낸 것입니다. 물음에 답하시오.

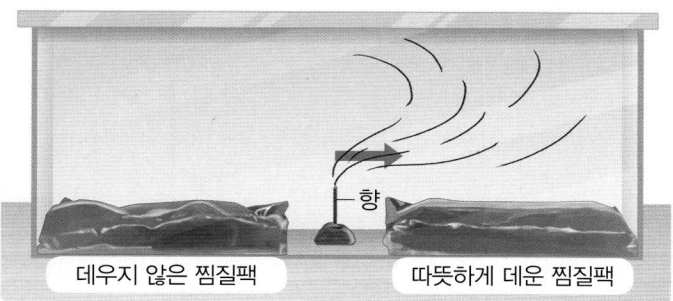

데우지 않은 찜질팩　　따뜻하게 데운 찜질팩

9 동아, 김영사, 비상, 아이스크림, 지학사, 천재교과서, 천재교육

위에서 향 연기가 수평 방향으로 이동하는 모습과 자연 현상을 비교하였을 때, 가장 비슷한 것은 어느 것입니까? (　　　)

① 비　　　　　　　② 눈
③ 이슬　　　　　　④ 안개
⑤ 바람

10 동아, 김영사, 비상, 아이스크림, 지학사, 천재교과서, 천재교육

다음은 위와 같이 향 연기가 움직이는 까닭입니다. (　) 안에 들어갈 알맞은 말을 각각 쓰시오.

> 데우지 않은 찜질팩 주변의 공기는 상대적으로 온도가 낮아 (　㉠　)이/가 되고, 따뜻하게 데운 찜질팩 주변의 공기는 온도가 높아 (　㉡　)이/가 된다. 공기는 (　㉠　)에서 (　㉡　)(으)로 이동하기 때문에 향 연기가 움직이는 것이다.

㉠ (　　　　　　　　), ㉡ (　　　　　　　　)

11 ➕ 9종 공통

바닷가에서 부는 바람의 방향과 관련이 있는 것끼리 선으로 이으시오.

(1) 낮　•　　•㉠ 육지에서 바다로 부는 바람　•　　•㉮ 육풍

(2) 밤　•　　•㉡ 바다에서 육지로 부는 바람　•　　•㉯ 해풍

12 ➕ 9종 공통

우리나라의 봄과 가을철 날씨에 영향을 미치는 공기 덩어리로 알맞은 것의 기호를 쓰시오.

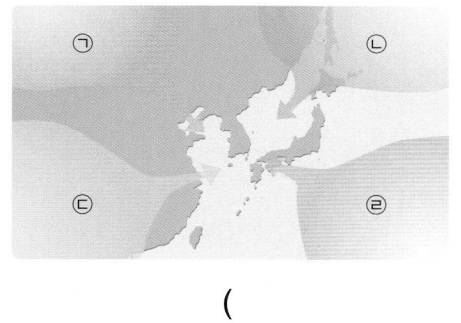

(　　　　　　　　　)

13 서술형 ➕ 9종 공통

우리나라의 여름이 덥고 습하며 겨울은 춥고 건조한 까닭을 공기 덩어리의 성질과 관련지어 쓰시오.

_____

_____

_____

_____

3 날씨와 우리 생활

1. 습도가 우리 생활에 미치는 영향

(1) 습도 측정하기

★ 습도표 읽는 방법

(단위: %)

건구 온도(℃)	건구 온도와 습구 온도의 차(℃)			
	0	1	2❷	3
14	100	90	79	
❶15	100	90	80❸	
16	100	90	81	

측정한 습도는 숫자에 단위 %(퍼센트)를 붙여 나타냅니다.

예 건구 온도가 15 ℃이고, 습구 온도가 13 ℃일 때, 현재 습도는 80 %임.

❶ [ ]	공기 중에 수증기가 포함된 정도를 말함.
건습구 습도계로 습도 측정하기	알코올 온도계 두 개를 사용하여 습도를 측정하며 습구 온도와 건구 온도를 측정한 다음, 습도표를 이용하여 현재 습도를 구함. 건구 온도 ← → 습구 온도
습도표로 습도 구하는 방법	❶ 건구 온도를 측정하여 습도표의 세로줄에서 찾아 표시함. ❷ 건구 온도와 습구 온도의 차를 구하여 습도표의 가로줄에서 찾아 표시함. ❸ ❶과 ❷가 만나는 지점이 습도를 나타냄.

(2) 습도가 우리 생활에 미치는 영향

습도가 높을 때	• 빨래가 잘 마르지 않음. • 세균이 쉽게 번식하고 음식물이 부패하기 쉬움.
습도가 낮을 때	• 빨래가 잘 마름. • 코나 목이 건조해져 호흡기 질환이 생기기 쉬움.

2. 이슬과 안개, 그리고 구름

★ 이슬과 같은 현상

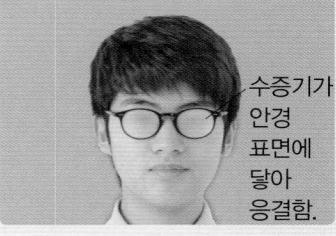

수증기가 안경 표면에 닿아 응결함.

추운 날 밖에 나갔다가 따뜻한 실내에 들어오면 안경이 뿌옇게 흐려집니다.

구분	❷ [ ]	안개	❸ [ ]
공통점	공기 중의 수증기가 ❹ [ ]하여 나타나는 현상임.		
차이점	공기 중의 수증기가 차가운 물체 표면에 닿아 응결하여 생성됨.	지표면 가까이에 있는 공기 중의 수증기가 응결하여 생성됨.	공기 중의 수증기가 높은 하늘에서 응결하여 생성됨.

3. 비와 눈이 내리는 과정

비는 구름 속 작은 물방울이 커지면서 무거워져 떨어지거나 크고 무거워진 얼음 알갱이가 녹아서 떨어지는 것임.

눈은 구름 속 작은 얼음 알갱이가 커지면서 무거워져 떨어질 때 녹지 않은 채로 떨어지는 것임.

4. 고기압과 저기압

(1) **기압**: 공기의 무게 때문에 생기는 힘입니다.

(2) **고기압과 저기압**

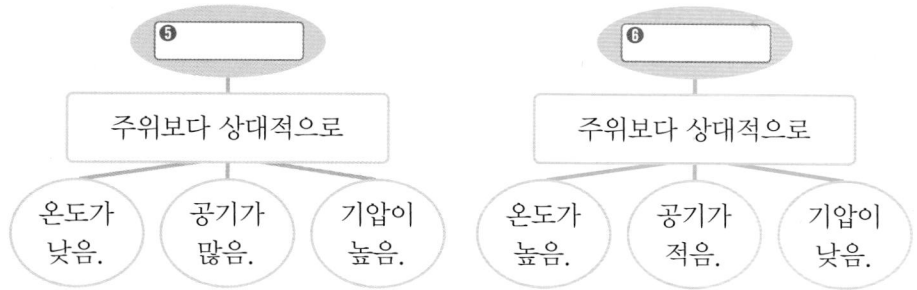

★ **고기압과 저기압의 무게 비교**

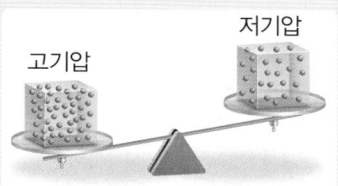

같은 부피일 때 공기의 온도에 따라 공기의 무게가 다릅니다.

5. 바람이 부는 방향, 우리나라의 계절별 날씨

(1) **❼** _____ : 기압의 차이 때문에 공기가 수평 방향으로 이동하는 것입니다.

(2) **바닷가에서 부는 바람의 방향**

해풍(바다에서 육지로 부는 바람)	육풍(육지에서 바다로 부는 바람)
낮에는 육지가 바다보다 온도가 높으므로 육지 위는 저기압, 바다 위는 고기압이 됨. ➡ 바다에서 육지로 바람이 붊.	밤에는 바다가 육지보다 온도가 높으므로 바다 위는 저기압, 육지 위는 고기압이 됨. ➡ 육지에서 바다로 바람이 붊.

★ **바닷가에서 하루 동안 측정한 육지와 바다의 온도 변화 그래프**

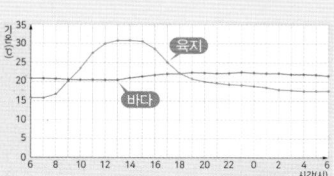

육지(모래)는 바다(물)보다 온도 변화가 큽니다.

(3) **우리나라의 계절별 날씨에 영향을 미치는 공기 덩어리와 날씨의 특징**

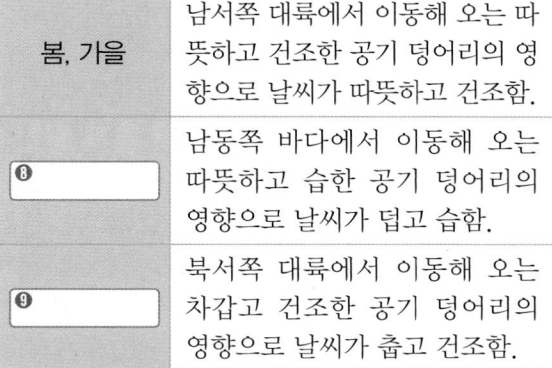

봄, 가을	남서쪽 대륙에서 이동해 오는 따뜻하고 건조한 공기 덩어리의 영향으로 날씨가 따뜻하고 건조함.
❽	남동쪽 바다에서 이동해 오는 따뜻하고 습한 공기 덩어리의 영향으로 날씨가 덥고 습함.
❾	북서쪽 대륙에서 이동해 오는 차갑고 건조한 공기 덩어리의 영향으로 날씨가 춥고 건조함.

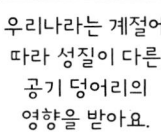

우리나라는 계절에 따라 성질이 다른 공기 덩어리의 영향을 받아요.

★ **공기 덩어리의 성질**

일정한 성질을 가진 공기 덩어리가 다른 지역으로 이동해 가면 그 지역의 온도와 습도, 날씨에 영향을 미칩니다.

(4) **날씨가 우리 생활에 미치는 영향**

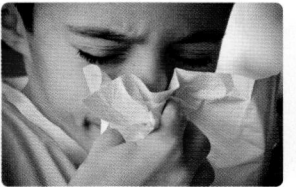

▲ 야외 활동이나 옷차림　　▲ 사람들의 건강　　▲ 불쾌감을 느끼는 정도

1 ⊕9종 공통

건습구 습도계의 건구 온도가 29.0 ℃, 습구 온도가 25.0 ℃일 때, 아래 습도표를 보고 현재 습도를 구하시오.

─ 헝겊
─ 물

(단위: %)

건구 온도 (℃)	건구 온도와 습구 온도의 차(℃)					
	0	1	2	3	4	5
27	100	92	85	78	71	65
28	100	93	85	78	72	65
29	100	93	86	79	72	66

(   ) %

2 ⊕9종 공통

습도가 우리 생활에 미치는 영향에 대한 설명으로 옳은 것은 어느 것입니까? (   )

① 습도가 높으면 빨래가 잘 마른다.
② 습도가 낮으면 산불이 나지 않는다.
③ 습도가 높으면 감기에 걸리기 쉽다.
④ 습도가 낮으면 곰팡이가 피기 쉽다.
⑤ 습도가 높으면 음식물이 부패하기 쉽다.

3 ⊕9종 공통

습도를 낮추는 방법으로 알맞은 것을 골라 기호를 쓰시오.

㉠

▲ 제습제 사용하기

㉡

▲ 가습기 사용하기

(   )

4 서술형 ⊕9종 공통

오른쪽과 같이 차가운 물이 든 컵 표면에 물방울이 맺히는 현상은 다음 중 무엇과 관련 있는지 골라서 ○표 하고, 이 물방울이 어떻게 생성된 것인지 쓰시오.

> 눈, 이슬, 구름, 안개, 우박

_____

_____

5 금성, 김영사, 미래엔, 비상, 아이스크림, 지학사, 천재교육

다음 실험 과정을 보고, 결과에 대해 옳게 말한 사람의 이름을 쓰시오.

[실험 과정]
향 연기를 넣은 따뜻한 집기병에 얼음이 담긴 페트리 접시를 올려놓고 집기병 안의 변화를 관찰한다.

얼음
집기병

• 서진: 집기병 안에 얼음이 생겨.
• 윤미: 집기병 안이 뿌옇게 흐려져.
• 정민: 집기병 안의 향 연기가 푸른색으로 변해.

(   )

6 ✚ 9종 공통

다음에서 설명하는 자연 현상에 해당하는 것을 **보기** 에서 각각 골라 쓰시오.

보기 ●
> 비,   이슬,   구름,   안개,   서리

(1) 수증기가 응결하여 작은 물방울로 지표면 근처에 떠 있는 것이다.

(   )

(2) 수증기가 응결하여 작은 물방울이나 얼음 알갱이 의 상태로 높은 하늘에 떠 있는 것이다.

(   )

7 ✚ 9종 공통

다음은 구름에서 비가 내리는 과정을 순서에 관계없 이 나타낸 것입니다. 순서대로 기호를 쓰시오.

> ㈎ 무거워진 물방울이 아래로 떨어진다.
> ㈏ 구름 속 작은 물방울이 합쳐지고 커진다.
> ㈐ 공기 중의 수증기가 높은 하늘에서 응결하여 물 방울이 된다.

(   ) → (   ) → (   )

8 ✚ 9종 공통

다음 (   ) 안에 들어갈 알맞은 말을 쓰시오.

> (   )은/는 구름 속 작은 얼음 알갱이가 커지 면서 무거워져 떨어질 때 녹지 않은 채로 떨어지는 것이다.

(   )

9 서술형   동아, 금성, 김영사, 아이스크림, 천재교과서, 천재교육

플라스틱 통에 약 20초 동안 각각 차가운 공기와 따 뜻한 공기를 넣은 뒤 뚜껑을 닫고 플라스틱 통의 무 게를 전자저울로 측정하였을 때의 결과가 다음과 같 았습니다. 차가운 공기가 따뜻한 공기보다 더 무거운 까닭을 쓰시오.

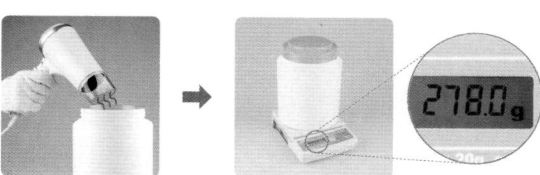

▲ 차가운 공기를 넣고 무게 측정하기

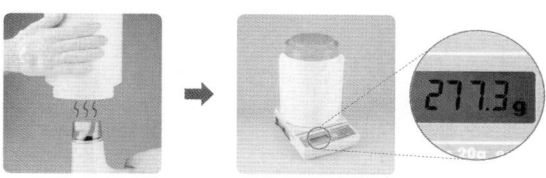

▲ 따뜻한 공기를 넣고 무게 측정하기

10   미래엔, 금성

오른쪽과 같이 장치한 후 모 래와 물을 가열하기 전과 가 열한 후의 온도 측정 결과가 다음과 같았습니다. ㉠과 ㉡ 은 각각 무엇인지 쓰시오.

구분	㉠	㉡
가열하기 전의 온도(℃)	14	14
가열한 후의 온도(℃)	17	24

㉠ (   ), ㉡ (   )

11 동아, 김영사, 비상, 아이스크림, 지학사, 천재교과서, 천재교육

수조에 데우지 않은 찜질팩과 따뜻하게 데운 찜질팩을 넣고, 불을 붙인 향을 넣었습니다. 이때 볼 수 있는 모습으로 옳은 것을 보기 에서 골라 기호를 쓰시오.

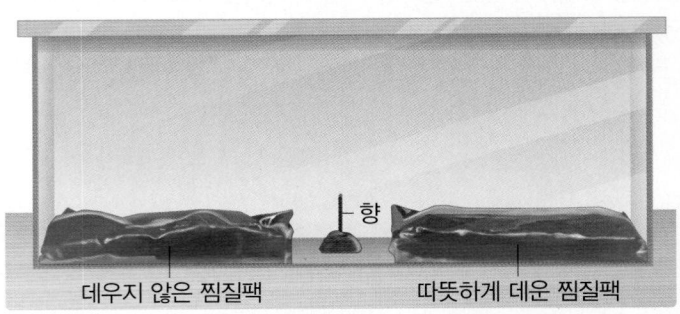

데우지 않은 찜질팩   따뜻하게 데운 찜질팩

보기

㉠ 향 연기가 움직이지 않는다.
㉡ 향 연기가 위쪽에만 머물러 있는다.
㉢ 향 연기가 데우지 않은 찜질팩 쪽에서 따뜻하게 데운 찜질팩 쪽으로 이동한다.

(   )

12 ⊕ 9종 공통

다음 중 맑은 날 바닷가에서 낮에 부는 바람의 방향으로 옳은 것을 골라 기호를 쓰시오.

㉠
육지   바다

㉡
육지   바다

(   )

[13-15] 다음은 계절별로 우리나라 날씨에 영향을 미치는 공기 덩어리의 모습입니다. 물음에 답하시오.

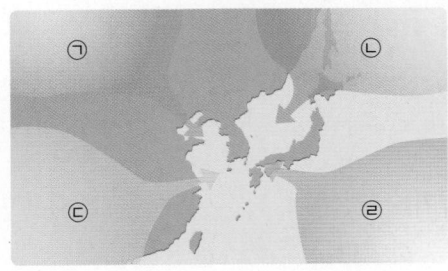

13 ⊕ 9종 공통

위 ㉠~㉣ 중 우리나라의 여름철 날씨에 영향을 미치는 공기 덩어리의 기호를 쓰시오.

(   )

14 서술형 ⊕ 9종 공통

위 13번 답의 공기 덩어리는 어느 방향에서 이동해 오며 어떤 성질이 있는지 쓰시오.

_____

_____

15 ⊕ 9종 공통

위 ㉠~㉣ 중, 우리나라의 날씨와 사람들의 생활 모습이 다음과 같을 때 영향을 미치는 공기 덩어리로 알맞은 것의 기호를 쓰시오.

• 춥고 건조하며, 눈이 내린다.
• 따뜻한 옷차림을 하고, 눈썰매나 스키를 탄다.

(   )

1 ➕ 9종 공통

건습구 습도계로 측정한 건구 온도가 23.0 ℃, 습구 온도가 20.0 ℃일 때, 다음 습도표를 보고 습도를 옳게 나타낸 것은 어느 것입니까? (   )

건구 온도(℃)	건구 온도와 습구 온도의 차(℃)								
	0	1	2	3	4	5	6	7	8
20	100	91	83	74	66	59	51	44	37
21	100	91	83	75	67	60	53	46	39
22	100	92	83	76	68	61	54	47	40
23	100	92	84	76	69	62	55	48	42
24	100	92	84	77	69	62	56	49	43

① 23 ℃   ② 62 ℃   ③ 74 %

④ 76 ℃   ⑤ 76 %

2 ➕ 9종 공통

일상생활에서 습도를 낮추는 방법을 옳게 말한 사람의 이름을 쓰시오.

- 루민: 제습기를 켜 놓아야지.
- 재희: 실내에 젖은 빨래를 널자.
- 단우: 실내에 가습기를 켜 놓는 게 좋겠어.

(   )

3 ➕ 9종 공통

다음 중 공기 중의 수증기가 응결하여 지표면 가까이에 떠 있는 자연 현상의 기호와 이름을 쓰시오.

ⓐ    ⓑ    ⓒ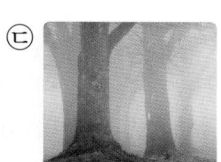

(   )

4 ➕ 9종 공통

다음 ㉠~㉢에 들어갈 알맞은 말끼리 옳게 짝 지은 것은 어느 것입니까? (   )

공기가 지표면에서 위로 올라가면서 온도가 점점 (㉠)질 때 공기 중의 수증기가 (㉡)하여 높은 하늘에 떠 있는 것을 (㉢)(이)라고 한다.

	㉠	㉡	㉢		㉠	㉡	㉢
①	낮아	증발	이슬	②	낮아	응결	구름
③	높아	증발	안개	④	높아	응결	구름
⑤	높아	냉각	비				

5 서술형 ➕ 9종 공통

안개와 구름의 공통점과 차이점을 쓰시오.

(1) 공통점: _____

_____

(2) 차이점: _____

_____

_____

6 ➕ 9종 공통

다음 ㉠과 ㉡ 중 눈에 대한 설명으로 옳은 것은 어느 것인지 기호를 쓰시오.

> 구름 속 작은 물방울이 합쳐지고 커지면서 무거워져 떨어지거나, 크기가 커진 얼음 알갱이가 ㉠ 무거워져 떨어지면서 녹은 것과 ㉡ 녹지 않은 채로 떨어지는 것이 있다.

( )

7 ➕ 9종 공통

감압 용기의 공기를 빼내기 전과 공기를 빼낸 후의 무게가 다음과 같을 때, 이를 통하여 알 수 있는 사실은 무엇입니까? ( )

공기를 빼냄.

감압 용기

구분	공기를 빼내기 전	공기를 빼낸 후
무게(g)	220.0	219.5

① 공기의 양과 공기의 무게는 상관없다.
② 공기가 적을수록 공기의 무게가 무거워진다.
③ 공기가 많을수록 공기의 무게가 무거워진다.
④ 공기를 빼내면 감압 용기의 부피가 늘어난다.
⑤ 공기를 빼내면 감압 용기의 무게가 무거워진다.

8 서술형 ➕ 9종 공통

고기압과 저기압이 무엇인지 비교하여 쓰시오.

_____

_____

[9-10] 다음과 같이 수조에 따뜻한 물과 얼음물을 넣은 그릇을 넣고, 가운데 향에 불을 붙였습니다. 물음에 답하시오.

따뜻한 물   향   얼음물

9 동아, 금성, 김영사, 아이스크림, 천재교과서, 천재교육

위 실험에서 향 연기를 넣는 까닭으로 ( ) 안에 공통으로 들어갈 알맞은 말을 쓰시오.

> 향 연기를 넣는 까닭은 ( )이/가 눈에 보이지 않기 때문에 향 연기를 통하여 ( )의 움직임을 알아보기 위해서이다.

( )

10 동아, 금성, 김영사, 아이스크림, 천재교과서, 천재교육

위 실험에서 관찰할 수 있는 향 연기의 움직임에 대한 설명으로 옳지 않은 것을 보기 에서 골라 기호를 쓰시오.

> 보기
>
> ㉠ 향 연기의 움직임은 수조 속 공기의 움직임이다.
> ㉡ 향 연기가 수평 방향으로 움직이는 것을 바람이라고 할 수 있다.
> ㉢ 얼음물 위는 저기압이고 따뜻한 물 위는 고기압이므로 향 연기는 따뜻한 물 쪽에서 얼음물 쪽으로 움직인다.

( )

11 ✚ 9종 공통

다음 중 바람에 대한 설명으로 옳은 것을 보기 에서 골라 기호를 쓰시오.

보기 ●
㉠ 바닷가에서 맑은 날 밤에는 해풍이 분다.
㉡ 바람은 공기가 한곳에 모여 있는 것이다.
㉢ 바닷가에서 맑은 날 낮에는 바다에서 육지로 바람이 분다.

( )

12 ✚ 9종 공통

바닷가에서 맑은 날 낮과 밤에 부는 바람의 방향을 각각 옳게 나타낸 것을 두 가지 고르시오. ( )

① 낮 육지 바다

② 낮 육지 바다

③ 밤 육지 바다

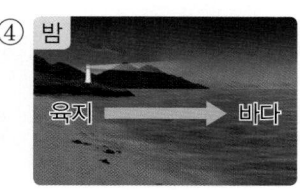
④ 밤 육지 바다

13 ✚ 9종 공통

우리나라의 계절별 날씨에 영향을 미치는 공기 덩어리 중 건조한 성질을 가지는 공기 덩어리로 알맞은 것을 두 가지 골라 기호를 쓰시오.

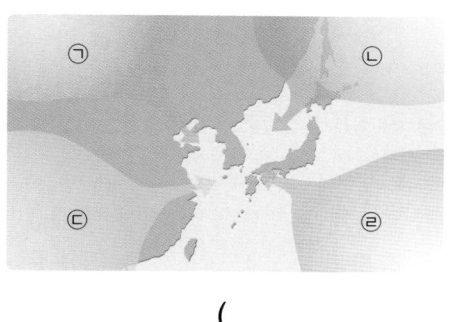

( )

14 ✚ 9종 공통

우리나라 계절별 날씨의 특징에 대한 설명으로 옳은 것은 어느 것입니까? ( )

① 봄은 따뜻하고 습하다.
② 여름은 무덥고 건조하다.
③ 가을은 따뜻하고 건조하다.
④ 겨울은 춥고 습하다.
⑤ 봄, 여름, 가을, 겨울의 날씨는 모두 비슷하다.

15 서술형 ✚ 9종 공통

기상청에서 제공하는 날씨 지수에는 어떤 것이 있는지 한 가지 쓰고, 무엇인지 설명하시오.

_____

_____

평가 주제	건습구 습도계로 습도 측정하기
평가 목표	건습구 습도계로 습도를 측정할 수 있고, 습도표를 이용하는 방법을 이해할 수 있다.

[1-2] 다음과 같이 건습구 습도계를 만들었습니다. 물음에 답하시오.

❶ 알코올 온도계 두 개 중 한 개만 액체샘을 헝 겊으로 감싸고, 스탠드와 뷰렛 집게를 사용해 온도계 두 개를 설치한다.

❷ 헝겊으로 감싼 온도계 아래에 물이 담긴 비커를 놓고 헝겊의 아랫부분이 물에 잠기도록 한다.

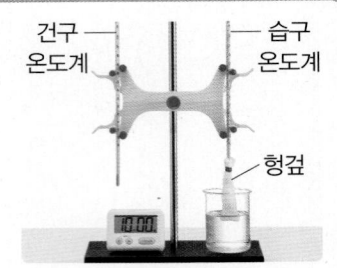

1 위 건습구 습도계로 측정한 내 방의 건구 온도와 습구 온도가 아래와 같을 때 다음 습도표를 참고하여 ㉠, ㉡에 들어갈 알맞은 말을 쓰시오.

건구 온도 (℃)	건구 온도와 습구 온도의 차(℃)										
	0	1	2	3	4	5	6	7	8	9	10
21	100	92	83	75	67	60	53	46	39	32	26
22	100	92	83	76	68	61	54	47	40	34	28
23	100	92	84	76	69	62	55	48	42	36	30
24	100	92	84	77	69	62	56	49	43	37	31

건구 온도	23.0 ℃	습구 온도	14.0 ℃
건구 온도와 습구 온도의 차	㉠	현재 습도	㉡

> **도움** 습도는 건구 온도, 건구 온도와 습구 온도의 차이를 이용하여 구합니다.

2 위 건습구 습도계로 교실과 과학실의 온도를 측정하였습니다. 1번 습도표를 참고하여, 현재 습도가 더 높은 곳은 어디인지 쓰시오.

교실의 건구 온도	24.0 ℃	과학실의 건구 온도	21.0 ℃
교실의 습구 온도	21.0 ℃	과학실의 습구 온도	15.0 ℃

( )

> **도움** 건구 온도와 습구 온도의 차이가 클수록 습도가 낮습니다.

3. 날씨와 우리 생활

● 정답과 풀이 11쪽

| 평가 주제 | 바닷가에서 부는 바람의 방향 알아보기 |
| 평가 목표 | 육지와 바다의 온도 변화 차이를 알고, 이를 통해 바닷가에서 부는 바람의 방향을 알 수 있다. |

[1-3] 오른쪽은 바닷가에서 맑은 날 낮에 바람이 부는 방향을 나타낸 것입니다. 물음에 답하시오.

육지　　　바람의 방향　　　바다

1 위 육지 위와 바다 위 공기의 온도와 기압을 각각 비교하여 더 높은 쪽을 골라 아래 빈칸에 ○표 하시오.

구분	육지 위	바다 위
공기의 온도	㉠	㉡
기압	㉢	㉣

도움 바람은 기압의 차이 때문에 공기가 이동하는 것입니다. 화살표로 표시된 바람의 방향을 보고, 공기의 온도와 기압을 예상해 봅니다.

3 단원

2 위 **1**번 답과 관련지어 바닷가에서 맑은 날 낮과 밤에 육지와 바다의 온도와 기압의 차이를 비교하여 쓰시오.

_____

_____

도움 바닷가에서는 맑은 날 낮과 밤에 부는 바람의 방향이 다릅니다.

3 오른쪽은 맑은 날 바닷가에서 하루 동안 측정한 육지와 바다의 기온 변화 그래프입니다. 위 **2**번 답과 관련지어 ㉠, ㉡은 각각 무엇의 기온 변화를 나타낸 것인지 구분하여 쓰시오.

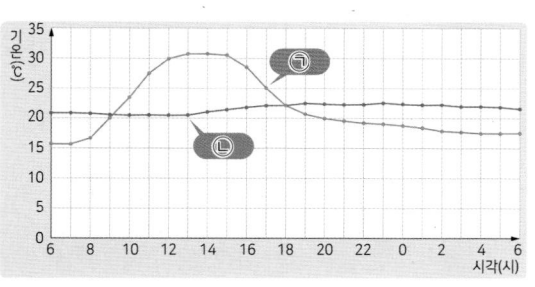

도움 그래프에서 기온의 변화가 더 큰 것과 기온의 변화가 거의 없는 것이 있습니다. 어느 것이 육지이고 어느 것이 바다의 기온 변화 그래프인지 생각해 봅니다.

㉠ (　　　　　　　　　), ㉡ (　　　　　　　　　)

숨은 그림을 찾아보세요.

● 정답 11쪽

물체의 운동

학습 내용과 교과서별 해당 쪽수를 확인해 보세요.

학습 내용	백점 쪽수	교과서별 쪽수				
		동아출판	비상교과서	아이스크림 미디어	지학사	천재교과서
① 물체의 운동	74~77	68~71	64~65	76~79	70~71	80~83
② 물체의 빠르기 비교	78~81	72~75	66~69	80~81	72~75	84~87
③ 물체의 속력, 속력과 안전	82~85	76~81	70~77	82~89	76~83	88~93

★ 동아출판, 김영사, 미래엔, 지학사, 천재교과서, 천재교육의 「4. 물체의 운동」 단원에 해당합니다.
★ 금성출판사, 비상교과서, 아이스크림미디어의 「3. 물체의 운동」 단원에 해당합니다.

1 물체의 운동

 개념 강의

1 물체의 운동

(1) 운동

① 움직이는 자동차나 자전거처럼 시간이 지남에 따라 물체의 위치가 변할 때, 물체가 운동한다고 합니다.

② 우리 주변에는 운동하는 물체와 운동하지 않는 물체가 있습니다.

(2) 운동하는 물체와 운동하지 않는 물체 예

운동하는 물체	운동하지 않는 물체
시간이 지남에 따라 위치가 변하는 물체	시간이 지나도 위치가 변하지 않는 물체
⬇	⬇
달리는 자동차, 비탈면을 따라 이동하는 케이블카, 날아오르는 새, 내리막길을 내려가는 자전거 등	버스 정류장에 서 있는 사람, 건물, 신호등, 나무 등

2 물체의 운동을 나타내는 방법

① 물체의 운동은 물체가 이동하는 데 걸린 시간과 이동 거리로 나타냅니다.

② 물체의 이동 거리를 측정할 때에는 물체의 앞쪽 끝부분과 같이 일정한 기준을 정하여 그 부분을 기준으로 측정합니다.

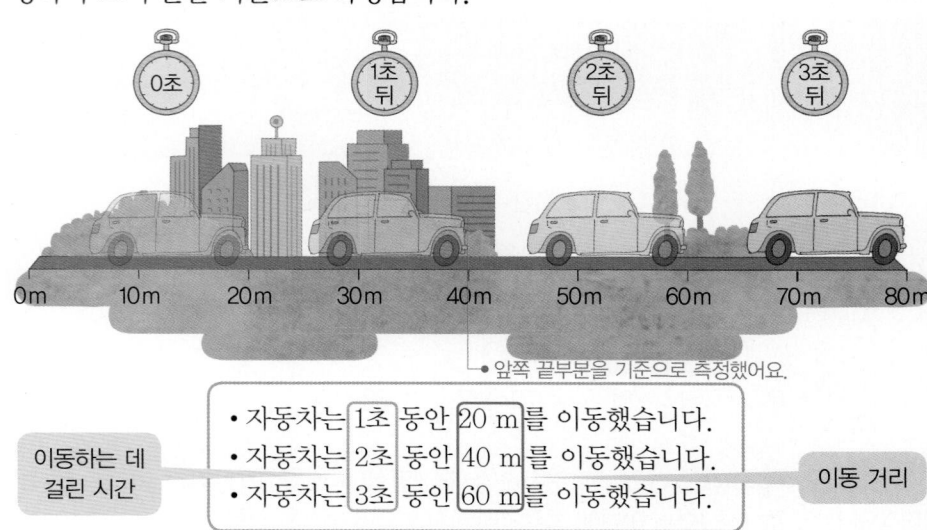

→ 앞쪽 끝부분을 기준으로 측정했어요.

이동하는 데 걸린 시간

- 자동차는 1초 동안 20 m를 이동했습니다.
- 자동차는 2초 동안 40 m를 이동했습니다.
- 자동차는 3초 동안 60 m를 이동했습니다.

이동 거리

➕ 운동하지 않는 물체

철봉에 매달려 있는 사람의 경우, 일상생활에서는 운동을 했다고 말할 수 있지만 과학에서의 운동에는 해당하지 않습니다. 시간이 지나도 사람의 위치가 변하지 않았기 때문입니다.

➕ 우리 생활에서 물체의 운동을 나타내는 예

교통 수단	기차가 1시간 동안 150 km를 이동했다.
운동 경기	야구공이 1초 동안 45 m를 날아갔다.
날씨	태풍이 1시간 동안 30 km를 이동했다.

용어 사전

◆ **비탈면** 비스듬히 기울어진 면.

③ 다양한 물체의 운동 나타내기 예

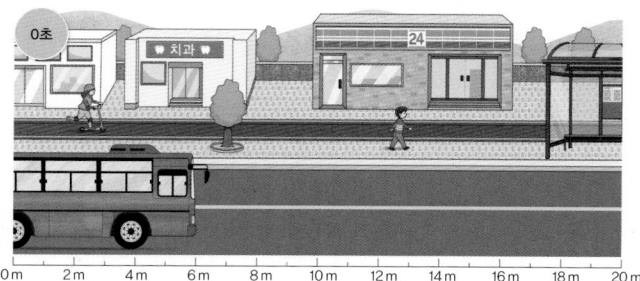

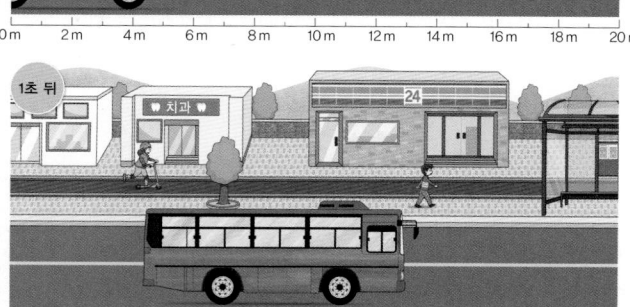

그림에서 시간이 지남에 따라 운동한 물체와 운동하지 않은 물체를 찾아보고, 물체의 운동을 이동하는 데 걸린 시간과 이동 거리로 나타내 봐요.

운동한 물체

버스, 킥보드 타는 사람, 걷는 사람

- 버스는 1초 동안 7 m를 이동했습니다.
- 킥보드 타는 사람은 1초 동안 2 m를 이동했습니다.
- 걷는 사람은 1초 동안 1 m를 이동했습니다.

운동하지 않은 물체

건물, 나무, 버스 정류장

3 운동하는 물체의 빠르기

(1) 운동하는 물체의 빠르기
① 우리 주변에는 빠르게 운동하는 물체도 있고 느리게 운동하는 물체도 있습니다.
② 우리 주변에는 빠르기가 일정한 운동을 하는 물체도 있고, 빠르기가 변하는 운동을 하는 물체도 있습니다.

(2) 빠르기가 일정한 운동
① 물체가 운동하는 동안 빠르기가 변하지 않습니다.
② 일정한 시간 동안 일정한 거리만큼 움직입니다.

▲ 움직이는 케이블카

▲ 움직이는 컨베이어

▲ 움직이는 자동계단

(3) 빠르기가 변하는 운동
① 물체가 운동하는 동안 빠르기가 빨라지거나 느려집니다.
② 멈추어 있다가 움직이거나 움직이다가 멈추는 물체는 빠르기가 변합니다.

▲ 이착륙하는 비행기

▲ 출발하는 자전거

▲ 움직이는 범퍼카

➕ 빠르기가 일정한 운동을 하는 물체 예

▲ 대관람차는 일정한 빠르기로 회전하는 운동을 함.

▲ 자동길은 일정한 빠르기로 움직이므로 탑승자가 장치 위에서 걷거나 서서 이동할 수 있음.

➕ 빠르기가 변하는 운동을 하는 물체 예

▲ 롤러코스터는 오르막길에서는 빠르기가 점점 느려지고 내리막길에서는 빠르기가 점점 빨라지는 운동을 함.

용어 사전

- **컨베이어** 물건을 연속적으로 이동·운반하는 띠 모양의 운반 장치.
- **자동계단** 사람이나 화물이 자동적으로 위아래 층으로 오르내릴 수 있도록 만든 계단 모양의 장치. = 에스컬레이터.
- **이착륙** 이륙과 착륙을 통틀어 이르는 말.

기본 개념 문제

1

움직이는 자전거나 자동차처럼 시간이 지남에 따라 물체의 위치가 변할 때, 물체가 (   )한다고 합니다.

2

시간이 지나도 (   )이/가 변하지 않는 물체는 운동하지 않는 물체입니다.

3

물체의 운동은 물체가 이동하는 데 걸린 시간과 (   )(으)로 나타냅니다.

4

대관람차는 빠르기가 (   ) 운동을 하는 놀이 기구입니다.

5

멈추어 있다가 움직이거나 움직이다가 멈추는 물체는 빠르기가 (   ) 운동을 합니다.

6 🔵 9종 공통

물체의 운동에 대한 설명으로 옳은 것을 보기 에서 골라 기호를 쓰시오.

> **보기** ●
> ㉠ 시간이 지나도 물체의 위치가 변하지 않는 것
> ㉡ 시간이 지남에 따라 물체의 위치가 변하는 것
> ㉢ 시간이 지남에 따라 물체의 모양이 변하는 것

(   )

7 🔵 9종 공통

다음은 1초 간격으로 공원의 사진을 찍은 것입니다. ㉠~㉣을 운동한 물체와 운동하지 않은 물체로 구분하여 기호를 쓰시오.

(1) 운동한 물체: (   )
(2) 운동하지 않은 물체: (   )

8 🔵 9종 공통

운동하지 않는 물체에 대한 설명으로 옳은 것을 보기 에서 두 가지 골라 기호를 쓰시오.

> **보기** ●
> ㉠ 빠르기가 점점 빨라지는 물체이다.
> ㉡ 시간이 지나도 제자리에 있는 물체이다.
> ㉢ 시간에 따라 위치가 변하지 않는 물체이다.

(   )

9 ➕ 9종 공통

물체의 운동을 나타내는 방법에 대해 옳게 말한 사람의 이름을 쓰시오.

- 수영: 이동 거리로만 나타내.
- 보라: 걸린 시간만 정확하게 알면 돼.
- 유주: 걸린 시간과 이동 거리로 나타내야 해.

(   )

10 ➕ 9종 공통

다음 자전거의 운동을 나타낸 것으로 가장 옳은 것에 ○표 하시오.

(1) 자전거는 2 m를 이동했다.   (   )
(2) 자전거는 1초 동안 이동했다.   (   )
(3) 자전거는 1초 동안 2 m를 이동했다.   (   )

11 ➕ 9종 공통

다음 자동차의 운동을 나타낼 때 (   ) 안에 들어갈 알맞은 숫자를 각각 쓰시오.

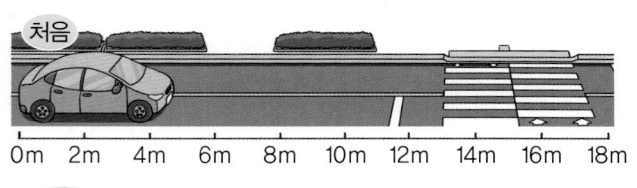

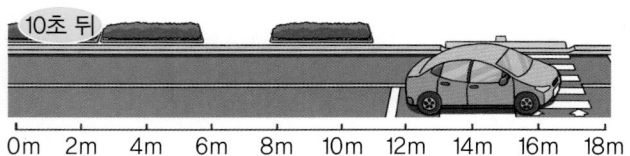

자동차는 (㉠)초 동안 (㉡) m를 이동했다.

㉠ (   ), ㉡ (   )

12 ➕ 9종 공통

다음 물체 중 빠르기가 변하는 것을 골라 쓰시오.

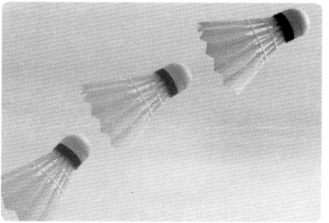

▲ 자동길   ▲ 배드민턴 공

(   )

13 ➕ 9종 공통

놀이 기구 중 하나인 회전목마를 타고 있는 동생을 보면서 희준이가 한 말로 가장 알맞은 것에 ✓표 하시오.

(1) "빠르기가 로켓보다도 빠르네." ☐

(2) "빠르기는 변하지만 운동은 하지 않네." ☐

(3) "빠르기가 일정하게 회전하네." ☐

14 서술형 ➕ 9종 공통

움직이는 롤러코스터와 자동계단의 운동을 빠르기와 관련지어 서로 비교하여 쓰시오.

▲ 롤러코스터   ▲ 자동계단

_____

_____

_____

2 물체의 빠르기 비교

 개념 강의

1 같은 거리를 이동한 물체의 빠르기 비교

① 물체가 같은 거리를 이동하는 데 걸린 시간으로 비교합니다.

② 같은 거리를 이동하는 데 짧은 시간이 걸린 물체가 긴 시간이 걸린 물체보다 더 빠릅니다.

③ 같은 거리를 이동하는 데 걸린 시간을 측정해 빠르기를 비교하는 운동 경기 예

▲ 자동차 경주

▲ 100 m 달리기

▲ 스피드 스케이팅

▲ 조정

▲ 수영

▲ 봅슬레이

➡ 일정한 거리를 완주하는 경기의 출발선에서 선수들이 동시에 출발했다면, 결승선에 먼저 도착한 선수의 순서대로 빠른 것입니다. → 먼저 도착한 선수가 나중에 도착한 선수보다 같은 거리를 이동하는 데 걸린 시간이 더 짧아요.

2 같은 시간 동안 이동한 물체의 빠르기 비교

① 물체가 같은 시간 동안 이동한 거리로 비교합니다.

② 같은 시간 동안 긴 거리를 이동한 물체가 짧은 거리를 이동한 물체보다 더 빠릅니다.

③ 3시간 동안 여러 교통수단이 이동한 거리 비교하기 예

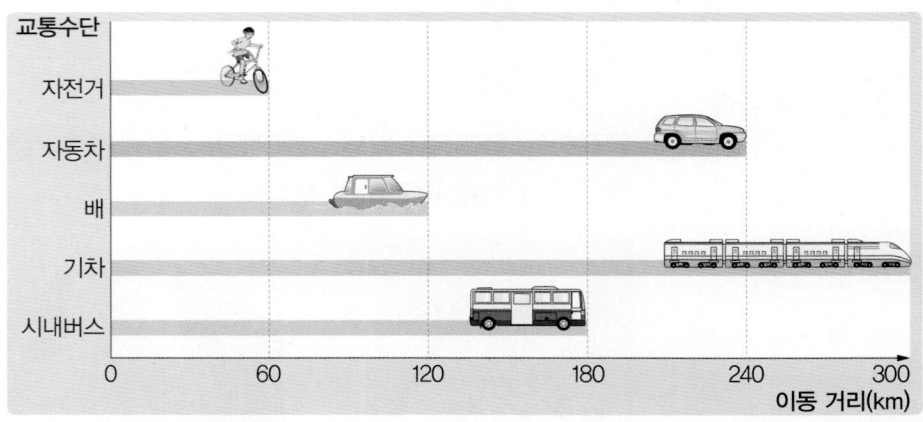
이동 거리(km)

가장 느린 교통수단은 자전거이고, 가장 빠른 교통수단은 기차예요.

• 자전거는 3시간 동안 60 km를 이동했습니다.
• 자동차는 3시간 동안 240 km를 이동했습니다.
• 배는 3시간 동안 120 km를 이동했습니다.
• 기차는 3시간 동안 300 km를 이동했습니다.
• 시내버스는 3시간 동안 180 km를 이동했습니다.

빠른 순서

기차 → 자동차 → 시내버스 → 배 → 자전거

➡ 같은 시간 동안 가장 먼 거리를 이동한 기차가 가장 빠른 교통수단입니다.

스피드 스케이팅

스피드 스케이팅은 거의 대부분의 종목에서 두 명의 선수가 나란히 서서 달리는데, 경기에 참가한 모든 선수들 중에서 가장 빠른 선수가 우승하는 경기입니다. 즉, 같은 거리를 이동하는 데 걸리는 시간을 측정하여 빠르기를 겨루는 운동 경기입니다.

용어 사전

● **조정** 정해진 거리에서 노를 저어 레이스 보트의 빠르기를 겨루는 수상 스포츠.
● **봅슬레이** 브레이크와 핸들이 장착된 썰매를 타고 눈과 얼음으로 만든 경사진 트랙을 활주하여 빠르기를 겨루는 동계 스포츠.

교과서 통합 대표 실험

실험동영상

실험 1 같은 거리를 이동한 물체의 빠르기 비교하기 📖 9종 공통

❶ 자석 자동차를 만듭니다.

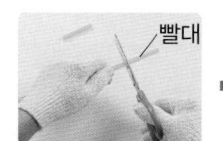 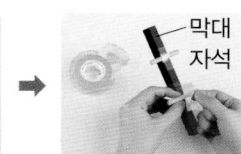  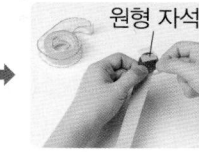

빨대 / 막대 자석 / 병뚜껑 / 원형 자석

자석 자동차는 빨대, 가위, 셀로판테이프, 막대자석, 이쑤시개, 병뚜껑, 나무 막대, 원형 자석을 이용해서 만들어요.

❷ 같은 거리를 이동한 자석 자동차의 빠르기를 비교하는 방법을 생각해 봅니다.

❸ 자석 자동차를 움직이면서 경주를 해 보고, 가장 빠른 자석 자동차를 찾아 봅니다.

출발선 / 결승선
▲ 자석 자동차 경주

실험 결과

① 같은 거리를 이동한 자석 자동차의 빠르기를 비교하는 방법: 자석 자동차가 출발선에서 출발하여 결승선에 도착하는 데 걸린 시간을 측정합니다.

② 자석 자동차의 빠르기 비교하기 예

만든 사람	걸린 시간	만든 사람	걸린 시간
시윤	10초 3위	소현	**5초** 1위
도윤	7초 2위	서율	12초 4위

➡ 결승선에 도착하는 데 걸린 시간이 가장 짧은 소현이가 만든 자석 자동차가 가장 빠릅니다.

> **정리** 같은 거리를 이동한 물체의 빠르기는 물체가 이동하는 데 걸린 시간으로 비교할 수 있습니다.

4 단원

실험 2 같은 시간 동안 이동한 물체의 빠르기 비교하기 📖 9종 공통

실험동영상

❶ 같은 시간 동안 이동한 태엽 로봇의 빠르기를 비교하는 방법을 생각해 봅니다.

❷ 경주 시간을 정합니다.

❸ 태엽 로봇의 태엽을 감아 경주를 해 보고, 가장 빠른 태엽 로봇을 찾아 봅니다.

출발! / 출발선

시간을 측정하는 친구는 출발 신호를 보내는 동시에 초시계의 출발 버튼을 누르고, 정해진 시간이 되면 정지 신호를 외쳐요.

실험 결과

① 같은 시간 동안 이동한 태엽 로봇의 빠르기를 비교하는 방법: 태엽 로봇이 출발선에서 출발하여 경주 시간 동안 이동한 거리를 측정합니다.

② 경주 시간을 5초로 정했을 때, 태엽 로봇의 빠르기 비교하기 예

만든 사람	이동한 거리	만든 사람	이동한 거리
시윤	**20 cm** 1위	소현	15 cm 4위
도윤	16 cm 3위	서율	18 cm 2위

➡ 이동 거리가 가장 긴 시윤이가 만든 태엽 로봇이 가장 빠릅니다.

> **정리** 같은 시간 동안 이동한 물체의 빠르기는 물체가 이동한 거리로 비교할 수 있습니다.

2 물체의 빠르기 비교

1

같은 거리를 이동한 물체의 빠르기는 물체가 같은 거리를 이동하는 데 (   )(으)로 비교합니다.

2

물체의 빠르기를 비교할 때, 같은 거리를 이동하는 데 짧은 시간이 걸린 물체가 긴 시간이 걸린 물체보다 더 (   ).

3

같은 시간 동안 이동한 물체의 빠르기는 물체가 같은 시간 동안 (   )(으)로 비교합니다.

4

물체의 빠르기를 비교할 때, 같은 시간 동안 긴 거리를 이동한 물체가 짧은 거리를 이동한 물체보다 더 (   ).

5

(   )은/는 같은 거리를 이동하는 데 걸린 시간을 측정해 빠르기를 비교하는 운동 경기입니다.

6 ➕ 9종 공통

다음은 100 m 달리기 기록입니다. 100 m를 가장 빠르게 달린 사람은 누구인지 이름을 쓰시오.

이름	걸린 시간
방소연	10초 17
감은호	8초 45
홍유란	9초 12

(   )

7 ➕ 9종 공통

같은 거리를 이동한 물체의 빠르기를 비교하는 방법으로 옳은 것을 보기 에서 골라 기호를 쓰시오.

보기
ㄱ 물체의 크기를 비교한다.
ㄴ 출발선의 위치를 비교한다.
ㄷ 물체가 이동한 거리를 비교한다.
ㄹ 물체가 이동하는 데 걸린 시간을 비교한다.

(   )

8 ➕ 9종 공통

다음은 100 m 수영 경기에 출전한 선수들의 기록입니다. 결승선에 먼저 도착한 순서대로 이름을 쓰시오.

이름	걸린 시간	이름	걸린 시간
현석	1분 10초 55	원정	1분 12초 33
희태	1분 11초 22	미소	1분 10초 88

(   ) → (   ) → (   ) → (   )

9 ➕ 9종 공통

일정한 거리를 이동하는 데 걸린 시간을 측정하여 순위를 결정하는 운동 경기의 기호를 쓰시오.

▲ 야구 　　　　　▲ 양궁 　　　　▲ 스피드 스케이팅

(　　　　　　)

[10-11] 다음은 종이 자동차를 출발선에 놓고 출발 신호와 함께 동시에 부채질을 하다가 경주 시간이 끝나고 동시에 부채질을 멈췄을 때 종이 자동차의 위치입니다. 물음에 답하시오.

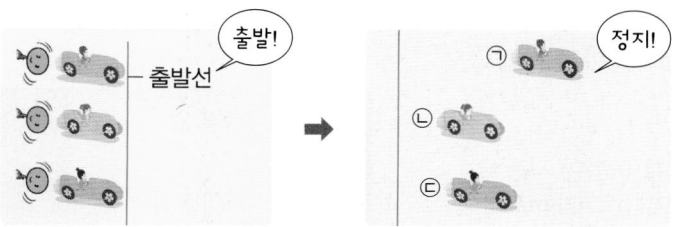

10 ➕ 9종 공통

위 ㉠~㉢ 종이 자동차의 빠르기를 비교하기 위해서는 무엇을 확인해야 합니까? (　　　)

① 부채의 크기
② 출발선의 색깔
③ 종이 자동차의 색깔
④ 종이 자동차의 이동 거리
⑤ 종이 자동차가 이동한 시간

11 ➕ 9종 공통

오른쪽 연지의 말을 보고, 위 ㉠~㉢ 중 연지의 종이 자동차는 어느 것인지 골라 기호를 쓰시오.

(　　　　)

내 종이 자동차가 가장 느리네.

연지

12 ➕ 9종 공통

3시간 동안 여러 교통수단이 이동한 거리를 보고, 가장 빠른 교통수단과 가장 느린 교통수단을 쓰시오.

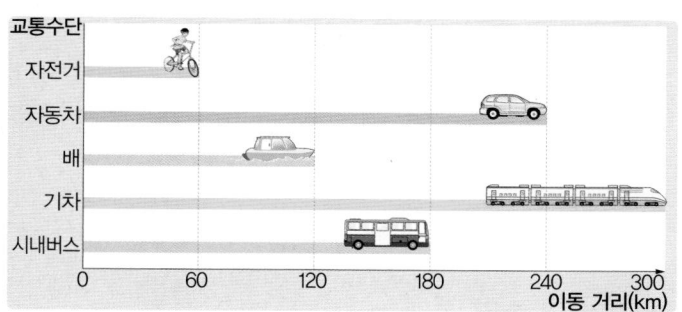

(1) 가장 빠른 교통수단: (　　　　　　　)
(2) 가장 느린 교통수단: (　　　　　　　)

13 ➕ 9종 공통

위 **12**번의 여러 교통수단 중에서 자동차보다 느린 교통수단을 모두 골라 쓰시오.

(　　　　　　　　　)

14 서술형 ➕ 9종 공통

같은 시각에 달리기 운동을 시작한 민주와 지수의 대화를 보고, 더 빠르게 달린 친구의 이름과 그렇게 생각한 까닭을 함께 쓰시오.

나는 30분 동안 4.8 km를 달렸어.

민주　　지수

나는 30분 동안 5.5 km를 달렸어.

_____

_____

3 물체의 속력, 속력과 안전

1 물체의 빠르기를 비교하는 방법

① 같은 거리를 이동한 물체의 빠르기는 물체가 같은 거리를 이동하는 데 걸린 시간으로 비교합니다.

② 같은 시간 동안 이동한 물체의 빠르기는 물체가 같은 시간 동안 이동한 거리로 비교합니다.

③ 이동 거리와 이동하는 데 걸린 시간이 모두 다른 물체의 빠르기는 **속력**으로 나타내면 편리하게 비교할 수 있습니다.

2 물체의 속력

(1) 속력

배드민턴 셔틀콕의 속력은 얼마일까?

① 속력: 1초(s), 1시간(h)과 같이 일정한 시간 동안 물체가 이동한 거리를 말합니다.

② 속력은 물체가 이동한 거리를 걸린 시간으로 나누어 구합니다.

> (속력) = (이동 거리) ÷ (걸린 시간)

(2) 물체의 속력을 나타내는 방법: 물체의 속력을 나타낼 때는 m/s(미터 매 초), km/h(킬로미터 매 시) 등의 단위를 씁니다. ─→ 초속은 1초 동안 이동한 거리로, 시속은 1시간 동안 이동한 거리로 나타내요.

3초 동안 15 m를 이동한 자전거의 속력은 15 m ÷ 3 s=5 m/s로 구하고, '오 미터 매 초' 또는 '초속 오 미터'라고 읽습니다.

자전거의 속력 5 m/s는 1초 동안 5 m를 이동한 것을 말해요.

2시간 동안 140 km를 이동한 자동차의 속력은 140 km ÷ 2 h=70 km/h로 구하고, '칠십 킬로미터 매 시' 또는 '시속 칠십 킬로미터'라고 읽습니다.

자동차의 속력 70 km/h는 1시간 동안 70 km를 이동한 것을 말해요.

(3) 여러 가지 물체의 속력 비교하기 예

나는 2시간 동안 280 km를 이동했어.

나의 속력은 250 km/h야.

나는 4시간 동안 160 km를 이동했어.

내가 달리는 속력은 10 km/h야.

나는 18 km/h로 가고 있어.

1시간 동안 60 km를 이동했어.

나는 4 km/h로 이동했어.

3시간 동안 240 km를 이동했어.

➡ 헬리콥터 → 기차 → 파란색 자동차 → 버스 → 배 → 자전거 → 뛰는 사람 → 강아지와 산책하는 사람의 순서로 속력이 빠릅니다.

➕ **속력을 이용해 나타내는 것 예**

우리는 일상생활에서 교통수단, 경기 기록, 바람, 동물 등의 빠르기를 이해하기 쉽게 속력을 이용해 나타냅니다.

▲ '투수가 던진 공의 속력이 130 km/h 였다.' 등과 같이 야구에서 야구공의 빠르기를 속력으로 나타냄.

➕ **번개가 치고 난 뒤 천둥소리가 들리는 까닭**

번개와 천둥은 거의 동시에 생기지만 천둥소리는 번개가 치고 난 뒤에 들립니다. 그 까닭은 소리의 속력이 빛의 속력보다 느리기 때문입니다.

- 배의 속력
  160 km ÷ 4 h = 40 km/h
- 기차의 속력
  280 km ÷ 2 h = 140 km/h
- 파란색 자동차의 속력
  240 km ÷ 3 h = 80 km/h
- 버스의 속력
  60 km ÷ 1 h = 60 km/h

용어 사전

● **투수** 야구에서 공격 팀의 타자에게 야구공을 던지는 선수.

3 속력과 관련된 안전장치와 교통안전 수칙

(1) 교통수단의 속력과 안전

① 자동차, 자전거 등과 같은 교통수단은 속력이 크면 충돌할 때 큰 충격이 가해져 탑승자와 보행자가 모두 크게 다칠 수 있습니다.

② 속력이 크면 제동 장치를 밟더라도 교통수단을 바로 멈출 수 없어 위험합니다.

③ 해결 방안 이야기하기 ㈜

> 교통 안전사고를 예방하거나 피해를 줄일 수 있도록 교통수단이나 도로에 다양한 안전장치를 설치해요.

> 여러 가지 법이나 교통안전 수칙을 만들어 사람들에게 널리 알리고 지킬 수 있게 해요.

(2) 속력과 관련된 안전장치

자동차		

▲ 안전띠는 긴급 상황에서 탑승자의 몸을 고정해 줌.	▲ 에어백은 충돌 사고에서 탑승자의 몸에 가해지는 충격을 줄여 줌.	▲ 자동 긴급 제동 장치는 충돌의 위험이 있을 때 자동으로 차량을 멈춤.

도로		

▲ 어린이 보호 구역 표지판은 자동차의 속력을 제한해 어린이들의 교통 안전사고를 예방함.	▲ 과속 방지 턱은 자동차의 속력을 줄여서 사고를 예방함.	▲ 속력 제한 표지판은 자동차의 속력을 제한하여 너무 큰 속력으로 달리지 않도록 유도함.

(3) 지켜야 할 교통안전 수칙: 교통 안전사고가 발생하지 않도록 교통안전 수칙을 잘 지킵니다.

> 횡단보도에서는 자전거에서 내려서 걸어가야 함.

> 버스를 기다릴 때는 차도로 내려가지 않음.

> 도로 주변에서는 공놀이를 하거나 장난치지 않고, 주변을 살피며 감.

> 횡단보도를 건널 때에는 신호등을 확인하고 좌우를 살피며 건너야 함.

└ 공을 공 주머니에 넣어요.

➕ 속력이 큰 물체가 위험한 이유

자동차의 속력이 30 km/h일 때 제동 거리는 6 m이지만 자동차의 속력이 50 km/h일 때 제동 거리는 18 m로 자동차의 속력이 클수록 제동 거리가 길어진다는 것을 알 수 있습니다.

➕ 자전거, 인라인스케이트, 킥보드 등을 탈 때 보호 장비를 착용해야 하는 까닭

놀이 기구를 타고 큰 속력으로 달리다가 다른 물체와 충돌하면 피해가 크므로, 몸을 보호하는 안전모와 보호대 등의 보호 장비를 착용하여 부딪칠 때의 피해를 줄이기 위해서입니다.

용어 사전

● **보행자** 걸어서 길거리를 오고 가는 사람.

● **제동 장치** 운전 속도를 조절하고 제어하기 위한 장치. = 브레이크.

● **제동 거리** 운전자가 보행자를 발견하고 제동 장치를 작동한 후 자동차가 멈출 때까지 자동차가 이동한 거리.

3 물체의 속력, 속력과 안전

기본 개념 문제

1

이동 거리와 이동하는 데 걸린 시간이 모두 다른 물체의 빠르기는 ( )(으)로 나타내면 편리하게 비교할 수 있습니다.

2

속력은 물체가 ( )을/를 걸린 시간으로 나누어 구합니다.

3

속력의 단위 m/s에서 s는 ( )을/를 나타냅니다.

4

( )은/는 자동차에 설치된 안전장치입니다.

5

( )은/는 도로에 설치된 안전장치입니다.

6 ⊕ 9종 공통

속력을 구하는 방법으로 옳은 것을 보기 에서 골라 기호를 쓰시오.

> 보기 ●
> ㉠ (이동 거리) + (걸린 시간)
> ㉡ (이동 거리) × (걸린 시간)
> ㉢ (걸린 시간) ÷ (이동 거리)
> ㉣ (이동 거리) ÷ (걸린 시간)

( )

7 ⊕ 9종 공통

다음 중 속력이 같은 물체를 두 가지 고르시오.

( )

① 12초 동안 360 m를 이동한 물체
② 25초 동안 450 m를 이동한 물체
③ 22초 동안 440 m를 이동한 물체
④ 30초 동안 540 m를 이동한 물체
⑤ 26초 동안 1300 m를 이동한 물체

[8-9] 종민이는 6초 동안 30 m를 달렸습니다. 물음에 답하시오.

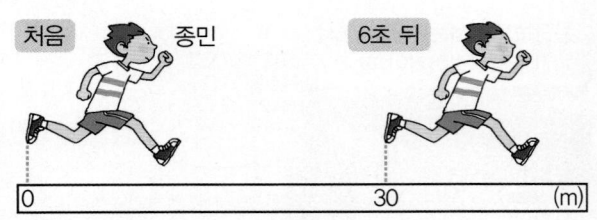

8 ⊕ 9종 공통

위 종민이의 속력을 구하여 단위와 함께 쓰시오.

( )

9 ➕ 9종 공통

현우는 3초 동안 21 m를 달렸습니다. 앞 종민이와 현우의 빠르기에 대한 설명으로 옳은 것을 보기 에서 골라 기호를 쓰시오.

┌─ 보기 ●────────────────────┐
│ ㉠ 두 사람의 빠르기는 같다.
│ ㉡ 현우의 속력은 7 m/s이다.
│ ㉢ 1초 동안 종민이가 현우보다 이동한 거리가 더 길다.
└──────────────────────────┘

(   )

10 ➕ 9종 공통

다음 섬 지역의 일기 예보를 보고, 바람이 가장 빠르게 불 것으로 예상되는 섬을 쓰시오.

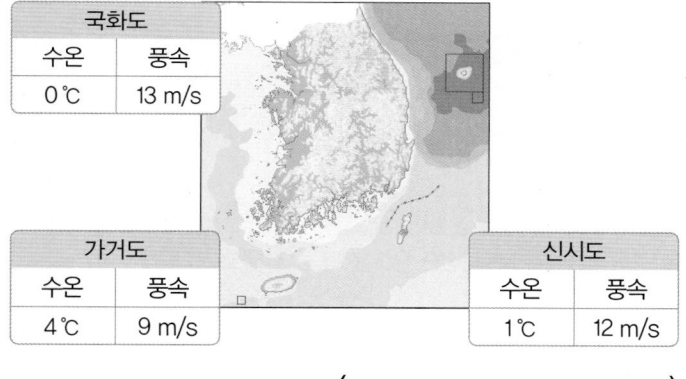

국화도	
수온	풍속
0 ℃	13 m/s

가거도	
수온	풍속
4 ℃	9 m/s

신시도	
수온	풍속
1 ℃	12 m/s

(   )

11 ➕ 9종 공통

자동차에 설치된 오른쪽 안전장치는 충돌 사고에서 탑승자의 몸에 가해지는 충격을 줄여 줍니다. 이름이 무엇인지 쓰시오.

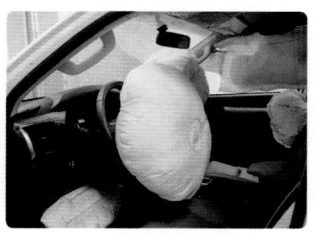

(   )

12 서술형 ➕ 9종 공통

오른쪽은 도로에 설치된 안전장치입니다. 안전장치의 이름을 쓰고, 이것이 어떻게 교통안전을 지킬 수 있는지 쓰시오.

─────────────────────────────

─────────────────────────────

13 ➕ 9종 공통

학교 근처에서 볼 수 있는 녹색 학부모는 교통 안전사고가 일어나지 않도록 어떤 노력을 하는지 알맞은 것에 ○표 하시오.

(1) 어린이들이 안전하게 등교하도록 돕는다. (   )
(2) 운전자가 교통 법규를 잘 지키는지 단속한다.
(   )

14 ➕ 9종 공통

우리가 지켜야 할 교통안전 수칙으로 (   ) 안에 들어갈 알맞은 말이 <u>아닌</u> 것을 보기 에서 골라 기호를 쓰시오.

┌──────────────────────────┐
│ 횡단보도에서 (   )
└──────────────────────────┘

┌─ 보기 ●────────────────────┐
│ ㉠ 무단 횡단하지 않는다.
│ ㉡ 자동차가 멈췄는지 확인하고 건넌다.
│ ㉢ 초록색 신호등이 켜지면 곧바로 빨리 뛰어서 건넌다.
└──────────────────────────┘

(   )

4 물체의 운동

★ 운동한 물체 찾기

0 1 2 3 4 5 6 7 8 9 10

↓ 1초 뒤

0 1 2 3 4 5 6 7 8 9 10

시간이 지남에 따라 위치가 변한 '달리는 사람'과 '유모차를 미는 사람'이 운동한 물체입니다.

1. 물체의 운동

(1) **운동**: 시간이 지남에 따라 물체의 위치가 변할 때 물체가 운동한다고 합니다.

운동하는 물체	운동하지 않는 물체
시간이 지남에 따라 위치가 변하는 물체 ㉺ 걷는 사람, 떨어지는 낙엽, 날아오르는 새	시간이 지나도 위치가 변하지 않는 물체 ㉺ 버스 정류장에 서 있는 사람, 신호등, 나무

(2) **물체의 운동을 나타내는 방법**: 물체가 이동하는 데 걸린 시간과 ❶ [　　　]로 나타냅니다.

㉺ 자전거는 1초 동안 2 m를 이동했습니다.

(3) **여러 가지 물체의 운동**

① 우리 주변에는 빠르게 운동하는 물체와 느리게 운동하는 물체가 있습니다.

▲ 빠르게 운동하는 로켓

▲ 느리게 운동하는 달팽이

▲ 느리거나 빠르게 운동하는 자동차

② 어떤 물체는 빠르기가 일정한 운동을 하고, 어떤 물체는 빠르기가 변하는 운동을 합니다.

▲ 빠르기가 일정한 운동을 하는 대관람차

▲ 빠르기가 일정한 운동을 하는 자동계단

▲ 빠르기가 ❷ [　　　] 운동을 하는 롤러코스터

★ 같은 거리를 이동하는 데 걸린 시간을 측정해 빠르기를 비교하는 운동 경기 ㉺

▲ 스피드 스케이팅

▲ 조정

2. 물체의 빠르기 비교

(1) **같은 거리를 이동한 물체의 빠르기 비교**: 같은 거리를 이동하는 데 짧은 시간이 걸린 물체가 긴 시간이 걸린 물체보다 더 ❸ [　　　]니다.

▲ 50 m 달리기

이름	결승선까지 걸린 시간
형진	8초 13
시원	7초 17
일선	8초 53
지은	9초 58
우진	9초 10

➡ 시원 → 형진 → 일선 → 우진 → 지은이의 순서대로 빠르게 달렸습니다.

(2) 같은 시간 동안 이동한 물체의 빠르기 비교: 같은 시간 동안 긴 거리를 이동한 물체가 짧은 거리를 이동한 물체보다 더 **❹**[   ]니다.

▲ 5초 동안 종이 자동차 경주하기

구분	이동 거리
이민준이 만든 종이 자동차	120 cm
김서현이 만든 종이 자동차	60 cm
주효민이 만든 종이 자동차	80 cm
박지석이 만든 종이 자동차	115 cm

➡ 이민준 → 박지석 → 주효민 → 김서현이 만든 종이 자동차의 순서대로 빠르게 달렸습니다.

3. 물체의 속력, 속력과 안전

(1) 물체의 속력

속력의 뜻	일정한 **❺**[ ] 동안 물체가 이동한 거리임.
속력을 구하는 방법	(속력) = (이동 거리) ÷ (걸린 시간)
속력을 나타내는 방법	• 속력의 크기와 단위를 함께 씀. • 속력의 단위: m/s, km/h 등

(2) 속력과 관련된 안전장치 예

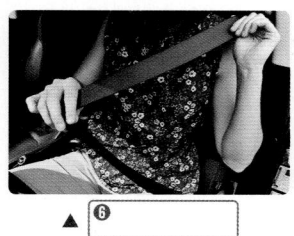

▲ **❻**[   ]

▲ 어린이 보호 구역 표지판

▲ 과속 방지 턱

(3) 지켜야 할 교통안전 수칙 예

★ **속력을 이용하는 까닭**

이동 거리와 이동하는 데 걸린 시간이 모두 다른 물체의 빠르기는 속력으로 나타내면 편리하게 비교할 수 있기 때문입니다.

★ **속력과 관련된 안전장치가 필요한 까닭**

교통 안전사고를 예방하거나 피해를 줄이기 위해서입니다.

4 단원

[1-3] 다음은 1초 간격으로 공원의 모습을 나타낸 것입니다. 물음에 답하시오.

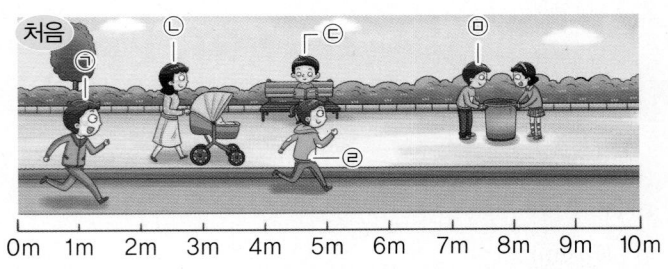
처음

1초 뒤

1 ➕ 9종 공통

위 ㉠~㉤ 중 다음 설명에 해당하는 것을 모두 골라 기호를 쓰시오.

> 1초 동안 운동하였다.

( )

2 ➕ 9종 공통

위 1번 답 중 빠르기가 가장 빠른 사람을 골라 기호를 쓰시오.

( )

3 ➕ 9종 공통

위 ㉤의 운동을 옳게 말한 사람의 이름을 쓰시오.

- 예린: 운동하지 않았어.
- 정훈: 1초 동안 2 m를 운동했어.
- 민하: 5초 동안 3 m를 운동했어.

( )

4 ➕ 9종 공통

다음을 빠르기가 변하는 운동을 하는 물체와 빠르기가 일정한 운동을 하는 물체로 분류하여 기호를 쓰시오.

㉠
▲ 움직이는 자동길

㉡
▲ 날아가는 배드민턴 공

㉢
▲ 이륙하는 비행기

㉣
▲ 이동 중인 케이블카

(1) 빠르기가 변하는 운동: ( )
(2) 빠르기가 일정한 운동: ( )

5 서술형 ➕ 9종 공통

로켓과 달팽이의 운동을 다음의 주어진 말을 모두 포함하여 비교하여 쓰시오.

▲ 로켓

▲ 달팽이

> 빠르게 운동, 느리게 운동

[6-7] 다음은 민규네 반 친구들의 50 m 달리기 기록입니다. 물음에 답하시오.

구분	박정화	강소형	최미리	한정수
걸린 시간	9초 33	10초 17	11초 89	9초 41

6  9종 공통

위 네 명 중 달리기가 가장 빠른 친구의 이름을 쓰시오.

( )

7 서술형 ⊕ 9종 공통

위 **6**번과 같이 생각한 까닭을 쓰시오.

_____

_____

_____

8 ⊕ 9종 공통

다음은 세 가지 달리기 종목에서 호영이의 걸린 시간과 이동 거리를 기록한 것입니다. 옳은 것을 보기 에서 골라 기호를 쓰시오.

- 한 발로 뛰기에서 10초 동안 25 m를 이동했다.
- 2인 3각 걷기에서 10초 동안 15 m를 이동했다.
- 양발 이어 걷기에서 10초 동안 6 m를 이동했다.

호영

보기
ⓛ 세 종목에서 호영이의 빠르기는 같다.
ⓛ 호영이가 가장 느린 종목은 2인 3각 걷기이다.
ⓒ 같은 시간 동안 이동 거리가 가장 긴 한 발로 뛰기가 호영이가 가장 빠르게 달린 종목이다.

( )

[9-10] 다음은 3시간 동안 여러 교통수단이 이동한 거리입니다. 물음에 답하시오.

기차 ➡ 300 km

자동차 ➡ 220 km

지하철 ➡ 120 km

오토바이 ➡ 180 km

9 ⊕ 9종 공통

위 여러 교통수단을 빠른 것부터 순서대로 쓰시오.

( ) → ( )
→ ( ) → ( )

10 ⊕ 9종 공통

버스는 위 여러 교통수단 중 오토바이보다 빠르고 자동차보다 느립니다. 버스로 3시간 동안 이동한 거리를 예상한 것으로 가장 알맞은 것은 어느 것입니까?

( )

① 35 km   ② 50 km
③ 200 km   ④ 230 km
⑤ 340 km

11 서술형 ➕ 9종 공통

속력의 단위 중 'm/s'가 뜻하는 것은 무엇인지 쓰시오.

_____

_____

12 ➕ 9종 공통

진아가 자동길에 서서 자동길의 시작부터 끝 부분까지 이동하는 데 60초가 걸렸습니다. 자동길의 속력을 구하여 단위와 함께 쓰시오.

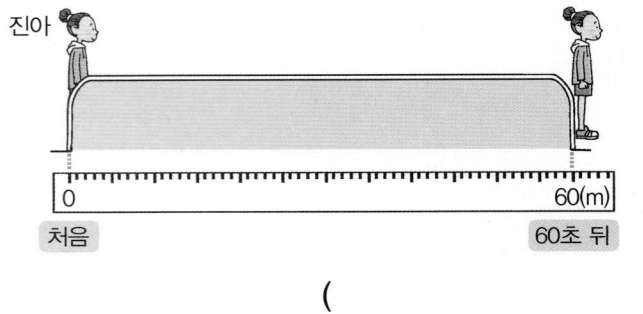

진아

0   60(m)

처음   60초 뒤

(   )

13 ➕ 9종 공통

다음 중 가장 빠른 동물로 알맞은 것은 어느 것입니까? (   )

① 2초 동안 30 m를 이동한 개
② 1초 동안 13 m를 이동한 고양이
③ 21 m를 이동하는 데 7초가 걸린 펭귄
④ 36 m를 이동하는 데 3초가 걸린 사슴
⑤ 20 m를 이동하는 데 2초가 걸린 스컹크

14 ➕ 9종 공통

오른쪽은 탑승자의 안전을 위해 자동차에 설치된 안전장치입니다. 이 안전장치의 기능으로 옳은 것을 보기 에서 골라 기호를 쓰시오.

보기
㉠ 운전자에게 위험 상황을 알려 준다.
㉡ 충돌 사고에서 탑승자의 몸에 가해지는 충격을 줄여 준다.
㉢ 길에서 보행자가 안전하게 지나갈 수 있도록 보호하는 장치이다.

(   )

15 ➕ 9종 공통

다음 중 교통안전 수칙을 가장 잘 지킨 친구의 이름을 쓰시오.

• 지율: 자동차를 탔을 때 안전띠를 맸어.
• 서하: 도로 옆에서 인라인스케이트를 탔어.
• 휘민: 버스에서 내리자마자 바로 길을 건넜어.

(   )

4. 물체의 운동

1 ✚ 9종 공통

다음 ( ) 안에 들어갈 알맞은 말을 쓰시오.

> 물체가 ( )(하)면 시간이 지남에 따라 물체의 위치가 변한다.

( )

2 ✚ 9종 공통

다음은 10초 동안의 모습을 한 장의 그림에 나타낸 것입니다. 그림에서 볼 수 있는 운동에 대한 설명으로 옳지 <u>않은</u> 것은 어느 것입니까? ( )

0m 10m 20m 30m 40m 50m 60m 70m 80m 90m 100m

① 남자아이는 운동하지 않았다.
② 자전거는 가장 먼 거리를 이동했다.
③ 자동차는 10초 동안 80 m를 이동했다.
④ 할아버지는 10초 동안 10 m를 이동했다.
⑤ 운동한 물체와 운동하지 않은 물체가 있다.

3 서술형 ✚ 9종 공통

위 2번 그림에서 운동하지 않은 물체를 한 가지 골라 쓰고, 그렇게 생각한 까닭을 쓰시오.

(1) 운동하지 않은 물체: ( )

(2) 그렇게 생각한 까닭: _____

4 ✚ 9종 공통

다음 보기 의 여러 가지 물체의 운동을 ㉠, ㉡으로 분류하여 쓰시오. (단, 물체 모두 일반적으로 움직이는 상황을 생각합니다.)

> 보기 ●
>
> 축구공, 자동길, 케이블카,
> 배드민턴 공, 스키장 승강기

빠르기가 변하는 운동을 하는 물체	빠르기가 일정한 운동을 하는 물체
㉠	㉡

㉠ ( )
㉡ ( )

5 ✚ 9종 공통

100 m 달리기 경기에서 가장 빠르게 달린 사람을 찾는 방법으로 옳은 것을 보기 에서 골라 기호를 쓰시오.

> 보기 ●
>
> ㉠ 이동 거리가 가장 긴 사람을 찾는다.
> ㉡ 걸린 시간이 가장 짧은 사람을 찾는다.
> ㉢ 결승선에 마지막으로 들어온 사람을 찾는다.
> ㉣ 출발선에서 가장 먼저 출발한 사람을 찾는다.

( )

6 ➕ 9종 공통

다음은 마라톤 대회의 경기 기록입니다. 경기 결과에 대한 설명으로 옳은 것은 어느 것입니까? (   )

선수	걸린 시간	이동 거리
㉠	2시간 07분 21초	42.195 km
㉡	2시간 14분 33초	42.195 km
㉢	2시간 10분 08초	42.195 km
㉣	2시간 06분 57초	42.195 km

① ㉢ 선수의 빠르기가 가장 빨랐다.
② ㉠ 선수와 ㉣ 선수의 빠르기는 같았다.
③ ㉢ 선수가 ㉡ 선수보다 빠르기가 빨랐다.
④ ㉠ 선수가 가장 먼저 결승선에 들어왔다.
⑤ ㉡ 선수가 두 번째로 결승선에 들어왔다.

7 ➕ 9종 공통

다음은 3시간 동안 여러 교통수단이 이동한 거리를 나타낸 것입니다. 이에 대한 내용으로 옳은 것은 어느 것입니까? (   )

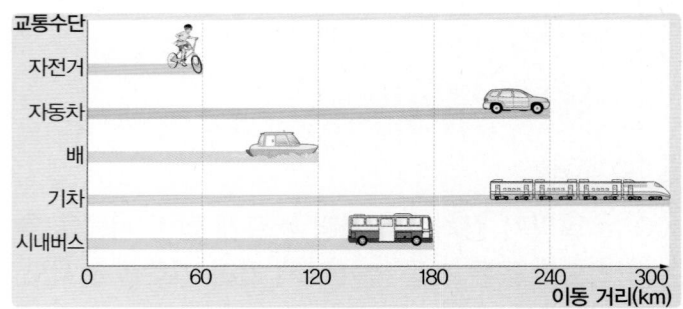

① 기차의 이동 거리가 가장 짧다.
② 자전거의 이동 거리가 가장 길다.
③ 자동차는 배보다 빠르기가 느리다.
④ 3시간 동안 시내버스는 60 km를 이동했다.
⑤ 3시간 동안 자동차는 자전거보다 180 km를 더 이동했다.

8 ➕ 9종 공통

다음은 여러 동물들이 30초 동안 달린 거리를 나타낸 것입니다. 가장 빠른 동물로 알맞은 것은 어느 것입니까? (   )

① 사자 – 500 m   ② 타조 – 540 m
③ 표범 – 740 m   ④ 치타 – 800 m
⑤ 호랑이 – 610 m

9 서술형 ➕ 9종 공통

이동 거리가 다른 두 물체의 빠르기를 비교하는 방법을 한 가지 쓰시오.

_____

_____

_____

_____

10 ➕ 9종 공통

다음은 여러 장난감이 이동한 거리와 이동하는 데 걸린 시간을 측정한 결과입니다. 장난감의 속력을 구했을 때 '초속 이 미터'라고 읽을 수 있는 것을 골라서 쓰시오.

구분	배	기차	버스	자동차
이동 거리	10 cm	6 m	2 m	9 cm
걸린 시간	4초	3초	2초	3초

(   )

11 ⊕ 9종 공통

3시간 동안 750 km를 이동하는 고속 열차의 속력을 나타낸 것으로 옳은 것은 어느 것입니까? (   )

① 25 m/s
② 75 km/h
③ 750 km/h
④ 250 km/h
⑤ 2250 km/h

12 ⊕ 9종 공통

다음 일기 예보를 보고, 27일 오후 3시부터 오후 9시까지 태풍이 이동하는 동안의 태풍의 속력을 단위와 함께 쓰시오.

태풍이 27일 오후 3시 제주특별자치도에서 남쪽으로 150 km 떨어진 바다 위에서 북쪽으로 이동하여 오후 9시에는 제주특별자치도에 도달할 것으로 예상된다.

27일 오후 9시
27일 오후 3시

(   )

13 ⊕ 9종 공통

다음 중 빠르기가 가장 빠른 것과 가장 느린 것을 골라 각각 기호를 쓰시오.

㉠ 2초 동안 12 m를 이동한 강아지
㉡ 15 m를 이동하는 데 5초 걸린 자전거
㉢ 25초 동안 100 m를 이동한 장난감 자동차
㉣ 96 m를 이동하는 데 12초 걸린 인라인스케이트 선수

⑴ 가장 빠른 것: (   )
⑵ 가장 느린 것: (   )

14 서술형 ⊕ 9종 공통

오른쪽 표지판은 도로에 설치된 안전장치입니다. 이 표지판은 어떤 역할을 하는지 쓰시오.

_____

_____

_____

15 ⊕ 9종 공통

도로에서 지켜야 할 교통안전 수칙으로 옳은 것은 어느 것입니까? (   )

①

▲ 횡단보도가 아닌 곳에서 길 건너기

②

▲ 좌우를 살피며 횡단보도 건너기

③

▲ 게임하면서 횡단보도 건너기

④

▲ 차도에 내려와서 버스 기다리기

평가 주제	물체의 운동과 빠르기 비교하기, 물체의 속력 알기
평가 목표	물체의 운동, 빠르기를 비교하는 방법, 물체의 속력을 구하는 방법을 알 수 있다.

[1-3] 다음은 1초 간격으로 도로의 사진을 찍은 것입니다. 물음에 답하시오.

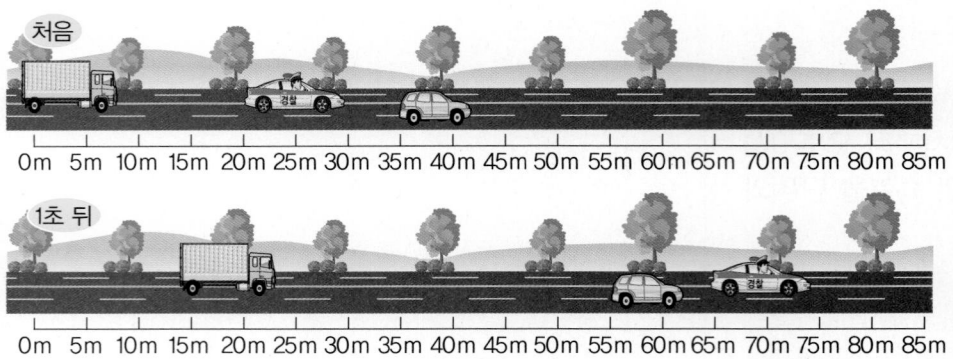

1 위에서 볼 수 있는 각 자동차의 운동을 나타내시오.

> 도움 트럭, 경찰차, 승용차 모두 차의 가장 뒷 부분을 기준으로 하여 생각해 봅니다.

(1) 트럭

(2) 경찰차

(3) 승용차

2 위 자동차의 빠르기를 비교하는 여러 가지 방법으로 (   ) 안에 들어갈 알맞은 말을 보기 에서 골라 각각 써넣으시오.

> 도움 어떤 자동차가 더 빠르다고 표현하려면 무엇을 비교해야 할지 생각해 봅니다.

┌─ 보기 ●
  속력,   걸린 시간,   생기는 힘,   이동한 거리,   변하는 무게

(1) 물체가 같은 시간 동안 (   )(으)로 비교할 수 있다.

(2) 물체의 이동 거리를 (   )(으)로 나누어 (   )을/를 구해 비교할 수 있다.

3 위 **2**번 답과 관련지어 각 자동차의 속력을 구해, 단위와 함께 쓰시오.

> 도움 속력은 물체가 이동한 거리를 이동하는 데 걸린 시간으로 나누어 구합니다.

(가) 트럭	(나) 경찰차	(다) 승용차

4. 물체의 운동

● 정답과 풀이 15쪽

평가 주제	물체의 빠르기 비교하기, 물체의 속력 구하기
평가 목표	같은 시간 동안 이동한 물체의 빠르기를 비교할 수 있고, 물체의 속력을 구하여 그 의미를 이해할 수 있다.

[1-3] 다음은 10초 동안 사람과 동물, 물체가 이동한 거리를 나타낸 것입니다. 물음에 답하시오.

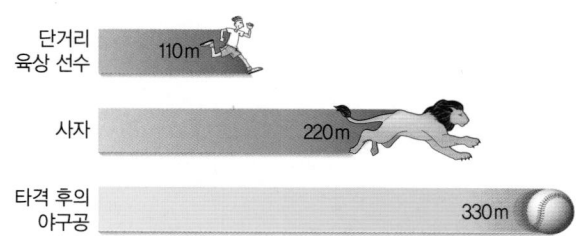

단거리 육상 선수 110m
사자 220m
타격 후의 야구공 330m

1 위에서 빠르기가 빠른 것부터 순서대로 다음 빈칸에 써넣으시오.

[　　　] ➡ [　　　] ➡ [　　　]

> **도움** 같은 시간 동안 이동한 물체의 빠르기를 비교하는 방법을 떠올려 봅니다.

2 위 **1**번 답과 같이 생각한 까닭을 쓰시오.

_____

_____

_____

> **도움** 속력의 값을 구하지 않아도 빠르기를 비교할 수 있습니다.

3 고속도로에서는 어떤 구간의 시작과 끝에서 차량이 통과하는 시각과 이동 거리를 측정하여 과속 여부를 확인하는 구간 단속을 합니다. 다음 자동차의 속력을 구하여 단위와 함께 쓰고, 이 구간의 제한 속력이 100 km/h일 때 이 자동차의 과속 여부로 알맞은 것에 ○표 하시오.

> **도움** 제한 속력이란 자동차 등에 정해 있는 최고 또는 최저 속도를 말합니다. 따라서 제한 속력이 100 km/h인 구간에서는 100 km/h 이상 속력을 내면 과속입니다.

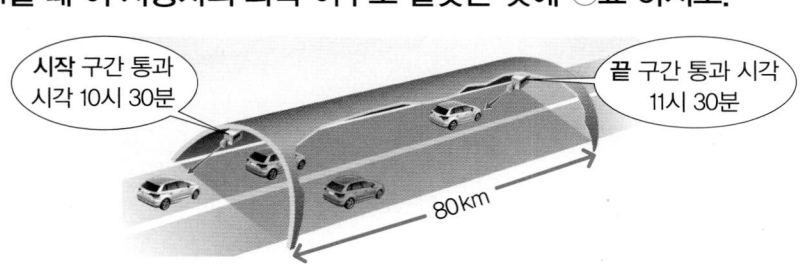

시작 구간 통과 시각 10시 30분
끝 구간 통과 시각 11시 30분
80km

(1) 총 80 km 구간을 통과한 자동차의 속력: (　　　　　　　)

(2) 이 자동차의 과속 여부: (과속함, 과속하지 않음).

미로를 따라 길을 찾아보세요.

● 정답 16쪽

5

산과 염기

▶ 학습 내용과 교과서별 해당 쪽수를 확인해 보세요.

학습 내용		백점 쪽수	교과서별 쪽수				
			동아출판	비상교과서	아이스크림 미디어	지학사	천재교과서
1	용액의 분류	98~101	92~95	90~97	102~105	94~97	104~107
2	천연 지시약으로 용액 분류하기, 산성·염기성 용액의 성질	102~105	96~99		106~109	98~101	108~111
3	산성·염기성 용액을 섞을 때의 변화, 산성·염기성 용액의 이용	106~109	100~103	98~101	110~113	102~107	112~115

★ 동아출판, 김영사, 미래엔, 지학사, 천재교과서, 천재교육의 「5. 산과 염기」 단원에 해당합니다.

★ 금성출판사, 비상교과서, 아이스크림미디어의 「4. 산과 염기」 단원에 해당합니다.

1 용액의 분류

1 용액의 분류

(1) **여러 가지 용액을 분류하는 방법**: 용액의 성질을 관찰한 뒤 관찰한 결과를 바탕으로 분류 기준을 정해 여러 가지 용액을 분류할 수 있습니다.

(2) **겉으로 보이는 성질에 따른 용액의 분류**

● 용액이 들어 있는 점적병을 흔든 뒤에 거품이 3초 이상 유지되는지 관찰해요.

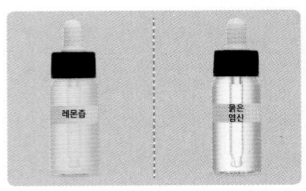
색깔이 있는 것과 없는 것으로 분류하기

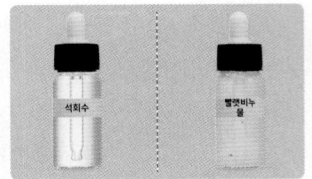
투명한 것과 불투명한 것으로 분류하기

냄새가 나는 것과 나지 않는 것으로 분류하기

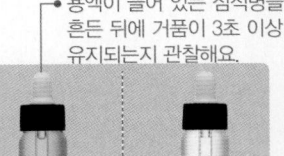
거품이 유지되는 것과 유지되지 않는 것으로 분류하기

2 지시약을 이용한 용액의 분류

(1) **지시약**: 어떤 용액에 넣었을 때 그 용액의 성질에 따라 색깔 변화가 나타나는 물질입니다. 지시약으로 산성 용액과 염기성 용액을 분류할 수 있습니다.

◉ 리트머스 종이, 페놀프탈레인 용액, BTB(브로모티몰 블루) 용액 등

(2) **지시약을 이용한 용액의 분류**

① 리트머스 종이의 색깔 변화

➕ **겉으로 보이는 성질로만 용액을 분류할 때의 어려운 점** ◉

• 용액에 따라 맛을 보거나 냄새를 맡거나 만져 보는 활동은 위험할 수 있습니다.
• 색깔이 없고 투명한 용액은 쉽게 구분되지 않습니다.
➡ 지시약을 이용하여 구분합니다.

용액 지시약	사이다	레몬즙	식초	빨랫비누 물	유리 세정제	석회수	묽은 염산	묽은 수산화 나트륨 용액
푸른색 리트머스 종이	붉은색	붉은색	붉은색	변화 없음.	변화 없음.	변화 없음.	붉은색	변화 없음.
붉은색 리트머스 종이	변화 없음.	변화 없음.	변화 없음.	푸른색	푸른색	푸른색	변화 없음.	푸른색

② 페놀프탈레인 용액의 색깔 변화 ➡ 페놀프탈레인 용액은 색깔이 없고 투명해요.

용액 지시약	사이다	레몬즙	식초	빨랫비누 물	유리 세정제	석회수	묽은 염산	묽은 수산화 나트륨 용액
페놀프탈레인 용액	변화 없음.	변화 없음.	변화 없음.	붉은색	붉은색	붉은색	변화 없음.	붉은색

③ BTB(브로모티몰 블루) 용액의 색깔 변화 ➡ BTB 용액은 종류에 따라 색이 다를 수 있지만 산성에서는 노란색, 염기성에서는 파란색, 중간인 중성에서는 초록색으로 변해요.

용액 지시약	사이다	레몬즙	식초	빨랫비누 물	유리 세정제	석회수	묽은 염산	묽은 수산화 나트륨 용액
BTB 용액	노란색	노란색	노란색	파란색	파란색	파란색	노란색	파란색

④ 지시약의 색깔 변화로 산성 용액과 염기성 용액 분류하기

산성 용액
• 푸른색 리트머스 종이 ➡ 붉은색 • 페놀프탈레인 용액 ➡ 변화 없음. • BTB 용액 ➡ 노란색

염기성 용액
• 붉은색 리트머스 종이 ➡ 푸른색 • 페놀프탈레인 용액 ➡ 붉은색 • BTB 용액 ➡ 파란색

용어 사전

● **점적병** 약물이나 액즙 등의 분량을 한 방울씩 떨어뜨려서 헤아리는 기구.

교과서 통합 대표 실험

실험 1 | 여러 가지 용액을 관찰하여 분류하기 📖 9종 공통

여러 가지 용액의 색깔, 투명한 정도, 냄새, 점적병을 흔든 뒤 발생한 거품이 3초 이상 유지되는지 등의 특징을 관찰하고, 용액을 분류할 수 있는 기준을 세워 여러 가지 용액을 분류해 봅시다.

실험 결과

① 여러 가지 용액의 특징 예 → 일반적인 특징으로, 종류에 따라서는 색깔 등의 특징이 다를 수 있어요.

사이다	레몬즙	식초	빨랫비누 물
• 색깔: × 투명함. • 투명도: ○⌐ • 냄새: ○ • 거품 유지: ×	• 색깔: ○ 투명하지 않음. • 투명도: ×⌐ • 냄새: ○ • 거품 유지: ×	• 색깔: ○ • 투명도: ○ • 냄새: ○ • 거품 유지: ×	• 색깔: ○ • 투명도: × • 냄새: ○ • 거품 유지: ○

유리 세정제	석회수	묽은 염산	묽은 수산화 나트륨 용액
• 색깔: ○ • 투명도: ○ • 냄새: ○ • 거품 유지: ○	• 색깔: × • 투명도: ○ • 냄새: × • 거품 유지: ×	• 색깔: × • 투명도: ○ • 냄새: ○ • 거품 유지: ×	• 색깔: × • 투명도: ○ • 냄새: × • 거품 유지: ×

② 여러 가지 용액 분류하기 예

분류 기준: 용액의 색깔이 있는가?

그렇다.

레몬즙, 식초, 빨랫비누 물, 유리 세정제

그렇지 않다.

사이다, 석회수, 묽은 염산, 묽은 수산화 나트륨 용액

분류 기준: 용액에서 냄새가 나는가?

그렇다.

사이다, 레몬즙, 식초, 빨랫비누 물, 유리 세정제, 묽은 염산

그렇지 않다.

석회수, 묽은 수산화 나트륨 용액

정리 | 우리 주변에서 볼 수 있는 용액을 색깔, 투명한 정도, 냄새 등을 기준으로 분류할 수 있습니다.

실험 2 | 지시약을 이용하여 용액 분류하기 📖 9종 공통

실험동영상

지시약의 색깔 변화에 따라 여러 가지 용액을 분류해 봅시다.

실험 결과

리트머스 종이		페놀프탈레인 용액	
푸른색 → 붉은색	붉은색 → 푸른색	변화 없음.	붉은색으로 변함.
사이다, 레몬즙, 식초, 묽은 염산	빨랫비누 물, 유리 세정제, 석회수, 묽은 수산화 나트륨 용액	사이다, 레몬즙, 식초, 묽은 염산	빨랫비누 물, 유리 세정제, 석회수, 묽은 수산화 나트륨 용액
산성 용액	염기성 용액	산성 용액	염기성 용액

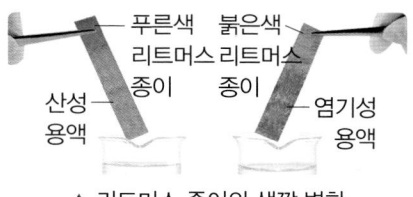

▲ 리트머스 종이의 색깔 변화

푸른색 리트머스 종이 · 붉은색 리트머스 종이 · 산성 용액 · 염기성 용액

정리 | 지시약의 색깔 변화로 산성 용액과 염기성 용액을 분류할 수 있습니다.

산성 · 염기성

▲ 페놀프탈레인 용액의 색깔 변화

기본 개념 문제

1

( )은/는 어떤 용액에 넣었을 때 그 용액의 성질에 따라 색깔 변화가 나타나는 물질입니다.

2

( )은/는 지시약의 한 종류입니다.

3

( ) 용액은 푸른색 리트머스 종이를 붉은색으로 변하게 합니다.

4

( ) 용액은 페놀프탈레인 용액을 붉은색으로 변하게 합니다.

5

( ) 용액은 BTB(브로모티몰 블루) 용액을 노란색으로 변하게 합니다.

[6-8] 다음의 여러 가지 용액을 분류하려고 합니다. 물음에 답하시오.

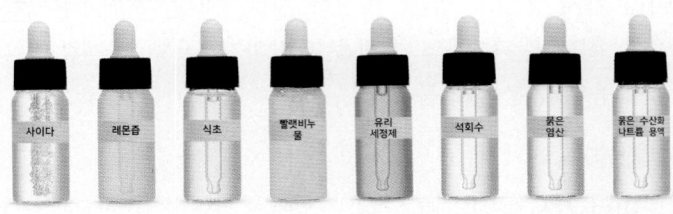

6 ➕ 9종 공통

위 여러 가지 용액을 분류할 때 가장 먼저 해야 할 일을 보기 에서 골라 기호를 쓰시오.

> 보기
> ㉠ 용액을 관찰한다.
> ㉡ 분류 기준을 정한다.
> ㉢ 기준에 따라 용액을 분류한다.

( )

7 ➕ 9종 공통

위 용액 중 연한 푸른색이고, 흔들었을 때 발생한 거품이 3초 이상 유지되는 용액을 골라 이름을 쓰시오.

( )

8 ➕ 9종 공통

위 여러 가지 용액을 '색깔이 있는가?'라는 분류 기준으로 분류할 때 '그렇다.'로 분류할 수 있는 용액을 모두 골라 ○표 하시오.

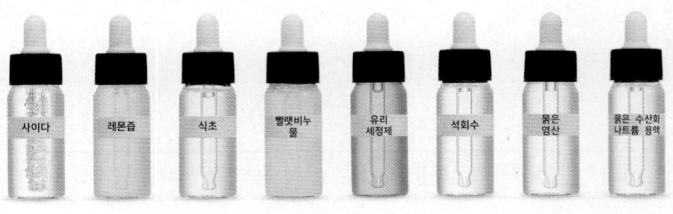

9 ➕ 9종 공통

여러 가지 용액을 다음과 같이 분류한 기준으로 옳은 것은 어느 것입니까? (   )

식초, 사이다, 묽은 염산	레몬즙, 빨랫비누 물

① 투명한 용액과 투명하지 않은 용액
② 색깔이 있는 용액과 색깔이 없는 용액
③ 먹을 수 있는 용액과 먹을 수 없는 용액
④ 냄새가 나는 용액과 냄새가 나지 않는 용액
⑤ 거품이 3초 이상 유지되는 용액과 유지되지 않는 용액

10 서술형 ➕ 9종 공통

다음 세 가지 용액을 관찰한 결과를 보고, 이들 용액을 구분하기 어려운 점은 무엇인지 쓰시오.

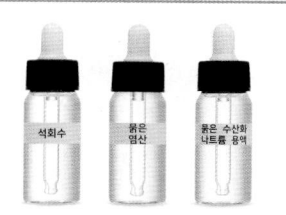

• 석회수: 투명함.
• 묽은 염산: 투명함.
• 묽은 수산화 나트륨 용액: 투명함.

_____

_____

_____

11 ➕ 9종 공통

지시약에 대한 설명으로 옳은 것을 보기 에서 두 가지 골라 기호를 쓰시오.

보기
㉠ 리트머스 종이는 지시약이다.
㉡ 용액의 성질에 따라 무게가 바뀐다.
㉢ 지시약을 이용하여 산성 용액과 염기성 용액을 분류할 수 있다.

(   )

12 ➕ 9종 공통

어떤 용액에 푸른색 리트머스 종이를 넣었더니 붉은색으로 변했습니다. 이 용액으로 알맞은 것은 어느 것입니까? (   )

[   ] ➡ [   ]

① 석회수
② 묽은 염산
③ 빨랫비누 물
④ 유리 세정제
⑤ 묽은 수산화 나트륨 용액

13 ➕ 9종 공통

다음 용액에 붉은색 리트머스 종이를 넣었을 때의 색깔 변화에 따라 분류할 때, 나머지와 다른 무리로 분류되는 용액의 이름을 쓰시오.

식초,   사이다,   석회수,   묽은 염산

(   )

14 ➕ 9종 공통

페놀프탈레인 용액을 떨어뜨렸을 때 색깔이 변하지 않는 용액끼리 옳게 짝 지은 것은 어느 것입니까?

(   )

① 레몬즙, 석회수
② 레몬즙, 묽은 염산
③ 식초, 유리 세정제
④ 석회수, 유리 세정제
⑤ 석회수, 묽은 수산화 나트륨 용액

2 천연 지시약으로 용액 분류하기, 산성·염기성 용액의 성질

개념
강의

1 천연 지시약으로 용액 분류하기

(1) 여러 가지 천연 지시약

① 붉은 양배추 지시약은 식물에서 얻을 수 있는 재료로 만드는 대표적인 천연 지시약입니다.

② 여러 가지 용액에 붉은 양배추 지시약을 떨어뜨리면 용액의 성질에 따라 색깔이 다르게 나타납니다.

③ 포도, 검은콩, 장미, 비트, 나팔꽃 등도 지시약으로 사용할 수 있는 천연 재료입니다.

(2) 붉은 양배추 지시약으로 용액 분류하기

① 붉은 양배추 지시약의 색깔 변화

사이다	레몬즙	식초	빨랫비누 물	유리 세정제	석회수	묽은 염산	묽은 수산화 나트륨 용액
붉은색	붉은색	붉은색	푸른색	푸른색	연두색	붉은색	노란색

→ 또는 연한 푸른색

② 지시약의 색깔 변화에 따라 여러 가지 용액 분류하기

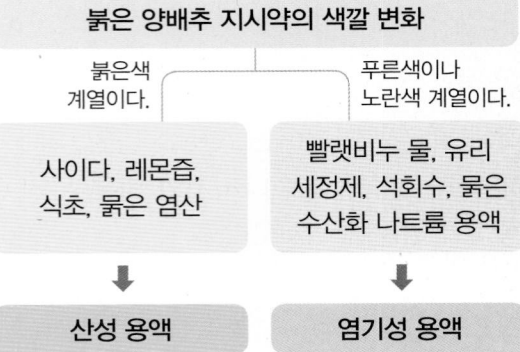

붉은 양배추 지시약의 색깔 변화

붉은색 계열이다. → 사이다, 레몬즙, 식초, 묽은 염산 → **산성 용액**

푸른색이나 노란색 계열이다. → 빨랫비누 물, 유리 세정제, 석회수, 묽은 수산화 나트륨 용액 → **염기성 용액**

붉은 양배추 지시약으로 용액을 분류한 결과와 리트머스 종이와 페놀프탈레인 용액, BTB 용액으로 용액을 분류한 결과가 서로 같아요.

2 산성·염기성 용액의 성질

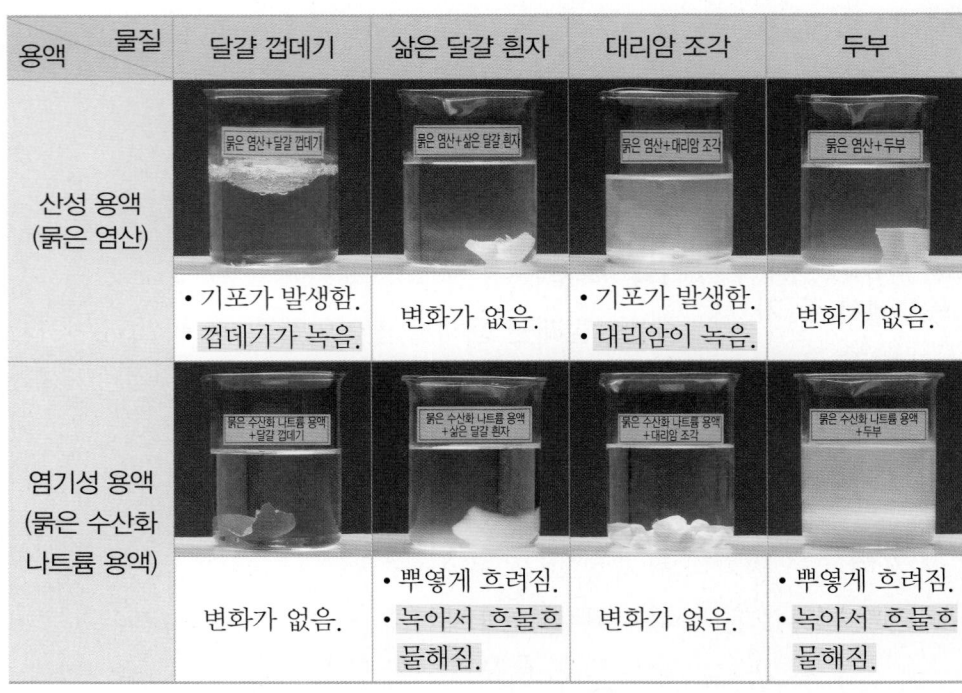

물질 용액	달걀 껍데기	삶은 달걀 흰자	대리암 조각	두부
산성 용액 (묽은 염산)	• 기포가 발생함. • 껍데기가 녹음.	변화가 없음.	• 기포가 발생함. • 대리암이 녹음.	변화가 없음.
염기성 용액 (묽은 수산화 나트륨 용액)	변화가 없음.	• 뿌옇게 흐려짐. • 녹아서 흐물흐물해짐.	변화가 없음.	• 뿌옇게 흐려짐. • 녹아서 흐물흐물해짐.

포도주스 얼룩이 빨랫비누 물에 닿았을 때의 변화

포도주스 얼룩을 빨랫비누 물에 담그면 보라색 얼룩이 푸른색으로 변하는데, 이는 포도주스가 지시약 역할을 하여 염기성 용액인 빨랫비누 물에 의해 색깔이 변한 것입니다.

여러 가지 용액을 분류할 때 지시약을 사용하면 좋은 점

색깔이나 냄새 등 겉으로 보이는 성질로 분류할 수 없는 용액도 분류할 수 있습니다.

대리암으로 만든 서울 원각사지 십층석탑에 유리 보호 장치를 한 까닭

대리암의 성분은 탄산 칼슘으로 산성 용액에 녹습니다. 따라서 환경 오염으로 산성이 강해진 빗물이나 산성 물질인 새의 배설물이 대리암으로 만든 석탑을 빠르게 훼손시킬 수 있으므로 유리 보호 장치를 한 것입니다.

용어사전

● **탄산 칼슘** 달걀 껍데기, 조개껍데기 등의 주성분으로 무색 또는 하얀색의 고체.

● **훼손** 헐거나 깨뜨려 못 쓰게 만듦.

실험 1 지시약을 만들어 용액 분류하기 📖 9종 공통

❶ 붉은 양배추 지시약을 만듭니다.

붉은 양배추를 가위로 작게 잘라 비커에 넣기

붉은 양배추가 잠길 정도로 따뜻한 물 붓기

붉은 양배추의 색깔을 충분히 우려내기

우려낸 붉은 양배추 지시약을 점적병에 옮겨 담기

❷ 붉은 양배추 지시약의 색깔이 비슷하게 변한 용액끼리 분류해 봅시다.

실험 결과

① 붉은 양배추 지시약의 색깔 변화

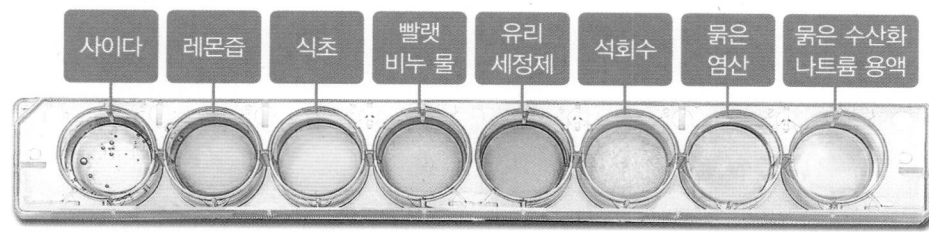

② 색깔이 비슷하게 변한 용액끼리 분류하기

| 붉은색을 띠는 용액 | 사이다, 레몬즙, 식초, 묽은 염산 | ➡ 산성 용액 |
| 푸른색이나 노란색을 띠는 용액 | 빨랫비누 물, 유리 세정제, 석회수, 묽은 수산화 나트륨 용액 | ➡ 염기성 용액 |

정리 | 붉은 양배추 지시약을 붉은색 계열로 변하게 하는 용액은 산성 용액, 푸른색이나 노란색 계열로 변하게 하는 용액은 염기성 용액입니다.

실험 2 용액에 여러 가지 물질 넣어 보기 📖 9종 공통

묽은 염산과 묽은 수산화 나트륨 용액에 각각 달걀 껍데기, 삶은 달걀 흰자, 대리암 조각, 두부를 넣고 변화를 관찰해 봅시다.

실험 결과

▲ 묽은 염산에 넣고 하루가 지난 모습

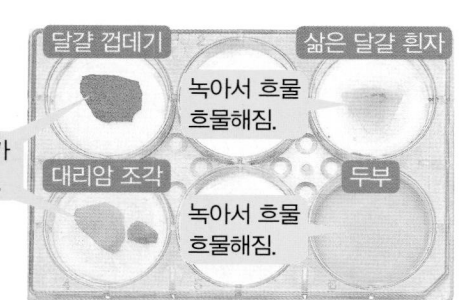
▲ 묽은 수산화 나트륨 용액에 넣고 하루가 지난 모습

정리 | 산성 용액은 달걀 껍데기와 대리암 조각을 녹이고, 염기성 용액은 삶은 달걀 흰자와 두부를 녹입니다. ─●삶은 달걀 흰자와 두부는 모두 단백질이 많은 물질이에요.

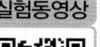

2 천연 지시약으로 용액 분류하기, 산성·염기성 용액의 성질

기본 개념 **문제**

1

( )은/는 지시약으로 사용할 수 있는 천연 재료입니다.

2

( ) 용액에 붉은 양배추 지시약을 떨어뜨리면 붉은색 계열로 변합니다.

3

붉은 양배추 지시약으로 용액을 분류한 결과와 리트머스 종이, BTB 용액으로 용액을 분류한 결과는 서로 ( ).

4

달걀 껍데기를 넣었을 때 기포가 발생하면서 껍데기가 녹는 것은 ( ) 용액의 성질입니다.

5

두부를 넣었을 때 녹아서 흐물흐물해지며 용액이 뿌옇게 흐려지는 것은 ( ) 용액의 성질입니다.

6 ➕ 9종 공통

다음 중 붉은 양배추 지시약에 대한 설명으로 옳은 것을 보기 에서 골라 기호를 쓰시오.

보기 ●

㉠ 산성 용액에서는 색깔이 변하지 않는다.
㉡ 염기성 용액에서는 붉은색 계열의 색깔로 변한다.
㉢ 지시약의 색깔 변화에 따라 산성 용액과 염기성 용액을 분류할 수 있다.

( )

7 ➕ 9종 공통

다음은 붉은 양배추 지시약을 떨어뜨렸을 때의 색깔 변화에 따라 두 무리로 분류한 결과입니다. <u>잘못</u> 분류한 용액을 골라 이름을 쓰시오.

식초, 사이다	석회수, 묽은 염산, 묽은 수산화 나트륨 용액

( )

8 서술형 ➕ 9종 공통

어떤 용액에 붉은 양배추 지시약을 떨어뜨렸더니 오른쪽과 같은 색깔로 변했습니다. 같은 용액에 푸른색 리트머스 종이를 넣었을 때 볼 수 있는 색깔 변화를 쓰시오.

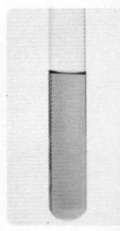

9 ● 9종 공통

묽은 염산과 묽은 수산화 나트륨 용액을 각각 산성 용액과 염기성 용액으로 분류하여 쓰시오.

산성 용액	㉠
염기성 용액	㉡

[10-11] 어떤 용액에 달걀 껍데기를 넣었더니 오른쪽과 같은 변화가 나타났습니다. 물음에 답하시오.

기포가 발생하면서 껍데기가 녹음.

10 ● 9종 공통

위 용액의 성질은 산성인지 염기성인지 쓰시오.

( )

11 ● 9종 공통

위 용액에 넣었을 때 위와 같은 변화가 나타날 것으로 예상되는 물질을 보기 에서 골라 기호를 쓰시오.

보기 ●
㉠ 두부   ㉡ 식용유
㉢ 대리암 조각   ㉣ 삶은 닭 가슴살
㉤ 삶은 달걀 흰자

( )

12 ● 9종 공통

묽은 수산화 나트륨 용액에 두부를 넣었을 때 관찰할 수 있는 모습으로 옳은 것을 두 가지 고르시오.

( )

① 변화가 없다.
② 검은 연기가 발생한다.
③ 두부가 흐물흐물해진다.
④ 용액이 뿌옇게 흐려진다.
⑤ 용액이 붉은색으로 변하고, 두부에는 변화가 없다.

13 ● 9종 공통

염기성 용액에 어떤 물질을 넣었을 때의 변화로 알맞은 말에 ○표 하시오.

염기성 용액에 (달걀 껍데기, 삶은 달걀 흰자)를 넣으면 시간이 지나면서 녹아 용액이 뿌옇게 흐려진다.

14 ● 9종 공통

오른쪽과 같이 대리암으로 만들어진 서울 원각사지 십층 석탑에 유리 보호 장치를 한 까닭을 옳게 말한 사람의 이름을 쓰시오.

• 범준: 염기성을 띤 빗물에 녹아서 훼손될 수 있기 때문이야.
• 은수: 산성 물질이 닿으면 대리암으로 만들어진 석탑이 녹을 수 있어서야.

( )

3 산성·염기성 용액을 섞을 때의 변화, 산성·염기성 용액의 이용

개념 강의

1 산성 용액과 염기성 용액을 섞을 때의 변화

(1) 산성 용액과 염기성 용액을 섞을 때 붉은 양배추 지시약의 색깔 변화

묽은 염산에 묽은 수산화 나트륨 용액을 넣은 횟수	처음 (0)	1	2	3	4	5	6
붉은 양배추 지시약의 색깔							
묽은 수산화 나트륨 용액에 묽은 염산을 넣은 횟수	처음 (0)	1	2	3	4	5	6
붉은 양배추 지시약의 색깔							

붉은 양배추 지시약의 색깔 변화표

◀─ 산성이 강함.　　　　　　　　　　염기성이 강함. ─▶

(2) 산성 용액과 염기성 용액을 섞을 때의 변화

① 산성 용액에 염기성 용액을 넣을수록 산성이 약해지다가 어느 순간부터는 염기성이 점점 강해집니다.

② 염기성 용액에 산성 용액을 넣을수록 염기성이 약해지다가 어느 순간부터는 산성이 점점 강해집니다.

③ 산성 용액과 염기성 용액을 섞었을 때 변화가 생기는 까닭: 산성 용액과 염기성 용액을 섞으면 용액 속의 산성을 띠는 물질과 염기성을 띠는 물질이 섞이면서 용액의 성질이 변하기 때문입니다.

2 산성 용액과 염기성 용액의 이용

▲ 식초로 생선을 손질한 도마를 닦거나 생선을 먹을 때 레몬즙을 뿌림.

비린내가 나게 하는 물질: 염기성
식초, 레몬즙: 산성
산성 용액의 이용

▲ 변기용 세제로 변기를 청소함.

변기의 때: 염기성
변기용 세제: 산성

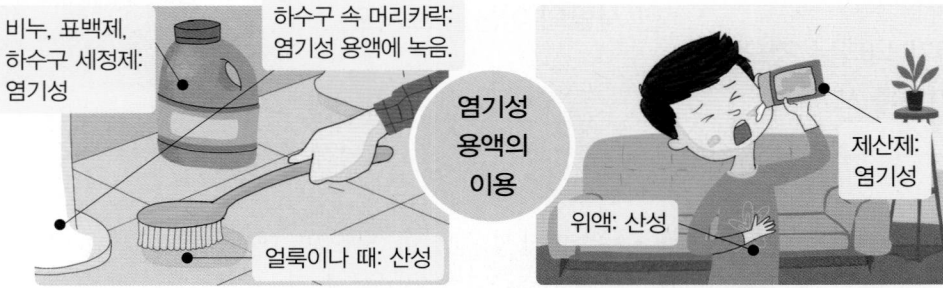

▲ 염기성 용액은 때를 잘 지울 수 있으므로 씻거나 청소를 할 때 비누, 표백제, 하수구 세정제 등을 사용함.

비누, 표백제, 하수구 세정제: 염기성
하수구 속 머리카락: 염기성 용액에 녹음.
염기성 용액의 이용
얼룩이나 때: 산성

▲ 속이 쓰릴 때 제산제를 먹음.

위액: 산성
제산제: 염기성

⊕ **서로 성질이 다른 용액을 계속 넣을 때의 변화**

• 산성 용액에 염기성 용액을 계속 넣으면 산성 용액의 성질이 약해지다가 결국 염기성 용액으로 변합니다.

• 염기성 용액에 산성 용액을 계속 넣으면 염기성 용액의 성질이 약해지다가 결국 산성 용액으로 변합니다.

⊕ **BTB 용액을 이용한 용액의 성질 변화 관찰하기**

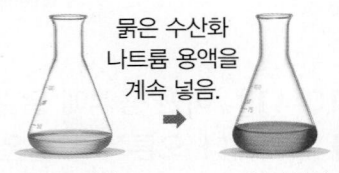
묽은 수산화 나트륨 용액을 계속 넣음.

▲ 묽은 염산 + BTB 용액　　▲ 염기성이 강해짐.

• BTB 용액은 산성에서 노란색, 염기성에서 파란색을 띱니다.

• 묽은 염산에 BTB 용액을 넣은 용액에 묽은 수산화 나트륨 용액을 계속 넣으면, 용액의 산성이 점차 약해지다가 결국 염기성 용액으로 변합니다.

⊕ **산성 용액과 염기성 용액을 섞었을 때 성질이 변하는 것을 이용하는 예**

• 염산 누출 사고가 발생하면 산성 용액인 염산에 염기성을 띤 소석회를 뿌려 염산의 성질을 약하게 합니다.

• 산성으로 변한 토양에 염기성인 석회 가루를 뿌립니다.

용어 사전

● **제산제** 속쓰림을 느낄 때 위액의 강도를 약하게 하여 속쓰림을 줄이는 약.

● **누출** 액체나 기체 등이 밖으로 새어 나옴.

● **소석회** 수산화 칼슘이라고도 하며, 석고나 시멘트의 성분으로 쓰이는 하얀색 가루 물질.

실험 TIP !

실험동상

실험 1 산성 용액과 염기성 용액을 섞을 때의 변화 관찰하기 📖 9종 공통

❶ 묽은 염산에 붉은 양배추 지시약을 떨어뜨린 다음, 묽은 수산화 나트륨 용액을 넣으면서 색깔을 관찰해 봅시다.
❷ 묽은 수산화 나트륨 용액에 붉은 양배추 지시약을 떨어뜨린 다음, 묽은 염산을 넣으면서 색깔을 관찰해 봅시다.

실험 결과

① 묽은 염산에 묽은 수산화 나트륨 용액을 1회~6회 넣었을 때 지시약의 색깔 변화

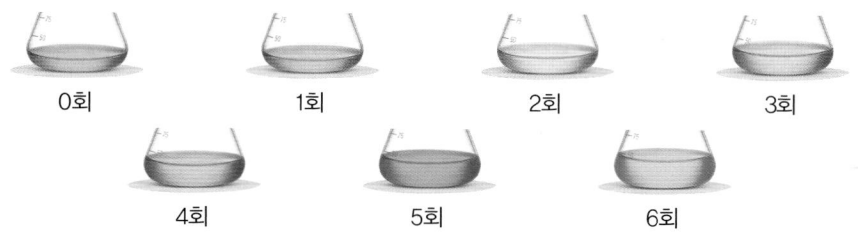

| 0회 | 1회 | 2회 | 3회 |
| 4회 | 5회 | 6회 |

지시약이 붉은색 계열에서 노란색 계열로 점차 색깔이 변해요.

② 묽은 수산화 나트륨 용액에 묽은 염산을 1회~6회 넣었을 때 지시약의 색깔 변화

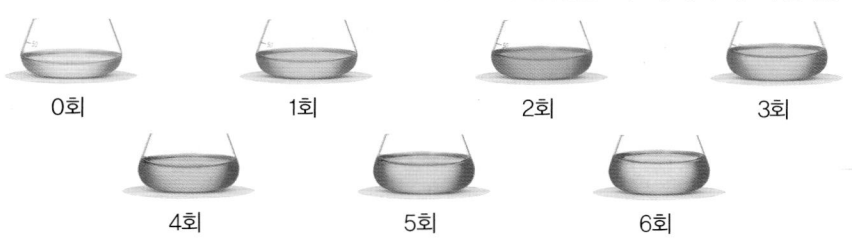

| 0회 | 1회 | 2회 | 3회 |
| 4회 | 5회 | 6회 |

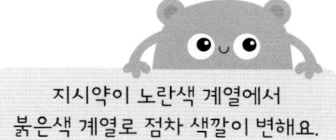

지시약이 노란색 계열에서 붉은색 계열로 점차 색깔이 변해요.

> **정리** │ 산성 용액과 염기성 용액을 섞으면 용액의 성질이 약해지다가 변합니다.

실험 2 제빵 소다와 구연산의 성질 알아보기 📖 천재교과서

❶ 제빵 소다 용액과 구연산 용액을 리트머스 종이에 각각 묻혀 색깔 변화를 관찰하고, 각 용액의 성질을 이야기해 봅니다.
❷ 제빵 소다와 구연산이 우리 생활에 어떻게 이용되는지 조사해 봅니다.

비커 두 개에 물을 50 mL씩 넣은 다음, 제빵 소다와 구연산을 각각 한 숟가락씩 넣고 섞어서 제빵 소다 용액과 구연산 용액을 준비해요.

실험 결과

① 리트머스 종이의 색깔 변화로 알 수 있는 제빵 소다와 구연산의 성질

구분	붉은색 리트머스 종이의 색깔 변화	푸른색 리트머스 종이의 색깔 변화	용액의 성질
제빵 소다 용액	푸른색으로 변함.	변화가 없음.	염기성
구연산 용액	변화가 없음.	붉은색으로 변함.	산성

▲ 제빵 소다는 주로 빵을 부풀리는 데 사용됨.

② 제빵 소다와 구연산이 이용되는 예

제빵 소다 (염기성)
• 채소나 과일에 남은 농약의 산성 부분과 기름때를 제거함.
• 약취의 주성분인 산성을 약화해 냄새를 제거함.

구연산 (산성)
• 물에 섞어 뿌려서 세균의 번식을 막음.
• 그릇에 남은 염기성 세제 성분을 없앰.

▲ 구연산은 탄산음료나 약품을 만드는 원료로 주로 사용됨.

> **정리** │ 우리는 생활 속에서 산성 용액과 염기성 용액을 다양하게 이용합니다.

기본 개념 문제

1

산성 용액에 (   ) 용액을 계속 넣으면 산성 용액의 성질이 약해집니다.

2

산성 용액에 (   ) 용액을 계속 넣으면 염기성 용액의 성질이 점점 강해집니다.

3

(   )(으)로 변한 토양에는 염기성 성질을 띠는 석회 가루를 뿌리면 도움이 됩니다.

4

산성을 띠는 얼룩이나 때는 (   ) 용액인 표백제를 이용하여 제거할 수 있습니다.

5

구연산과 같은 (   ) 물질을 이용하면 그릇에 남은 염기성 세제 성분을 없앨 수 있습니다.

[6-8] 붉은 양배추 지시약을 떨어뜨린 묽은 수산화 나트륨 용액에 묽은 염산을 넣으면서 색깔 변화를 관찰했습니다. 다음 색깔 변화표를 참고하여 물음에 답하시오.

붉은 양배추 지시약의 색깔 변화표

6 ⊕ 9종 공통

위 실험 내용과 연관지어 다음 (   ) 안에 들어갈 알맞은 말을 쓰시오.

(   )은/는 산성 용액과 염기성 용액을 섞었을 때의 변화를 확인하기 위해 넣는다.

(   )

7 ⊕ 9종 공통

위에서 묽은 염산을 가장 많이 넣었을 때의 지시약 색깔로 알맞은 것을 골라 기호를 쓰시오.

(   )

8 ⊕ 9종 공통

위 실험 과정을 통해 알 수 있는 사실로 옳은 것에 ○표 하시오.

⑴ 산성 용액에 염기성 용액을 넣을수록 염기성이 점점 약해진다. (   )

⑵ 염기성 용액에 산성 용액을 넣을수록 염기성이 점점 약해진다. (   )

9 서술형 ➕ 9종 공통

BTB(브로모티몰 블루) 용액을 떨어뜨린 묽은 염산에 묽은 수산화 나트륨 용액을 계속 넣었을 때 지시약의 색깔 변화가 아래와 같은 까닭을 쓰시오.

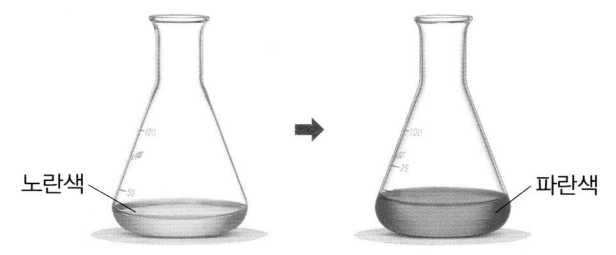

노란색 → 파란색

_____

_____

_____

10 ➕ 9종 공통

염산 누출 사고 현장에 소석회를 뿌리는 까닭으로 ( ) 안에 공통으로 들어갈 알맞은 말을 쓰시오.

> ( ) 용액인 염산에 염기성을 띤 소석회를 뿌리면 염산의 ( )이/가 점차 약해지기 때문이다.

( )

11 ➕ 9종 공통

산성 용액의 성질을 약하게 하기 위해 넣을 수 있는 용액으로 알맞은 것을 보기 에서 골라 기호를 쓰시오.

> 보기
> ㉠ 식초   ㉡ 묽은 염산   ㉢ 빨랫비누 물

( )

12 ➕ 9종 공통

오른쪽과 같이 생선을 손질한 도마를 산성 용액인 식초로 닦아 내는 것을 통하여 알 수 있는 생선 비린내의 성질로 알맞은 것에 ○표 하시오.

식초

생선

(1) 생선 비린내는 산성 물질이다. ( )
(2) 생선 비린내는 염기성 물질이다. ( )
(3) 생선 비린내의 성질을 알 수는 없다. ( )

13 ➕ 9종 공통

변기를 청소할 때 사용하는 변기용 세제는 산성 용액입니다. 이를 통해 알 수 있는 변기 때의 성질은 산성인지 염기성인지 쓰시오.

( )

14 ➕ 9종 공통

다음 ( ) 안에 들어갈 알맞은 용액의 성질을 각각 쓰시오.

> 속이 쓰릴 때 (㉠) 용액인 제산제를 먹으면 위액의 (㉡)을 약하게 하여 속쓰림이 줄어든다.

㉠ ( ), ㉡ ( )

5 산과 염기

★ 여러 가지 용액 예

여러 가지 용액은 색깔, 투명한 정도, 냄새 등 다양한 특징을 가집니다.

1. 용액의 분류

(1) 용액을 분류할 때 이용할 수 있는 특성: 용액의 색깔, 용액의 투명한 정도, 용액의 냄새, 용액을 흔들었을 때에 거품이 유지되는 정도 등

(2) 분류 기준을 정하여 용액 분류하기

예 **분류 기준**: 투명한가?

투명한 것	불투명한 것
사이다, 식초, 유리 세정제, 석회수, 묽은 염산, 묽은 수산화 나트륨 용액	레몬즙, 빨랫비누 물

예 **분류 기준**: 흔들었을 때 거품이 3초 이상 유지되는가?

거품이 유지되는 것	거품이 유지되지 않는 것
빨랫비누 물, 유리 세정제	사이다, 레몬즙, 식초, 석회수, 묽은 염산, 묽은 수산화 나트륨 용액

(3) ❶ [_____]: 어떤 용액에 넣었을 때 그 용액의 성질에 따라 색깔 변화가 나타나는 물질입니다.

(4) 지시약으로 용액 분류하기

① 리트머스 종이의 색깔 변화에 따라 용액 분류하기

푸른색 리트머스 종이 → 붉은색	사이다, 레몬즙, 식초, 묽은 염산 ─ 산성
붉은색 리트머스 종이 → 푸른색	빨랫비누 물, 유리 세정제, 석회수, 묽은 수산화 나트륨 용액 ─ 염기성

② 페놀프탈레인 용액의 색깔 변화에 따라 용액 분류하기

변화가 없음.	사이다, 레몬즙, 식초, 묽은 염산 ─ 산성
❷ [_____]색으로 변함.	빨랫비누 물, 유리 세정제, 석회수, 묽은 수산화 나트륨 용액 ─ 염기성

③ BTB(브로모티몰 블루) 용액의 색깔 변화에 따라 용액 분류하기

❸ [_____]색으로 변함.	사이다, 레몬즙, 식초, 묽은 염산 ─ 산성
파란색으로 변함.	빨랫비누 물, 유리 세정제, 석회수, 묽은 수산화 나트륨 용액 ─ 염기성

★ 지시약의 색깔 변화로 산성 용액과 염기성 용액 분류하기

산성 용액

- 푸른색 리트머스 종이 → 붉은색으로 변함.
- 페놀프탈레인 용액 → 변화가 없음.
- BTB 용액 → 노란색으로 변함.
- 붉은 양배추 지시약 → 붉은색 계열로 변함.

염기성 용액

- 붉은색 리트머스 종이 → 푸른색으로 변함.
- 페놀프탈레인 용액 → 붉은색으로 변함.
- BTB 용액 → 파란색으로 변함.
- 붉은 양배추 지시약 → 푸른색이나 노란색 계열로 변함.

2. 천연 지시약으로 용액 분류하기, 산성·염기성 용액의 성질

(1) 붉은 양배추 지시약으로 용액 분류하기

❹ [_____]색 계열로 변함.	사이다, 레몬즙, 식초, 묽은 염산 ─ 산성
푸른색이나 노란색 계열로 변함.	빨랫비누 물, 유리 세정제, 석회수, 묽은 수산화 나트륨 용액 ─ 염기성

(2) 지시약을 사용하면 좋은 점: 지시약을 사용하면 겉으로 보이는 성질만으로는 분류하기 힘든 용액도 쉽게 분류할 수 있습니다.

(3) ⑤ [　　] 성 용액의 성질: 달걀 껍데기, 대리암 조각을 녹입니다.

묽은 염산+달걀 껍데기
• 기포가 발생함.
• 껍데기가 녹음.

묽은 염산+대리암 조각
• 기포가 발생함.
• 대리암이 녹음.

(4) ⑥ [　　] 성 용액의 성질: 삶은 달걀 흰자, 두부를 녹입니다.

묽은 수산화 나트륨 용액+삶은 달걀 흰자
• 뿌옇게 흐려짐.
• 녹아서 흐물흐물 해짐.

묽은 수산화 나트륨 용액+두부
• 뿌옇게 흐려짐.
• 녹아서 흐물흐물 해짐.

3. 산성·염기성 용액을 섞을 때의 변화, 산성·염기성 용액의 이용

(1) 산성 용액과 염기성 용액을 섞었을 때의 변화

붉은 양배추 지시약의 색깔 변화표	
산성이 강함.	염기성이 강함.

산성 용액에 염기성 용액을 점점 많이 넣었을 때	붉은 양배추 지시약의 색깔이 붉은색 계열에서 푸른색이나 노란색 계열로 변함. ➡ ⑦ [　　] 성이 약해진 것을 알 수 있음.
염기성 용액에 산성 용액을 점점 많이 넣었을 때	붉은 양배추 지시약의 색깔이 푸른색이나 노란색 계열에서 붉은색 계열로 변함. ➡ ⑧ [　　] 성이 약해진 것을 알 수 있음.

(2) **산성 용액과 염기성 용액을 섞었을 때 변화가 생기는 까닭**: 용액 속의 산성을 띠는 물질과 염기성을 띠는 물질이 서로 섞이면서 용액의 성질이 변하기 때문입니다.

(3) 우리 생활에서 산성 용액과 염기성 용액을 이용하는 예

산성 용액과 염기성 용액을 이용하는 예	이용하는 까닭
생선을 손질한 도마를 식초로 닦거나 생선을 먹을 때 레몬즙 뿌리기	산성인 식초가 생선에서 비린내가 나게 하는 물질의 염기성을 약하게 하기 때문임.
변기용 세제로 변기 청소하기	산성인 변기용 세제가 염기성인 변기의 때를 없애는 데 도움을 주기 때문임.
표백제로 욕실 청소하기	염기성인 표백제가 산성인 욕실의 얼룩이나 때를 없애는 데 도움을 주기 때문임.
속이 쓰릴 때 제산제 먹기	⑨ [　　] 성인 제산제를 먹으면 위액의 산성이 약해져 속쓰림이 줄어들기 때문임.

★ 산성 용액에 삶은 달걀 흰자와 두부를 넣었을 때의 변화

아무런 변화가 없습니다. 마찬가지로 염기성 용액에 달걀 껍데기와 대리암 조각을 넣었을 때에도 아무런 변화가 일어나지 않습니다.

5 단원

★ **제빵 소다 용액과 구연산 용액의 성질과 이를 이용하는 예**

▲ 제빵 소다 용액을 묻힌 붉은색 리트머스 종이의 변화
➡ 염기성 용액임을 알 수 있음.

▲ 구연산 용액을 묻힌 푸른색 리트머스 종이의 변화
➡ 산성 용액임을 알 수 있음.

제빵 소다 용액은 채소나 과일에 남은 농약의 산성 부분과 기름때를 제거할 수 있고, 구연산 용액은 그릇에 남은 염기성 세제 성분을 없앨 수 있습니다.

1 ✚ 9종 공통

여러 가지 용액을 분류할 수 있는 기준으로 알맞은 것을 보기 에서 모두 골라 기호를 쓰시오.

> **보기**
> ㉠ 맛이 있는가?
> ㉡ 색깔이 있는가?
> ㉢ 페놀프탈레인 용액을 떨어뜨렸을 때 색깔이 붉은색으로 변하는가?

( )

2 ✚ 9종 공통

묽은 염산과 묽은 수산화 나트륨 용액에 붙인 이름표가 떨어졌을 때, 두 용액을 구분하는 방법으로 가장 알맞은 것은 어느 것입니까? ( )

① 용액을 흔들어 본다.
② 용액의 색깔을 관찰한다.
③ 용액이 투명한지 관찰한다.
④ 용액에 물을 떨어뜨려 본다.
⑤ 용액을 푸른색 리트머스 종이에 묻혀 본다.

3 ✚ 9종 공통

어떤 용액에 페놀프탈레인 용액을 떨어뜨렸더니 오른쪽과 같이 지시약의 색깔이 변했습니다. 이 용액의 성질은 산성인지 염기성인지 쓰시오.

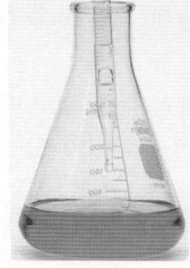

( )

4 ✚ 9종 공통

3번 용액을 리트머스 종이에 묻혔을 때의 결과로 옳은 것을 보기 에서 두 가지 골라 기호를 쓰시오.

> **보기**
>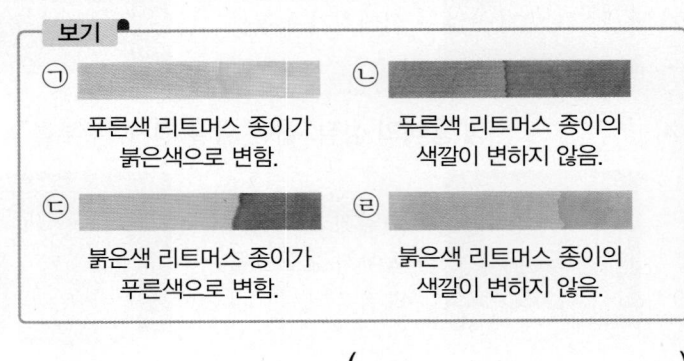
> ㉠ 푸른색 리트머스 종이가 붉은색으로 변함.
> ㉡ 푸른색 리트머스 종이의 색깔이 변하지 않음.
> ㉢ 붉은색 리트머스 종이가 푸른색으로 변함.
> ㉣ 붉은색 리트머스 종이의 색깔이 변하지 않음.

( )

5 서술형 ✚ 9종 공통

붉은 양배추 지시약으로 산성 용액과 염기성 용액을 분류할 수 있는 까닭을 쓰시오.

_____

_____

_____

6 ➕ 9종 공통

다음은 서로 다른 용액이 담긴 각각의 시험관에 붉은 양배추 지시약을 떨어뜨렸을 때의 결과입니다. 용액의 성질에 따라 모두 분류하여 기호를 쓰시오.

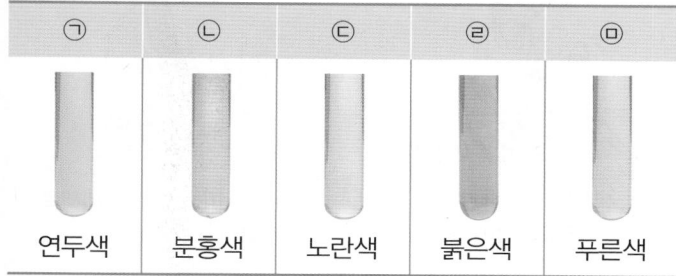

㉠	㉡	㉢	㉣	㉤
연두색	분홍색	노란색	붉은색	푸른색

(1) 산성: (   )

(2) 염기성: (   )

8 서술형 ➕ 9종 공통

다음과 같은 성질의 용액에 두부를 넣었을 때 나타나는 변화를 쓰시오.

- 페놀프탈레인 용액의 색깔을 붉은색으로 변하게 한다.
- 붉은 양배추 지시약의 색깔을 푸른색 계열로 변하게 한다.

_____

_____

9 ➕ 9종 공통

다음 밑줄 친 ㉠의 성질이 산성인지 염기성인지 구분하여 쓰시오.

대리암으로 만들어진 서울 원각사지 십층 석탑은 ㉠ 새의 배설물에 의해 탑이 훼손되는 것을 막기 위해 유리 보호 장치를 씌워 놓았다.

(   )

7 ➕ 9종 공통

오른쪽과 같이 묽은 염산에 달걀 껍데기를 넣었을 때 볼 수 있는 변화로 옳은 것을 두 가지 고르시오.

(   )

묽은 염산

① 변화가 없다.
② 기포가 발생한다.
③ 불꽃이 일어난다.
④ 껍데기가 녹는다.
⑤ 달걀 껍데기가 푸른색으로 변한다.

10 ➕ 9종 공통

다음 (   ) 안에 공통으로 들어갈 알맞은 말은 어느 것입니까? (   )

붉은 양배추 지시약을 넣은 묽은 염산에 묽은 수산화 나트륨 용액을 넣을수록 지시약의 색깔이 붉은색 계열에서 (   ) 계열로 변하고, (   ) 계열에서 노란색 계열로 변한다.

① 회색   ② 하얀색   ③ 푸른색
④ 검은색   ⑤ 투명한

11 ✚ 9종 공통

붉은 양배추 지시약을 넣은 석회수에 식초를 계속 넣었을 때 나타나는 변화로 옳은 것을 보기 에서 골라 기호를 쓰시오.

> **보기**
> ㉠ 석회수가 뿌옇게 변한다.
> ㉡ 지시약의 색깔이 붉은색 계열에서 점차 푸른색 계열로 변한다.
> ㉢ 지시약의 색깔이 푸른색 계열에서 점차 붉은색 계열로 변한다.

( )

12 ✚ 9종 공통

산성 용액과 염기성 용액을 섞었을 때에 대한 설명으로 옳은 것에 ○표 하시오.

⑴ 산성 용액에 염기성 용액을 계속 넣을수록 산성이 점점 약해진다. ( )

⑵ 염기성 용액에 산성 용액을 계속 넣을수록 염기성이 점점 강해진다. ( )

13 ✚ 9종 공통

다음과 같은 결과가 나타나는 용액끼리 옳게 짝 지은 것은 어느 것입니까? ( )

> • 용액에 염기성 용액을 넣을수록 점점 성질이 약해진다.
> • 용액에 떨어뜨린 페놀프탈레인 용액의 색깔이 변하지 않는다.

① 식초, 석회수
② 식초, 묽은 염산
③ 석회수, 빨랫비누 물
④ 사이다, 빨랫비누 물
⑤ 묽은 염산, 묽은 수산화 나트륨 용액

14 ✚ 9종 공통

산성 용액을 이용하는 예에 대한 설명으로 옳은 것은 어느 것입니까? ( )

생선을 손질한 도마를 식초로 닦아 냄.

산성을 띠는 변기용 세제로 변기의 때를 청소함.

① 식초는 염기성 용액이다.
② 변기의 때는 염기성을 띤다.
③ 생선의 비린내는 산성을 띤다.
④ 식초와 변기의 때는 성질이 같다.
⑤ 식초는 생선의 비린내를 강하게 한다.

15 서술형 ✚ 9종 공통

다음 글을 참고하여, 제산제를 섞은 물을 푸른색 리트머스 종이에 묻혔을 때 나타나는 결과를 쓰시오.

> 위가 산을 너무 많이 분비하여 속쓰림을 느낄 때, 제산제를 먹으면 위액의 강도를 약하게 하여 속쓰림이 줄어든다.

[1-3] 다음 여러 가지 용액의 모습을 보고, 물음에 답하시오.

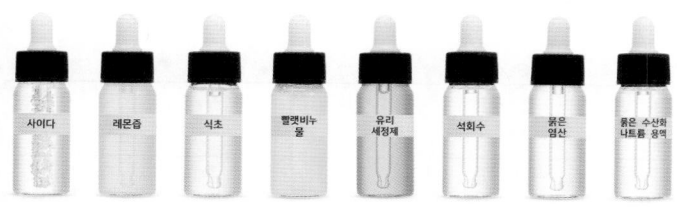

1 ➕ 9종 공통

위 용액들을 분류하기 위한 분류 기준으로 알맞은 것을 두 가지 고르시오. ( )

① 맛이 있는가?
② 냄새가 좋은가?
③ 색깔이 있는가?
④ 내가 자주 사용하는가?
⑤ 흔들었을 때 거품이 3초 이상 유지되는가?

2 서술형 ➕ 9종 공통

위 **1**번에서 고른 분류 기준 중 하나를 골라, 위 용액들을 두 무리로 분류하시오.

선택한 분류 기준	(1)
용액 분류하기	(2)

3 ➕ 9종 공통

앞 여러 가지 용액을 다음과 같은 분류 기준에 따라 분류했을 때 <u>잘못</u> 분류한 용액은 어느 것입니까?
( )

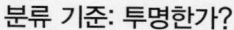

분류 기준: 투명한가?

그렇다.
① 석회수
② 묽은 염산
③ 유리 세정제

그렇지 않다.
④ 레몬즙
⑤ 묽은 수산화
나트륨 용액

4 ➕ 9종 공통

석회수나 묽은 염산과 같이 무색이고, 투명한 용액을 구분하는 데 이용할 수 있는 것을 두 가지 고르시오.
( )

① 식초　　　　　② 유리 세정제
③ 리트머스 종이　④ 페놀프탈레인 용액
⑤ 묽은 수산화 나트륨 용액

5 ➕ 9종 공통

위 **4**번 답과 같이 어떤 용액에 넣었을 때 그 용액의 성질에 따라 색깔 변화가 나타나는 물질을 무엇이라고 하는지 쓰시오.
( )

5
단원

6 ➕ 9종 공통

다음 실험에서 식초 대신 사용하여 같은 결과를 얻을 수 있는 용액으로 알맞은 것은 어느 것입니까?

(   )

> [실험 방법]
> 식초를 푸른색 리트머스 종이와 붉은색 리트머스 종이에 각각 한두 방울씩 떨어뜨린 뒤 색깔 변화를 관찰한다.
>
> [실험 결과]
> 푸른색 리트머스 종이가 붉은색으로 변했고, 붉은색 리트머스 종이는 색깔의 변화가 없었다.

① 석회수   ② 레몬즙
③ 유리 세정제   ④ 빨랫비누 물
⑤ 묽은 수산화 나트륨 용액

7 ➕ 9종 공통

다음은 여러 가지 용액에 붉은 양배추 지시약을 떨어뜨렸을 때의 색깔 변화입니다. 이를 통해 알 수 있는 사실로 알맞은 말에 각각 ○표 하시오.

붉은색 계열	사이다, 레몬즙, 식초, 묽은 염산
푸른색이나 노란색 계열	빨랫비누 물, 유리 세정제, 석회수, 묽은 수산화 나트륨 용액

> 붉은 양배추 지시약은 ㉠ (산성 , 염기성) 용액에 넣으면 붉은색 계열의 색깔로 변하고 ㉡ (산성 , 염기성) 용액에 넣으면 푸른색이나 노란색 계열의 색깔로 변한다.

8 서술형 ➕ 9종 공통

앞 **7**번에서 붉은 양배추 지시약을 붉은색 계열의 색깔로 변하게 했던 용액에 페놀프탈레인 용액을 떨어뜨렸을 때 나타나는 색깔의 변화를 쓰시오.

_____

_____

9 ➕ 9종 공통

어떤 용액에 두부를 넣었더니 오른쪽과 같이 두부가 녹아서 흐물흐물해지며, 용액이 뿌옇게 흐려졌습니다. 이 용액은 산성 용액과 염기성 용액 중 어떤 것인지 쓰시오.

(   )

10 ➕ 9종 공통

다음 중 산성 용액에 넣었을 때 기포가 발생하면서 녹는 것을 두 가지 골라 기호를 쓰시오.

㉠ 두부   ㉡ 대리암 조각   ㉢ 달걀 껍데기   ㉣ 삶은 달걀 흰자

(   )

11 ❶ 9종 공통

다음 실험 결과를 옳게 설명한 것에 ○표 하시오.

붉은 양배추 지시약

지시약의 색깔 변화를 관찰해 보자.

삼각 플라스크에 묽은 염산 20 mL를 넣고 붉은 양배추 지시약을 떨어뜨린 다음, 묽은 수산화 나트륨 용액을 5 mL 씩 여섯 번 넣으면서 지시약의 색깔 변화를 관찰한다.

(1) 붉은 양배추 지시약의 색깔이 붉은색 계열에서 점차 푸른색 계열로 변한다. ( )

(2) 붉은 양배추 지시약의 색깔이 푸른색 계열에서 점차 붉은색 계열로 변한다. ( )

12 ❶ 9종 공통

위 11번 실험에서와 같이 산성 용액에 염기성 용액을 계속 넣었을 때의 결과로 ( ) 안에 들어갈 알맞은 말을 쓰시오.

산성 용액에 염기성 용액을 넣을수록 산성이 점점 ( ).

( )

13 서술형 ❶ 9종 공통

물에 녹인 제빵 소다를 유리 막대에 묻혀 푸른색 리트머스 종이에 묻혔을 때의 색깔 변화는 어떠한지 쓰시오.

_____

_____

14 ❶ 9종 공통

위 13번 지시약의 색깔 변화를 통해 알 수 있는 제빵 소다의 성질은 산성과 염기성 중에서 어느 것인지 쓰시오.

( )

15 ❶ 9종 공통

우리 생활에서 산성 용액을 이용하는 예로 알맞은 것을 두 가지 고르시오. ( )

① 표백제로 욕실을 청소한다.

② 속이 쓰릴 때 제산제를 먹는다.

③ 생선을 손질한 도마를 식초로 닦아 낸다.

④ 변기를 청소할 때 변기용 세제를 사용한다.

⑤ 하수구가 막혔을 때 하수구 세정제를 사용한다.

● 정답과 풀이 19쪽

평가 주제	용액 분류하기
평가 목표	분류 기준이나 지시약을 이용하여 여러 가지 용액을 분류할 수 있다.

[1-3] 오른쪽의 여러 가지 용액을 분류하려고 합니다. 물음에 답하시오.

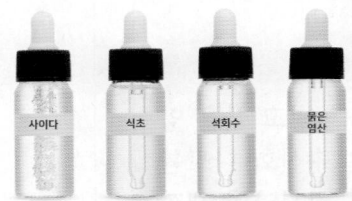

1 위 네 가지 용액을 다음의 분류 기준에 따라 모두 분류하여 쓰시오.

> **분류 기준: 용액에 색깔이 있는가?**

그렇다. ●┄┄┄┄┄┄┄┄┄┄┄┄● 그렇지 않다.

ⓐ   ⓑ

도움 '용액에 색깔이 있는가?'의 분류 기준에 '그렇다.'로 분류할 수 있는 것은 색깔이 있는 용액입니다.

2 위 용액 중 두 용액의 점적병에 붙어 있던 이름표가 아래와 같이 떨어졌습니다. 이에 대한 설명으로 다음 ( ) 안에 들어갈 알맞은 말에 각각 ○표 하시오.

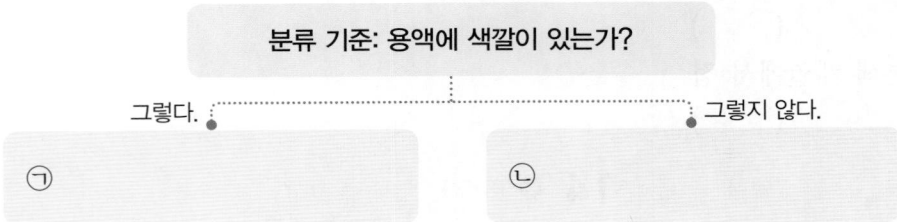

> **떨어진 이름표**
>
> | 석회수 |
> | 묽은 염산 |

두 용액 모두 색깔이 ⓐ (있고, 없고), ⓑ (투명, 불투명)하여 겉으로 보이는 성질만으로는 구분하기 어렵다.

도움 두 용액의 모습을 포함하여, 석회수와 묽은 염산이 가진 다른 성질 또한 함께 떠올려 봅니다.

3 지시약을 이용하면 위 **2**번과 같은 어려운 점을 해결할 수 있습니다. 지시약으로 위 **2**의 두 용액을 구분하는 방법을 쓰시오.

_____

_____

_____

도움 지시약에는 여러 가지 종류가 있습니다. 산성과 염기성의 성질에 따라 각 지시약에서 어떤 변화가 나타나는지 생각해 봅니다.

수행 평가 **2**회

5. 산과 염기

● 정답과 풀이 20쪽

평가 주제	산성 용액과 염기성 용액, 용액을 이용하는 예 알아보기
평가 목표	산성 용액과 염기성 용액의 성질과 용액을 이용하는 예를 알 수 있다.

[1-3] 어떤 용액에 대리암 조각을 넣었더니 오른쪽과 같이 기포가 발생하면서 대리암이 녹았습니다. 물음에 답하시오.

1 위와 같이 대리암 조각을 변하게 한 용액의 성질은 산성인지 염기성인지 쓰시오.

(   )

도움 대리암을 녹이는 성질이 있는 용액은 무엇인지 생각해 봅니다.

2 위 **1**번 답의 성질을 띤 용액에 여러 가지 물질을 넣었을 때에 대한 설명으로 옳은 것을 보기 에서 골라 기호를 쓰시오.

┌─ 보기 ●──────────────────
㉠ 두부를 넣으면 두부가 녹아서 흐물흐물해진다.
㉡ 달걀 껍데기를 넣으면 기포가 발생하면서 껍데기가 녹는다.
㉢ 삶은 달걀 흰자를 넣으면 시간이 지나면서 삶은 달걀 흰자가 녹는다.
└────────────────────────

(   )

도움 산성 용액은 탄산 칼슘을 녹이고, 염기성 용액은 단백질을 녹이는 성질이 있습니다.

3 다음은 우리 생활에서 다양한 용액을 이용하는 예입니다. 위 **1**번 답의 용액과 성질이 같은 용액을 골라 기호를 쓰고, 고른 용액이 다음의 예와 같이 이용되는 까닭을 쓰시오.

• ㉠ 표백제로 욕실을 청소한다.
• 속이 쓰릴 때 ㉡ 제산제를 먹는다.
• 생선을 손질한 도마를 ㉢ 식초로 닦아 낸다.

(1) 성질이 같은 용액: (   )

(2) 고른 용액이 이용되는 까닭: _____

_____

_____

도움 산성 용액에 염기성 용액을 넣을수록 산성이 약해지고, 염기성 용액에 산성 용액을 넣을수록 염기성이 약해집니다.

5 단원

다른 그림을 찾아보세요.

● 정답 20쪽

다른 곳이 15군데 있어요.

동아출판 초등 무료 스마트러닝

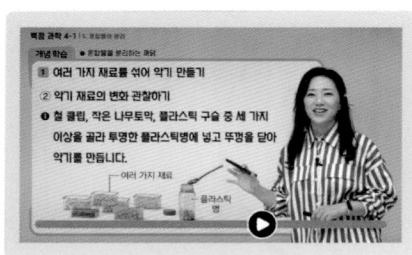
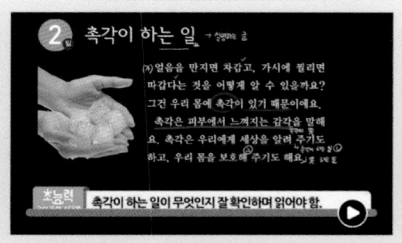

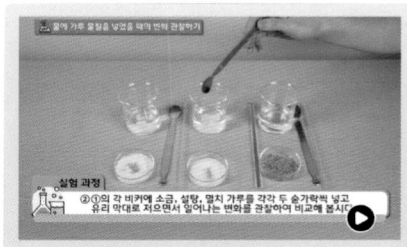
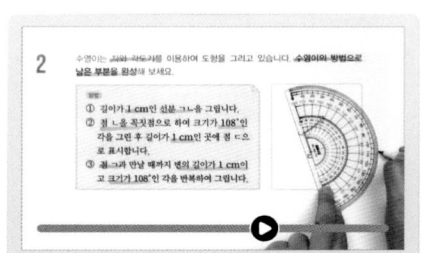

강의가 더해진, **교과서 맞춤 학습**

백점

과학 5·2

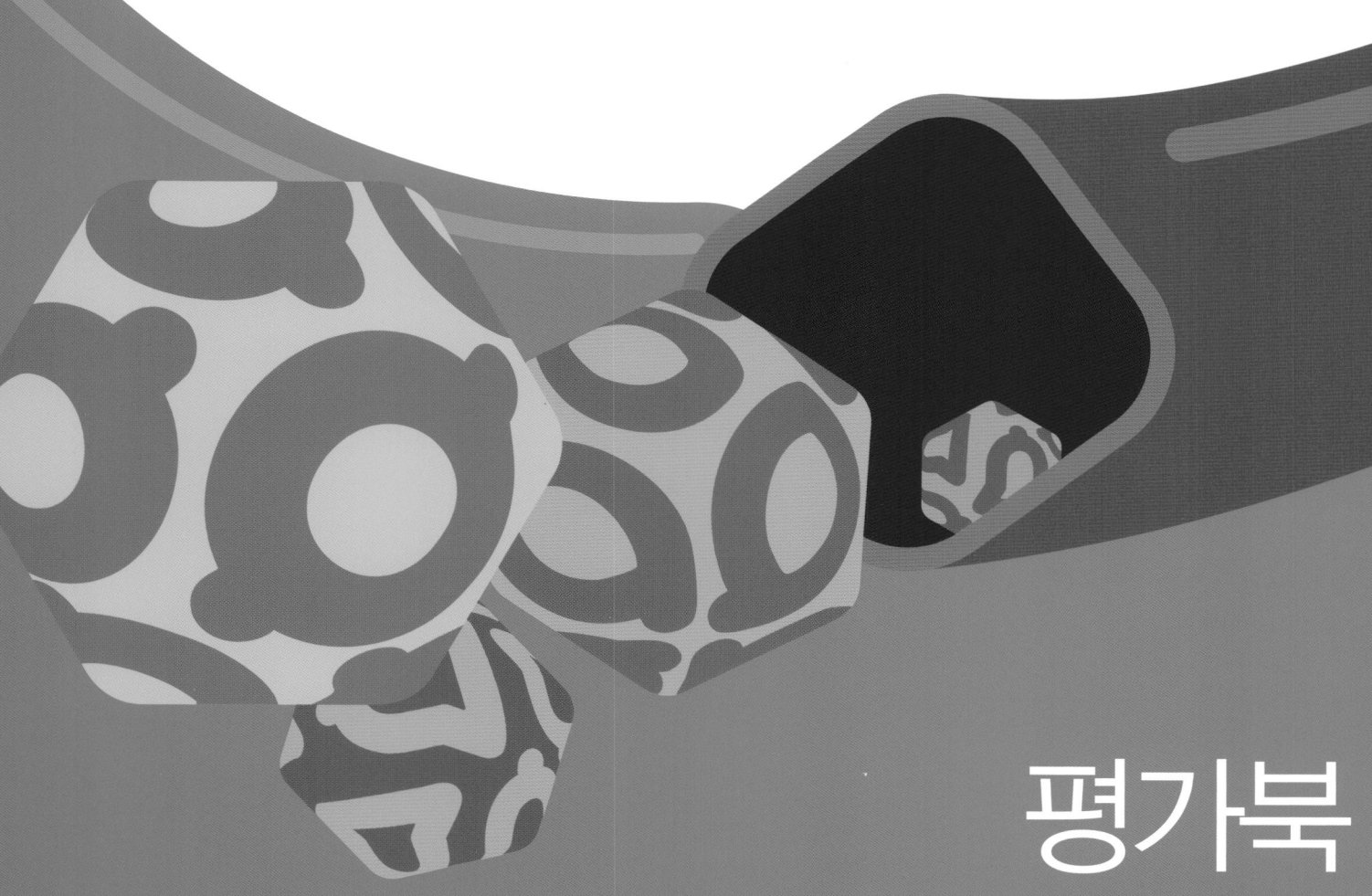

평가북

- 묻고 답하기
- 단원 평가
- 수행 평가

동아출판

평가북 구성과 특징

1 **단원별 개념 정리**가 있습니다.
- **묻고 답하기**: 단원의 핵심 내용을 묻고 답하기로 빠르게 정리할 수 있습니다.

2 **단원별 다양한 평가**가 있습니다.
- **단원 평가, 수행 평가**: 다양한 유형의 문제를 풀어봄으로써 수시로 실시되는 학교 시험을 완벽하게 대비할 수 있습니다.

백점

BOOK 2 평가북

차례

과학 5·2

✏ 빈칸에 알맞은 답을 쓰세요.

1 어떤 장소에서 서로 영향을 주고받는 생물과 생물 주변의 환경 전체를 무엇이라고 합니까?

2 양분을 얻는 방법에 따라 생태계의 생물 요소를 어떻게 분류할 수 있습니까?

3 생산자, 소비자, 분해자 중 스스로 양분을 만들지 못하고 다른 생물을 먹이로 하여 양분을 얻는 생물은 어느 것입니까?

4 생태계에서 생물들의 먹고 먹히는 관계가 사슬처럼 연결되어 있는 것을 무엇이라고 합니까?

5 생태계에서 여러 개의 먹이 사슬이 복잡하게 얽혀 그물처럼 연결되어 있는 것을 무엇이라고 합니까?

6 어떤 지역에 사는 생물의 종류와 수 또는 양이 균형을 이루며 안정된 상태를 유지하는 것을 무엇이라고 합니까?

7 물을 준 무씨와 물을 주지 않은 무씨 중 일주일 후 싹이 튼 것은 어느 것입니까?

8 생물이 오랜 기간에 걸쳐 서식지의 환경에서 살아남기에 유리한 특징을 가지는 것을 무엇이라고 합니까?

9 사람들의 활동으로 자연환경이나 생활 환경이 더럽혀지거나 훼손되는 것을 무엇이라고 합니까?

10 공장 폐수, 가정의 생활 하수, 기름 유출 사고 등은 무엇이 오염되는 직접적인 원인입니까?

✏️ 빈칸에 알맞은 답을 쓰세요.

1 공기, 햇빛, 물은 생물 요소입니까, 비생물 요소입니까?

2 생산자, 소비자, 분해자 중 햇빛 등을 이용하여 살아가는 데 필요한 양분을 스스로 만드는 생물은 어느 것입니까?

3 생산자, 소비자, 분해자 중 죽은 생물이나 배출물을 분해하여 양분을 얻는 생물은 어느 것입니까?

4 생태계의 먹이 관계에서 소비자의 가장 마지막 단계의 생물을 무엇이라고 합니까?

5 햇빛이 잘 드는 곳에 놓아둔 콩나물과 어둠상자로 덮어 놓은 콩나물 중 일주일 뒤 떡잎이 초록색이고 잘 자란 것은 어느 것입니까?

6 식물의 잎에 단풍이 들고, 동물이 털갈이를 하거나 겨울잠을 자는 것은 어떤 비생물 요소가 생물에 미치는 영향 때문입니까?

7 식물이 양분을 만들 때 필요하고 동물이 눈으로 볼 수 있게 하며, 생물의 번식 시기에도 영향을 주는 비생물 요소는 무엇입니까?

8 가늘고 길쭉한 대벌레의 몸, 고슴도치의 가시, 밤송이의 가시 등은 생김새를 통한 적응과 생활 방식을 통한 적응 중 어떤 것에 해당합니까?

9 동물의 호흡 기관에 이상이 생기거나 병에 걸릴 수 있는 것은 어떤 환경 오염 때문입니까?

10 쓰레기 매립, 농약이나 비료의 지나친 사용 등이 원인이 되는 환경 오염은 무엇입니까?

2 단원

1 ⊕ 9종 공통

생태계의 구성 요소 중 생물 요소인 것을 모두 고르시오. (　　　　)

①
▲ 햇빛

②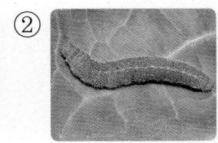
▲ 애벌레

③
▲ 흙

④
▲ 버섯

⑤
▲ 토끼풀

2 ⊕ 9종 공통

생태계에 대한 설명으로 옳지 않은 것을 보기 에서 골라 기호를 쓰시오.

> **보기**
> ㉠ 생태계는 대부분 크기가 비슷하다.
> ㉡ 서로 영향을 주고받는 생물 요소와 비생물 요소 환경 전체를 말한다.
> ㉢ 사막 생태계, 숲 생태계, 바다 생태계 등 다양한 종류의 생태계가 있다.

(　　　　)

3 ⊕ 9종 공통

다음 중 소비자가 아닌 것의 기호를 쓰시오.

㉠
▲ 고양이

㉡
▲ 배추흰나비

㉢
▲ 민들레

(　　　　)

4 ⊕ 9종 공통

생산자가 양분을 얻는 방법을 옳게 말한 사람의 이름을 쓰시오.

> • 민지: 죽은 생물을 분해하여 양분을 얻어.
> • 영후: 생물의 배출물을 분해하여 양분을 얻어.
> • 수경: 다른 생물을 먹이로 하여 살아가는 데 필요한 양분을 얻어.
> • 유나: 햇빛 등을 이용하여 살아가는 데 필요한 양분을 스스로 만들어.

(　　　　)

5 서술형　⊕ 9종 공통

다음은 우리 주변에서 볼 수 있는 식물입니다. 식물이 모두 없어진다면 생태계에는 어떤 일이 일어날지 예상하여 쓰시오.

▲ 옥수수

▲ 은행나무

_____

_____

_____

6 ➕ 9종 공통

먹이 사슬의 연결이 옳게 된 것은 어느 것입니까?

( )

① 벼 → 매 → 메뚜기
② 참새 → 벼 → 개구리
③ 벼 → 메뚜기 → 참새 → 매
④ 매 → 개구리 → 메뚜기 → 벼
⑤ 뱀 → 개구리 → 메뚜기 → 벼

7 서술형 ➕ 9종 공통

생태계에서 먹이 사슬과 먹이 그물 중 여러 생물들이 함께 살아가기에 유리한 먹이 관계는 어느 것인지 쓰고, 그렇게 생각한 까닭을 쓰시오.

(1) 유리한 먹이 관계: ( )

(2) 까닭: _____

_____

8 ➕ 9종 공통

먹이 사슬에 대한 설명에는 '사슬', 먹이 그물에 대한 설명에는 '그물'이라고 쓰고, 먹이 사슬과 먹이 그물에 모두 해당하는 설명에는 '공통'이라고 쓰시오.

(1) 생물들이 먹고 먹히는 관계가 나타난다.
( )

(2) 먹이 관계가 한 방향으로만 연결된다.
( )

(3) 먹이 관계가 여러 방향으로 연결된다.
( )

9 ➕ 9종 공통

다음 ( ) 안에 들어갈 알맞은 말을 쓰시오.

> 생태계에서 생물들의 수는 생산자에서 1차 소비자, 1차 소비자에서 2차 소비자, 2차 소비자에서 최종 소비자와 같이 먹이 단계가 올라갈수록 ( ).

( )

10 서술형 ➕ 9종 공통

생태계에서 생산자를 먹이로 하는 1차 소비자의 수가 갑자기 늘어나면 생태계 구성 요소의 수나 양은 일시적으로 어떤 변화가 일어나는지 쓰시오.

(1) 생산자: _____

_____

(2) 2차 소비자: _____

_____

(3) 3차 소비자: _____

_____

11 ➕ 9종 공통

생태계 평형이 깨지는 원인 중 자연적인 요인이 <u>아닌</u> 것은 어느 것입니까? (   )

① ▲ 댐 건설   ② ▲지진
③ ▲ 가뭄   ④ ▲ 산불

[12-13] 자른 페트병 네 개의 입구 부분을 거꾸로 하여 탈지면을 깔고 비슷한 굵기와 길이의 콩나물을 각각 같은 양으로 담은 뒤, 다음과 같이 햇빛과 물의 조건을 다르게 하였습니다. 물음에 답하시오.

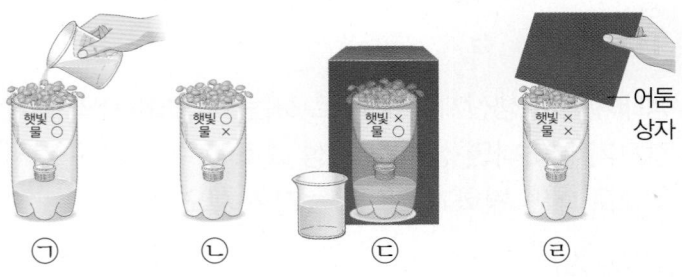

㉠   ㉡   ㉢   ㉣

12 동아, 금성, 김영사, 미래엔, 아이스크림, 천재교과서, 천재교육

위 콩나물을 일주일 이상 관찰한 결과와 관계있는 페트병을 모두 골라 각각 기호를 쓰시오.

(1) 줄기가 시들었다.   (   )
(2) 떡잎이 노란색이다.   (   )
(3) 떡잎과 떡잎 아래 몸통이 초록색으로 변했고, 떡잎 아래 몸통이 길고 굵어졌다.   (   )

13 ➕ 9종 공통

다음은 앞 실험을 통해 알 수 있는 사실입니다. (   ) 안에 들어갈 알맞은 비생물 요소를 두 가지 쓰시오.

식물이 자라는 데 (   )이/가 영향을 준다.

(   )

14 ➕ 9종 공통

생물에 다음과 같은 영향을 주는 비생물 요소는 무엇인지 쓰시오.

• 식물의 잎에 단풍이 든다.
• 개나 고양이가 털갈이를 한다.

(   )

15 서술형 ➕ 9종 공통

생물은 생김새나 생활 방식 등을 통하여 환경에 적응합니다. 적응이란 무엇인지 쓰시오.

_____

_____

16 ⊕ 9종 공통

생물의 생김새를 통한 적응의 예로 옳은 것의 기호를 쓰시오.

ㄱ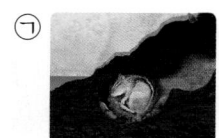
▲ 다람쥐의 겨울잠

ㄴ
▲ 대벌레의 몸

ㄷ
▲ 철새의 이동

( )

17 ⊕ 9종 공통

오른쪽과 같은 선인장의 굵은 줄기와 뾰족한 가시는 어떤 환경에 적응된 모습입니까?
( )

▲ 선인장

① 건조한 환경
② 나무가 많은 환경
③ 화산이 폭발하는 환경
④ 비가 자주 내리는 환경
⑤ 눈과 얼음이 많은 환경

18 ⊕ 9종 공통

다음 중 환경 오염의 원인이 <u>아닌</u> 것의 기호를 쓰시오.

ㄱ
▲ 자동차의 배기가스

ㄴ
▲ 천연 비료의 사용

ㄷ
▲ 공장 폐수의 배출

ㄹ
▲ 유조선의 기름 유출

( )

19 ⊕ 9종 공통

수질 오염이 생물에 미치는 영향으로 옳은 것을 두 가지 고르시오. ( )

① 생물의 서식지가 깨끗해진다.
② 물이 더러워지고 악취가 난다.
③ 지구의 평균 온도가 높아진다.
④ 물고기는 산소가 부족하여 죽기도 한다.
⑤ 황사로 동물의 호흡 기관에 이상이 생긴다.

20 동아, 금성, 미래엔, 비상, 천재교육

공기를 오염시키는 원인과 공기 오염이 생물에 미치는 영향을 옳게 연결한 것은 어느 것입니까? ( )

① 쓰레기 배출: 동물이 병에 걸린다.
② 농약의 지나친 사용: 식물이 잘 자라지 못한다.
③ 비료의 지나친 사용: 미세 먼지가 많이 발생한다.
④ 자동차의 배기가스: 동물의 호흡 기관에 이상이 생긴다.
⑤ 샴푸의 지나친 사용: 생물의 성장에 피해를 주기도 한다.

1 동아, 김영사, 미래엔, 천재교과서

다음 연못과 숲 생태계의 구성 요소를 생물 요소와 비생물 요소로 모두 나누어 각각 기호를 쓰시오.

㉠ 온도	㉡ 공기	㉢ 여우
㉣ 세균	㉤ 햇빛	㉥ 소금쟁이

(1) 생물 요소: (   )

(2) 비생물 요소: (   )

2 서술형 ➕ 9종 공통

지구에는 다양한 종류와 규모의 생태계가 있습니다. 생태계란 무엇인지 다음 주어진 말을 모두 사용하여 쓰시오.

장소,   생물,   생물 주변의 환경

_____

_____

3 ➕ 9종 공통

다음은 양분을 얻는 방법에 따라 생물을 분류한 것입니다. 잘못 분류한 것을 골라 이름을 쓰시오.

생산자	▲ 배추	▲ 곰팡이	▲ 코스모스
소비자	▲ 거미	▲ 참새	
분해자	▲ 세균		

(   )

4 ➕ 9종 공통

생물이 양분을 얻는 방법에 대한 설명으로 옳은 것에 ○표, 옳지 않은 것에 ×표 하시오.

(1) 장미는 다른 식물을 분해하여 양분을 얻는다.

(   )

(2) 배추흰나비 애벌레는 배춧잎을 먹으면서 양분을 얻는다. (   )

(3) 세균은 햇빛, 공기, 물 등을 이용하여 스스로 양분을 만든다. (   )

(4) 개구리는 파리, 모기, 지렁이 등을 먹이로 하여 양분을 얻는다. (   )

5 ➕ 9종 공통

다음 진혜의 말을 보고, 생산자, 소비자, 분해자 중 무엇이 없어졌을 때 생태계에서 일어날 수 있는 일을 예상한 것인지 쓰시오.

진혜

죽은 생물과 생물의 배출물이 분해되지 않아서 우리 주변이 죽은 생물과 생물의 배출물로 가득 차게 될 거야.

(   )

6 ⊕ 9종 공통

다음 (   ) 안에 들어갈 알맞은 말끼리 옳게 짝 지은 것은 어느 것입니까? (   )

(㉠)인 식물이 없다면 식물을 먹는 (㉡)는 먹이가 없어서 죽게 되고, 그다음 단계의 (㉡)도 먹이가 없어서 죽게 되어 결국 생태계의 모든 생물이 멸종될 것이다.

	㉠	㉡		㉠	㉡
①	생산자	분해자	②	생산자	소비자
③	분해자	소비자	④	분해자	생산자
⑤	소비자	분해자			

7 ⊕ 9종 공통

다음 먹이 사슬의 ▢ 안에 들어가기에 알맞은 생물의 기호를 쓰시오.

▲ 참새   ▲ 여우   ▲ 메뚜기

(   )

8 ⊕ 9종 공통

먹이 그물에 대한 설명으로 옳지 <u>않은</u> 것을 보기 에서 골라 기호를 쓰시오.

보기
㉠ 먹이 그물은 여러 개의 먹이 사슬이 얽혀 있다.
㉡ 먹이 그물은 먹이 관계가 여러 방향으로 연결된다.
㉢ 먹이 그물보다 먹이 사슬이 여러 생물들이 함께 살아가기에 유리하다.

(   )

9 서술형 ⊕ 9종 공통

먹이 사슬과 먹이 그물의 공통점과 차이점을 쓰시오.

(1) 공통점: _____

(2) 차이점: _____

_____

10 ⊕ 9종 공통

다음에서 설명하는 <u>이것</u>은 무엇인지 쓰시오.

• 이것은 어떤 지역에 살고 있는 생물의 종류와 수 또는 양이 균형을 이루며 안정된 상태를 유지하는 것이다.
• 특정 생물의 수나 양이 갑자기 늘어나거나 줄어들면 <u>이것</u>이 깨지기도 한다.

(   )

11 동아, 금성, 김영사, 미래엔, 아이스크림, 천재교과서, 천재교육

다음 이야기를 읽고, 국립 공원에 나타난 변화에 대한 설명으로 옳지 <u>않은</u> 것을 골라 기호를 쓰시오.

> 사람들이 늑대를 사냥하면서 국립 공원의 늑대가 모두 사라졌다. 늑대가 사라진 뒤, 사슴의 수는 **빠르게** 늘어났다. 사슴은 강가에 머물며 풀과 나무 등을 닥치는 대로 먹었다. 그 결과 풀과 나무가 제대로 자라지 못하였고, 나무로 집을 짓고 먹이로 먹는 비버가 거의 사라지게 되었다. 국립 공원에서 늑대를 다시 풀어놓은 뒤 ㉠ 사슴의 수는 조금씩 줄어들었고, 사슴은 늑대를 피하려고 강가에서 멀리 떨어진 곳으로 이동했다. 오랜 시간에 걸쳐 ㉡ 국립 공원의 생태계는 점점 평형을 되찾아갔다. 그 결과 ㉢ 사슴의 수는 계속 늘어났고, ㉣ 강가의 풀과 나무 등도 다시 자라게 되었고, ㉤ 비버의 수도 늘어났다.

(   )

12 동아, 금성, 김영사, 미래엔, 아이스크림, 천재교과서, 천재교육

다음과 같이 햇빛과 물 조건만 다르게 하여 콩나물을 길렀습니다. 일주일이 지난 뒤 가장 잘 자랐을 것으로 예상되는 콩나물의 기호를 쓰시오.

> ㉠ 어둠상자를 씌우고 물을 자주 준 콩나물
> ㉡ 어둠상자를 씌우고 물을 주지 않은 콩나물
> ㉢ 햇빛이 잘 드는 곳에 두고 물을 자주 준 콩나물
> ㉣ 햇빛이 잘 드는 곳에 두고 물을 주지 않은 콩나물

(   )

13 김영사, 미래엔, 비상, 아이스크림, 천재교육

다음 (   ) 안에 공통으로 들어갈 알맞은 비생물 요소를 쓰시오.

> • (   )은/는 동물이 물체를 보는 데 필요하다.
> • (   )은/는 식물이 양분을 만드는 데 필요하다.

(   )

14 김영사, 미래엔, 비상, 아이스크림, 천재교육

온도가 생물의 생활에 영향을 주는 예로 옳지 <u>않은</u> 것은 어느 것입니까? (   )

① 낙엽이 진다.
② 고양이가 털갈이를 한다.
③ 식물의 잎에 단풍이 든다.
④ 생물이 숨을 쉬는 데 필요하다.
⑤ 철새가 새끼를 기르기에 알맞은 장소를 찾아 먼 거리를 이동한다.

15 서술형 + 9종 공통

오른쪽과 같이 몸을 오므리는 특징이 있는 공벌레는 어떻게 환경에 적응하였는지 쓰시오.

16 ⊕ 9종 공통

적응에 대해 <u>잘못</u> 말한 사람의 이름을 쓰시오.

> · 규리: 생물은 생활 방식을 통해서만 환경에 적응해.
> · 현진: 밤송이는 밤을 싸고 있는 가시가 적으로부터 밤을 보호하도록 적응했지.
> · 선우: 적응은 생물이 오랜 기간에 걸쳐 서식지의 환경에서 살아남기에 유리한 특징을 가지는 거야.

(   )

17 ⊕ 9종 공통

다음은 오른쪽의 대벌레가 환경에 어떻게 적응했는지에 대한 설명입니다. (   ) 안에 들어갈 알맞은 말을 쓰시오.

> 대벌레는 (   )을/를 통해 나뭇가지가 많은 환경에서 몸을 숨기기 유리하게 적응했다.

(   )

18 서술형 ⊕ 9종 공통

우리 주변에서는 다양한 종류의 환경 오염이 발생하고 있습니다. 환경 오염이란 무엇인지 쓰시오.

_____

_____

19 ⊕ 9종 공통

다음은 환경 오염의 직접적인 원인입니다. 관계있는 것끼리 선으로 이으시오.

(1) 폐수 배출 ·   · ㉠ 대기 오염

(2) 공장의 매연 ·   · ㉡ 수질 오염

(3) 쓰레기 매립 ·   · ㉢ 토양 오염

20 ⊕ 9종 공통

환경 오염이 생물에 미치는 영향으로 옳지 <u>않은</u> 것은 어느 것입니까? (   )

① 강물이 오염되어 많은 물고기가 죽는다.
② 자동차의 배기가스로 식물이 잘 자란다.
③ 황사와 미세 먼지로 사람들이 병에 걸린다.
④ 유조선의 기름이 유출되어 생물의 서식지가 파괴된다.
⑤ 쓰레기 매립으로 악취가 나는 등 생활 환경이 나빠진다.

평가 주제	생태계의 구성 요소와 먹이 관계 알아보기
평가 목표	생태계의 구성 요소를 분류할 수 있고, 생태계를 구성하는 생물들의 먹이 관계를 알 수 있다.

[1-2] 다음 생태계 만화를 보고, 물음에 답하시오.

1 위에서 생물 요소와 비생물 요소를 모두 찾아 쓰시오.

(1) 생물 요소: (   )

(2) 비생물 요소: (   )

2 위 1번에서 찾은 생물 요소를 양분을 얻는 방법에 따라 분류하여 쓰시오.

_____

_____

3 오른쪽 벼, 토끼, 매의 먹이 사슬 이외에 찾을 수 있는 먹이 사슬을 두 가지 이상 그림 위에 표시하여, 먹이 그물을 완성하시오.

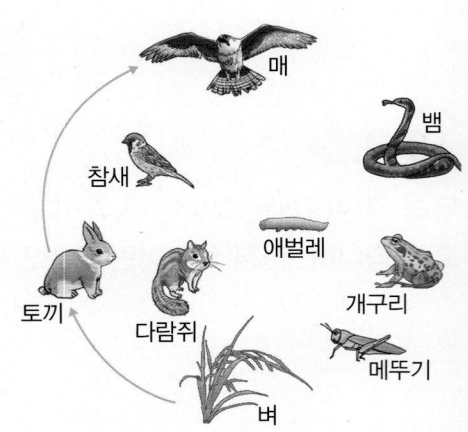

평가 주제	생물의 적응, 환경 오염이 생물에 미치는 영향 알아보기
평가 목표	다양한 환경에 적응한 생물의 특징을 알고, 환경 오염이 생물에 미치는 영향을 이해할 수 있다.

[1-2] 다음은 다양한 여우의 생김새입니다. 물음에 답하시오.

▲ 티베트 모래 여우

▲ 북극여우

▲ 사막여우

1 다음 서식지의 환경에서 살아남기에 알맞은 여우를 위에서 각각 골라 이름을 쓰시오.

(1)

(   )

(2)

(   )

(3)

(   )

2 위 1번 답과 같이 생각한 까닭을 생물의 적응과 관련지어 쓰시오.

_____

_____

_____

3 오른쪽은 대기 오염과 관련된 뉴스 내용입니다. 대기 오염이 우리 생활에 미치는 영향을 두 가지 쓰시오.

_____

_____

_____

오늘은 미세 먼지 농도가 '나쁨' 단계입니다. 외출할 때 마스크를 쓰시기 바랍니다.

미세 먼지 농도 '나쁨' 단계

1 공기 중에 수증기가 포함된 정도를 무엇이라고 합니까?

---

2 밤이 되어 기온이 낮아지면 공기 중의 수증기가 응결하여 나뭇가지나 풀잎 등에 물방울로 맺히는 것을 무엇이라고 합니까?

---

3 공기 중의 수증기가 응결하여 작은 물방울이나 얼음 알갱이로 변해 높은 하늘에 떠 있는 것을 무엇이라고 합니까?

---

4 이슬, 안개, 구름은 공통적으로 수증기가 어떻게 되어 나타나는 현상입니까?

---

5 같은 부피일 때 차가운 공기와 따뜻한 공기 중에서 더 무거운 것은 어느 것입니까?

---

6 바닷가에서 맑은 날 낮에 고기압이 되는 곳은 육지 위와 바다 위 중에서 어디입니까?

---

7 바닷가에서 맑은 날 밤에 바람이 부는 방향은 어떻습니까?

---

8 춥고 건조한 지역에 오랫동안 머물러 있던 공기 덩어리의 성질은 어떻습니까?

---

9 차갑고 건조한 성질의 공기 덩어리와 따뜻하고 습한 공기 덩어리 중 우리나라의 여름철 날씨에 영향을 미치는 공기 덩어리는 어느 것입니까?

---

10 사람들이 다양한 날씨에 적절하게 대처하여 생활할 수 있도록 기상청에서 제공하는 지수를 무엇이라고 합니까?

✎ 빈칸에 알맞은 답을 쓰세요.

1 빨래가 잘 마르지 않는 날은 습도가 높은 날입니까, 습도가 낮은 날입니까?

2 지표면 근처의 공기가 차가워져 공기 중의 수증기가 응결하여 작은 물방울로 지표면 가까이에 떠 있는 것을 무엇이라고 합니까?

3 구름 속 작은 물방울이 합쳐지고 커지면서 무거워져 떨어지거나, 크고 무거워진 얼음 알갱이가 녹아서 떨어지는 것을 무엇이라고 합니까?

4 공기의 무게 때문에 생기는 힘을 무엇이라고 합니까?

5 이웃한 어느 두 지역 사이에 기압 차가 생기면 공기가 고기압에서 저기압으로 이동하는 것을 무엇이라고 합니까?

6 바닷가에서 맑은 날 낮에 육지와 바다 중 빠르게 데워져 온도가 더 높아지는 곳은 어디입니까?

7 바닷가에서 맑은 날 밤에 육지에서 바다로 부는 바람을 두 글자로 무엇이라고 합니까?

8 봄과 가을에 우리나라에 영향을 미치는 공기 덩어리의 성질은 어떻습니까?

9 대륙에서 이동해 오는 공기 덩어리와 바다에서 이동해 오는 공기 덩어리 중 더 습한 성질을 가지는 것은 어느 것입니까?

10 계절별 날씨에 따라 달라지는 우리의 생활 모습에는 어떤 것이 있습니까?

3
단원

1 ⊕ 9종 공통

오른쪽 건습구 습도계에 대한 설명으로 옳은 것에 모두 ○표 하시오.

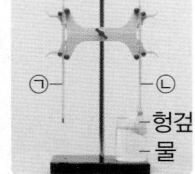

ⓒ
ⓒ
ㅡ헝겊
ㅡ물

(1) 알코올 온도계 두 개를 사용한다.

( )

(2) ㉠은 습구 온도계이고, ㉡은 건구 온도계이다.

( )

(3) 건습구 습도계로 공기 중에 수증기가 포함된 정도를 측정할 수 있다. ( )

2 ⊕ 9종 공통

습도가 낮을 때 나타날 수 있는 현상으로 옳지 <u>않은</u> 것은 어느 것입니까? ( )

① 빨래가 잘 마른다.
② 피부가 건조해진다.
③ 감기에 걸리기 쉽다.
④ 산불이 발생하기 쉽다.
⑤ 음식물이 부패하기 쉽다.

3 서술형 ⊕ 9종 공통

오른쪽과 같이 집기병에 물과 조각 얼음을 넣고 집기병 표면을 마른 수건으로 닦은 뒤, 시간이 지남에 따라 집기병 표면에서 나타나는 변화를 쓰고, 그러한 변화가 나타나는 까닭을 쓰시오.

(1) 집기병 표면에서 나타나는 변화: _____

_____

(2) 까닭: _____

_____

4 ⊕ 9종 공통

앞 **3**번 집기병의 표면에서 나타나는 변화와 비슷한 자연 현상을 골라 쓰시오.

  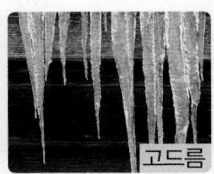

비   이슬   고드름

( )

5 ⊕ 9종 공통

다음은 안개에 대한 설명입니다. ( ) 안에 들어갈 알맞은 말을 각각 쓰시오.

밤에 지표면 근처의 공기가 차가워져 공기 중 (㉠) 이/가 (㉡)해 작은 물방울로 떠 있는 것이다.	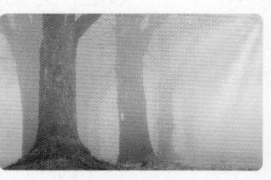

㉠ ( ), ㉡ ( )

6 동아, 김영사, 비상, 아이스크림, 지학사, 천재교과서

구름에 대한 설명으로 옳은 것을 보기 에서 골라 기호를 쓰시오.

보기 ●

⊙ 공기 중 수증기가 응결해 물체 표면에 물방울로 맺히는 것이다.
ⓒ 공기가 지표면에서 하늘 높이 올라가면서 온도가 높아져 생기는 것이다.
ⓒ 공기 중의 수증기가 응결하여 작은 물방울이나 얼음 알갱이로 변해 높은 하늘에 떠 있는 것이다.

( )

7 ➕ 9종 공통

이슬, 안개, 구름의 공통점을 옳게 말한 사람의 이름을 쓰시오.

• 주이: 수증기가 응결해 나타나는 현상이야.
• 규호: 작은 물방울이 공중에 떠 있는 현상이야.
• 슬기: 지표면의 공기가 뜨거워지면서 나타나는 현상이야.

( )

8 서술형 ➕ 9종 공통

오른쪽과 같이 눈이 내리는 과정을 쓰시오.

_____

_____

_____

9 ➕ 9종 공통

다음과 같이 플라스틱 통에 머리말리개로 각각 차가운 공기와 따뜻한 공기를 약 20초 동안 넣은 뒤, 뚜껑을 닫고 무게를 측정하였습니다. 차가운 공기를 넣은 플라스틱 통과 따뜻한 공기를 넣은 플라스틱 통의 무게를 비교하여 ○ 안에 >, =, <를 써넣으시오.

(단, 플라스틱 통의 조건은 같습니다.)

차가운 공기

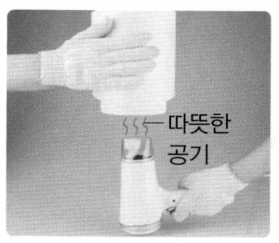
따뜻한 공기

차가운 공기를
넣은 플라스틱 통   ○   따뜻한 공기를
넣은 플라스틱 통

10 ➕ 9종 공통

기압에 대한 설명으로 옳은 것을 두 가지 고르시오.

( )

① 차가운 공기는 따뜻한 공기보다 기압이 낮다.
② 상대적으로 공기가 무거운 것을 저기압이라고 한다.
③ 상대적으로 공기가 가벼운 것을 고기압이라고 한다.
④ 공기의 무게로 생기는 누르는 힘을 기압이라고 한다.
⑤ 일정한 부피에서 공기의 양이 많을수록 기압이 높다.

3. 날씨와 우리 생활 **17**

11 서술형 ⊕ 9종 공통

다음은 일정한 부피에서 공기의 양에 따른 무게를 비교하여 나타낸 것입니다. 일정한 부피에서 ㉠ 공기가 ㉡ 공기보다 무거운 까닭을 공기의 온도와 관련지어 쓰시오.

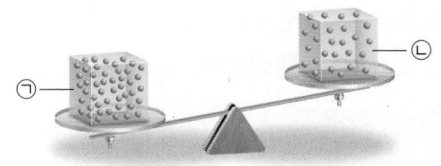

_____

_____

13 ⊕ 9종 공통

앞 그래프를 보고, 하루 중 육지의 온도가 바다의 온도보다 높은 때는 언제인지 쓰시오.

(   )시 무렵부터 (   )시 무렵까지

14 서술형 ⊕ 9종 공통

어느 두 지점 사이에 기압 차가 생기면 공기는 어떻게 이동하는지 기압과 관련지어 쓰시오.

_____

_____

[12-13] 다음은 육지와 바다의 하루 동안 온도 변화를 나타낸 것입니다. 물음에 답하시오.

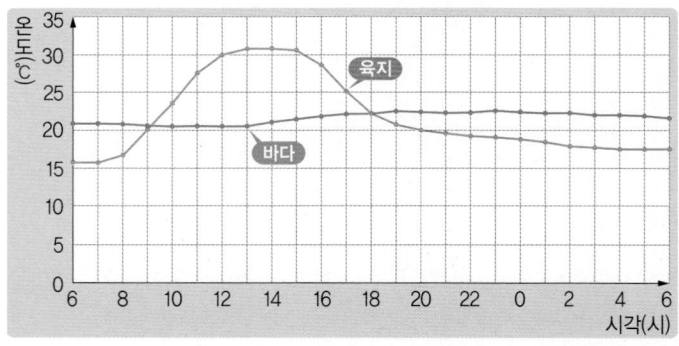

12 ⊕ 9종 공통

위 그래프를 보고 알 수 있는 사실을 옳게 말한 사람의 이름을 쓰시오.

- 혜리: 바다가 육지보다 온도 변화가 더 커.
- 준영: 낮에는 바다가 육지보다 빠르게 데워져.
- 호민: 밤에는 육지의 온도가 바다의 온도보다 낮아.

(   )

15 ⊕ 9종 공통

다음은 바닷가에서 낮과 밤에 부는 바람의 방향을 화살표로 나타낸 것입니다. 육풍을 나타낸 것에는 '육'이라고 쓰고, 해풍을 나타낸 것에는 '해'라고 쓰시오.

(1) 낮

(2) 밤

(   )   (   )

[16-17] 다음은 우리나라의 계절별 날씨에 영향을 미치는 공기 덩어리를 나타낸 것입니다. 물음에 답하시오.

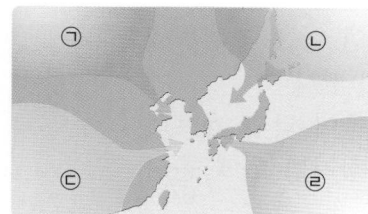

16 ✚ 9종 공통

위 ㉠~㉣ 중 차갑고 건조한 공기 덩어리의 기호를 쓰시오.

( )

17 서술형 ✚ 9종 공통

위 ㉠~㉣ 중 우리나라의 봄, 가을 날씨에 영향을 미치는 공기 덩어리의 기호를 쓰고, 공기 덩어리의 성질을 날씨의 특징과 관련지어 쓰시오.

_____

_____

18 ✚ 9종 공통

공기 덩어리의 성질에 대한 설명입니다. ( ) 안의 알맞은 말에 각각 ○표 하시오.

- 대륙에서 우리나라로 이동해 오는 공기 덩어리는 ㉠ (건조, 습)하고, 바다에서 이동해 오는 공기 덩어리는 ㉡ (건조, 습)한 성질이 있다.
- 북쪽에서 이동해 오는 공기 덩어리는 ㉢ (따뜻하고, 차갑고), 남쪽에서 이동해 오는 공기 덩어리는 ㉣ (따뜻하다, 차갑다).

19 ✚ 9종 공통

우리가 다양한 날씨에 대처하도록 다음과 같은 날씨 지수를 제공하는 곳은 어디인지 쓰시오.

> 감기 가능 지수, 피부 질환 지수, 식중독 지수

( )

20 ✚ 9종 공통

감기 가능 지수가 다음과 같은 날씨에 적합한 계획을 세운 사람의 이름을 쓰시오.

오늘의 지수 ▼

낮음	보통	높음	매우 높음

- 선균: 외출 후 손과 발을 씻지 않을 거야.
- 지윤: 머리를 감은 뒤 말리지 않고 나갈 거야.
- 호정: 외출할 때 목도리를 착용해 체온을 유지할 거야.

( )

1 ⊕ 9종 공통

다음 보기 는 여러 날 동안 측정한 건습구 습도계의 온도입니다. 습도표를 이용해 습도를 구한 후, 습도가 가장 높은 날의 기호를 쓰시오.

> 보기 ●
>
> ㉠ 건구 온도: 17.0℃, 습구 온도: 15.0℃
> ㉡ 건구 온도: 22.0℃, 습구 온도: 19.0℃
> ㉢ 건구 온도: 20.0℃, 습구 온도: 16.0℃

(단위: %)

건구 온도 (℃)	건구 온도와 습구 온도의 차(℃)										
	0	1	2	3	4	5	6	7	8	9	10
15	100	90	80	71	61	53	44	36	27	20	13
16	100	90	81	71	63	54	46	38	30	23	15
17	100	90	81	72	64	55	47	40	32	25	18
18	100	91	82	73	65	57	49	41	34	27	20
19	100	91	82	74	65	58	50	43	36	29	22
20	100	91	83	74	66	59	51	44	37	31	24
21	100	91	83	75	67	60	53	46	39	32	26
22	100	92	83	76	68	61	54	47	40	34	28

( )

2 ⊕ 9종 공통

우리 생활에서 습도가 낮을 때 습도를 높이는 방법을 옳게 말한 두 사람의 이름을 쓰시오.

> • 석민: 제습제를 사용해.
> • 진운: 가습기를 켜 놓아.
> • 윤수: 실내에 빨래를 널어.
> • 희영: 실내에 마른 숯을 놓아둬.

( )

3 ⊕ 9종 공통

이슬에 대한 설명으로 옳은 것을 두 가지 고르시오.
( )

① 물이 증발해서 나타나는 현상이다.
② 공기 중 수증기가 응결해서 나타나는 현상이다.
③ 작은 물방울이 지표면 가까이에 떠 있는 것이다.
④ 공기 중 수증기가 물체 표면에 작은 물방울로 맺히는 것이다.
⑤ 공기 중 수증기가 작은 얼음 알갱이로 변해 하늘 높이 떠 있는 것이다.

[4-5] 다음 실험 과정을 보고, 물음에 답하시오.

> ㈎ 집기병에 따뜻한 물을 가득 넣어 집기병 안을 데운 뒤에 물을 버린다.
> ㈏ 불을 붙인 향을 집기병에 넣었다가 뺀다.
> ㈐ 조각 얼음이 담긴 페트리 접시를 집기병 위에 올려 놓는다.

 향  얼음

4 ⊕ 9종 공통

위 집기병 안에서 나타나는 변화로 옳은 것은 어느 것입니까? ( )

① 집기병 안이 검게 변한다.
② 집기병 안이 뿌옇게 흐려진다.
③ 집기병 안에 물이 절반 정도 생긴다.
④ 집기병 안에 검은색 알갱이가 생긴다.
⑤ 집기병 안쪽 벽면에 얼음 알갱이가 생긴다.

5 ⊕ 9종 공통

위 **4번** 답과 같은 변화가 나타나는 까닭으로 ( ) 안에 들어갈 알맞은 말을 쓰시오.

> 집기병 안의 따뜻한 (㉠)이/가 얼음 때문에 차가워져 (㉡)하기 때문이다.

㉠ ( ), ㉡ ( )

6 ⊕ 9종 공통

다음은 구름이 어떻게 만들어지는지 설명한 것입니다. ( ) 안의 알맞은 말에 각각 ○표 하시오.

> 공기가 지표면에서 하늘로 올라가면서 부피가 점점 커지고 온도는 점점 ㉠ (높아, 낮아)진다. 이때 공기 중 수증기가 ㉡ (증발, 응결)해 물방울이 되거나 얼음 알갱이 상태로 변해 하늘에 떠 있는 것을 구름이라고 한다.

7 ⊕ 9종 공통

다음에서 설명하는 것은 무엇입니까? ( )

> 구름 속 작은 물방울이 합쳐지면서 무거워져 떨어지거나, 크기가 커진 얼음 알갱이가 무거워져 떨어지면서 녹은 것이다.

① 눈 ② 비 ③ 이슬
④ 안개 ⑤ 황사

8 ⊕ 9종 공통

구름 속 얼음 알갱이의 크기가 커지면서 무거워져 떨어질 때 녹지 않은 채로 떨어지면 무엇이 되는지 쓰시오.

( )

9 서술형 ⊕ 9종 공통

다음과 같이 플라스틱 통에 머리말리개로 각각 차가운 공기와 따뜻한 공기를 약 20초 동안 넣은 뒤 뚜껑을 닫고 무게를 측정하였습니다. 차가운 공기의 무게가 약 278.0 g일 때, 따뜻한 공기의 무게로 알맞은 것을 보기 에서 골라 기호를 쓰고, 그 까닭을 쓰시오.

▲ 차가운 공기 넣기

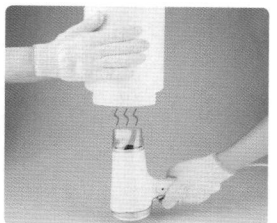
▲ 따뜻한 공기 넣기

> 보기 ●
>
> 277.3 g,   278.0 g,   290.0 g

(1) 따뜻한 공기의 무게로 알맞은 것

( )

(2) 까닭: _____

_____

10 ⊕ 9종 공통

다음은 같은 부피일 때 공기의 양에 따른 무게를 비교한 것입니다. ㉠과 같이 상대적으로 공기가 무거워 힘이 더 큰 것을 무엇이라고 하는지 쓰시오.

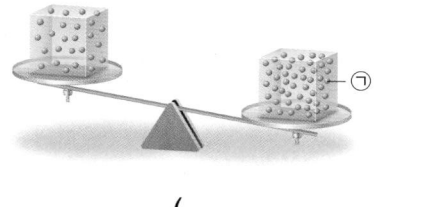

( )

3 단원

[11-12] 바람이 부는 방향을 알아보기 위해 오른쪽과 같이 실험 장치를 꾸몄습니다. 물음에 답하시오.

11 9종 공통

위 실험에서 다르게 해야 할 조건은 어느 것입니까?

( )

① 전등의 종류
② 온도계의 종류
③ 온도계를 꽂는 깊이
④ 그릇에 담는 물질의 양
⑤ 그릇에 담는 물질의 종류

12 9종 공통

다음 표는 위 물과 모래의 온도 변화를 측정한 결과입니다. 실험 결과로 보아, 물과 모래 중 더 빨리 데워지는 것은 무엇인지 쓰시오.

구분	물	모래
가열하기 전의 온도(℃)	14	14
가열한 후의 온도(℃)	17	24

( )

13 9종 공통

다음은 바람이 부는 까닭을 설명한 것입니다. ( ) 안에 들어갈 알맞은 말을 쓰시오.

어느 두 지점 사이에 ( ) 차가 생기기 때문에 공기가 이동하는 바람이 분다.

( )

[14-15] 데우지 않은 찜질팩과 따뜻하게 데운 찜질팩을 넣은 수조 가운데에 불을 붙인 향을 넣었습니다. 물음에 답하시오.

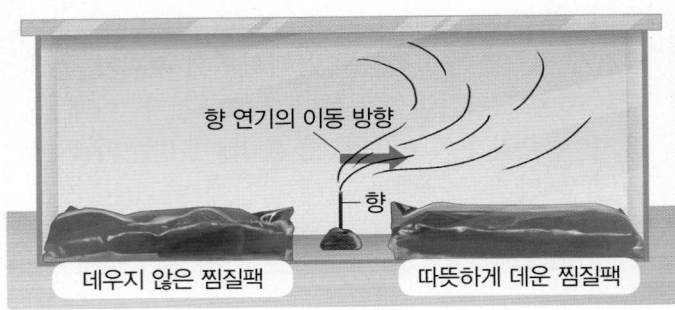

향 연기의 이동 방향
향
데우지 않은 찜질팩   따뜻하게 데운 찜질팩

14 7종 공통

위 실험에 대한 설명으로 옳은 것을 보기 에서 골라 기호를 쓰시오.

보기
㉠ 데운 찜질팩이 데우지 않은 찜질팩보다 온도가 높다.
㉡ 데우지 않은 찜질팩 쪽이 저기압, 데운 찜질팩 쪽이 고기압이다.
㉢ 향 연기의 이동 방향은 투명한 수조 속 공기의 움직임과 반대 방향이다.

( )

15 서술형 9종 공통

위 수조 속에서 향 연기가 움직이는 까닭을 주어진 낱말을 모두 사용하여 쓰시오.

데우지 않은 찜질팩 위의 공기, 저기압,
데운 찜질팩 위의 공기, 고기압

_____

_____

_____

16 ➕ 9종 공통

바닷가에서 부는 바람에 대한 설명으로 옳지 <u>않은</u> 것은 어느 것입니까? (   )

① 낮에 부는 바람은 해풍이다.
② 밤에는 바다에서 육지로 바람이 분다.
③ 육지와 바다의 기압 차가 바람을 불게 한다.
④ 맑은 날 낮과 밤에 부는 바람의 방향이 다르다.
⑤ 육지와 바다의 상대적인 온도에 따라 바람의 방향이 달라진다.

17 ➕ 9종 공통

춥고 건조한 날씨가 나타나는 지역에 따뜻하고 습한 공기 덩어리가 이동해 왔습니다. 이 지역의 온도와 습도는 어떻게 변하는지 보기 에서 골라 기호를 쓰시오.

> **보기** ●
> ㉠ 습해진다.   ㉡ 따뜻해진다.
> ㉢ 더 추워진다.   ㉣ 더 건조해진다.
> ㉤ 변하지 않는다.

⑴ 온도: (   ), ⑵ 습도: (   )

18 서술형 ➕ 9종 공통

공기 덩어리가 춥고 건조한 대륙 위에 오랫동안 머물러 있으면 공기 덩어리의 성질이 어떻게 변하는지 쓰시오.

_____

_____

19 ➕ 9종 공통

다음은 우리나라의 계절별 날씨에 영향을 미치는 공기 덩어리입니다. ㉠~㉢ 공기 덩어리에 대한 설명으로 옳은 것을 두 가지 고르시오. (   )

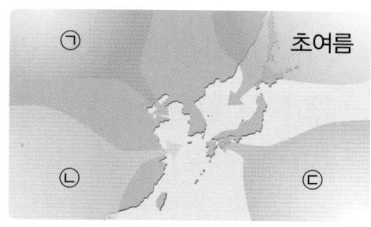

① ㉠은 차갑고 습하다.
② ㉡은 따뜻하고 건조하다.
③ ㉠과 ㉡은 습하고, ㉢은 건조하다.
④ ㉠은 우리나라의 겨울철 날씨에 영향을 미친다.
⑤ ㉢의 영향을 받으면 춥고 건조한 날씨가 나타난다.

3 단원

20 ➕ 9종 공통

황사나 미세 먼지가 많은 날의 생활 모습으로 가장 알맞은 것에 ○표 하시오.

⑴ 야외 활동을 주로 한다.   (   )
⑵ 외출할 때 마스크를 착용한다.   (   )
⑶ 외출 후 손과 발을 씻지 않는다.   (   )

평가 주제	이슬, 안개, 구름의 생성 과정 알기
평가 목표	이슬, 안개, 구름의 생성 과정을 이해하고 공통점과 차이점을 알 수 있다.

[1-3] 다음은 날씨와 관련된 여러 가지 모습입니다. 물음에 답하시오.

▲ 이슬

▲ 안개

▲ 구름

1 다음은 자동차 사고 관련 신문 기사입니다. ( ) 안에 들어갈 알맞은 자연 현상을 위에서 골라 쓰시오.

> 지난 ○일, ◇◇ 다리 위에서 자동차 106대가 추돌한 사고의 가장 큰 원인은 짙은 ( ) 때문인 것으로 추정된다. 이날 가시거리는 10 m 정도에 불과하여 운전자들이 앞쪽의 상황을 보지 못해 사고가 발생한 것으로 보인다.

( )

2 위 1번의 자연 현상은 어떻게 발생하는지 쓰시오.

_____

_____

3 오른쪽과 같이 이른 아침에 볼 수 있는 거미줄에 맺힌 물방울에 대한 설명으로 옳은 것에 ○표, 옳지 <u>않은</u> 것에 ×표 하고, 위 자연 현상 중 어떤 것과 관련이 있는지 골라 쓰시오.

▲ 거미줄에 맺힌 물방울

(1) 높은 하늘에서 응결하여 생성된 것이다. ( )

(2) 공기 중의 수증기가 응결하여 나타나는 현상이다. ( )

(3) 냉동실에 넣어 둔 물이 어는 것과 같은 현상이다. ( )

(4) 거미줄에 맺힌 물방울과 관련된 자연 현상: ( )

평가 주제	기압과 바람의 관계, 계절별 날씨에 영향을 미치는 공기 덩어리의 성질 알아보기
평가 목표	공기의 온도와 무게, 그리고 기압의 관계를 통해 바람의 방향을 이해할 수 있고, 계절별 날씨의 특징을 공기 덩어리와 관련지어 알 수 있다.

[1-3] 다음은 이웃한 두 지점의 공기의 온도를 나타낸 것입니다. 물음에 답하시오.

3 단원

1 위와 같이 이웃한 두 지점의 공기의 온도가 다를 때, (1) 공기가 움직이는 방향을 위 그림에 화살표로 나타내고, (2) 어떤 공기의 무게가 더 무거운지 오른쪽 ○ 안에 >, =, <로 비교하시오.

따뜻한 공기 ○ 차가운 공기

2 위 1번 (1), (2)의 답과 같이 생각한 까닭을 다음 낱말을 모두 포함하여 쓰시오.

> 따뜻한 공기,   차가운 공기,   공기의 무게,   고기압,   저기압,   이동

_____

_____

_____

3 위와 같이 공기 덩어리가 넓은 지역에 오랫동안 머물게 되면 그 지역의 온도나 습도와 비슷한 성질을 가지게 됩니다. 우리나라의 계절별 날씨에 영향을 미치는 공기 덩어리 중 다음과 같은 특징이 있는 것은 어느 위치에서 이동해 오는지 오른쪽 그림에 각각 위치에 알맞게 그리고, 기호를 써서 구분하시오.

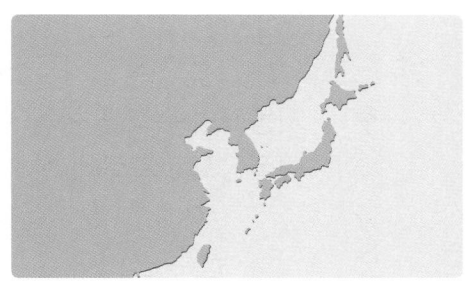

> ㉮ 공기 덩어리가 차갑고 건조하다.
> ㉯ 공기 덩어리가 따뜻하고 습하다.

✏ 빈칸에 알맞은 답을 쓰세요.

1 시간이 지남에 따라 물체의 위치가 변할 때 물체가 무엇을 한다고 합니까?

2 물체의 운동은 무엇과 무엇으로 나타냅니까?

3 같은 거리를 이동한 물체의 빠르기는 무엇으로 비교할 수 있습니까?

4 같은 시간 동안 이동한 물체의 빠르기는 무엇으로 비교할 수 있습니까?

5 3시간 동안 240 km를 이동한 자동차와 300 km를 이동한 기차 중에서 더 빠른 것은 어느 것입니까?

6 속력이란, 일정한 시간 동안 물체의 무엇을 나타냅니까?

7 속력의 단위에는 어떤 것이 있습니까?

8 속력이 40 km/h인 배와 속력이 18 km/h인 자전거 중 더 빠른 것은 어느 것입니까?

9 자동차의 속력을 줄여 주어 사고를 예방하는 안전장치로 도로에 설치된 것은 무엇입니까?

10 횡단보도를 건널 때 지켜야 할 교통안전 수칙은 무엇입니까?

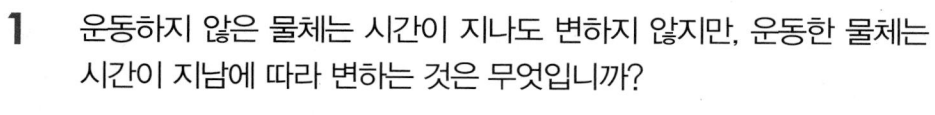

✏️ 빈칸에 알맞은 답을 쓰세요.

1   운동하지 않은 물체는 시간이 지나도 변하지 않지만, 운동한 물체는 시간이 지남에 따라 변하는 것은 무엇입니까?

2   이륙하는 비행기와 움직이는 자동길 중에서 빠르기가 변하는 운동을 하는 것은 어느 것입니까?

3   같은 거리를 이동하는 데 짧은 시간이 걸린 물체와 긴 시간이 걸린 물체 중 더 빠른 것은 어느 것입니까?

4   50 m 달리기에서 걸린 시간이 9초 34인 지훈이와 걸린 시간이 9초 12인 호정이 중에서 결승선에 더 먼저 도착한 사람은 누구입니까?

5   같은 시간 동안 짧은 거리를 이동한 물체와 긴 거리를 이동한 물체 중 더 빠른 것은 어느 것입니까?

6   이동 거리와 이동하는 데 걸린 시간이 모두 다른 물체의 빠르기는 무엇으로 나타내면 편리하게 비교할 수 있습니까?

7   속력은 물체가 이동한 거리를 무엇으로 나누어 구합니까?

8   속력의 단위 중 'h'는 무엇을 나타냅니까?

9   자동차에 설치된 안전장치 중 긴급 상황에서 탑승자의 몸을 고정해 주는 것은 무엇입니까?

10   버스를 기다릴 때 지켜야 할 교통안전 수칙은 무엇입니까?

4 단원

1 ➕ 9종 공통

다음 물체의 운동에 대한 내용으로 (　) 안에 공통으로 들어갈 알맞은 말을 쓰시오.

> 시간이 지남에 따라 신호등은 (　　　)이/가 변하지 않지만, 자동차는 (　　　)이/가 변한다. 이처럼 시간이 지남에 따라 물체의 (　　　)이/가 변할 때 물체가 운동한다고 한다.

(　　　　　　　　　)

2 동아, 아이스크림, 천재교과서, 천재교육

물체의 운동을 가장 옳게 나타낸 것을 보기 에서 골라 기호를 쓰시오.

> 보기 •
> ㉠ 원준이는 30분 동안 운동장을 걸었다.
> ㉡ 서연이는 북쪽으로 100 m를 이동했다.
> ㉢ 버스는 1시간 동안 110 km를 이동했다.

(　　　　　　　　　)

3 서술형   동아, 아이스크림, 천재교과서, 천재교육

다음 그림을 보고, 자전거의 운동을 나타내시오.

_____

_____

4 ➕ 9종 공통

물수리가 먹이를 잡을 때의 모습으로 (　) 안의 알맞은 말에 각각 ○표 하시오.

> 물수리는 공중을 ㉠ (천천히, 빠르게) 날며 먹이를 찾다가 먹이를 보면 ㉡ (천천히, 빠르게) 날아든다.

[5-6] 다음 여러 가지 물체를 보고, 물음에 답하시오.

펭귄   치타   로켓   케이블카   자동길   비행기

5 ➕ 9종 공통

위 여러 가지 물체의 빠르기를 비교한 것으로 옳지 <u>않은</u> 것을 보기 에서 골라 기호를 쓰시오.

> 보기 •
> ㉠ 펭귄은 로켓보다 빠르다.
> ㉡ 로켓은 자동길보다 빠르다.
> ㉢ 케이블카는 비행기보다 느리다.

(　　　　　　　　　)

6 동아, 금성, 미래엔, 아이스크림, 지학사, 천재교과서, 천재교육

앞 물체 중 빠르기가 일정한 운동을 하는 것을 옳게 고른 것은 어느 것입니까? (   )

① 펭귄, 비행기
② 자동길, 로켓
③ 치타, 케이블카
④ 케이블카, 자동길
⑤ 펭귄, 치타, 로켓, 비행기

7 서술형   ➕ 9종 공통

놀이공원에서 볼 수 있는 오른쪽과 같은 대관람차의 운동에는 어떤 특징이 있는지 빠르기와 관련지어 쓰시오.

_____

_____

[8-9] 다음 표는 출발 신호에 따라 모둠별로 50 m 달리기를 하여, 각 모둠에서 결승선에 가장 먼저 도착한 사람이 걸린 시간을 기록한 것입니다. 물음에 답하시오.

모둠	이름	걸린 시간	모둠	이름	걸린 시간
1	현승	8초 55	4	우현	9초 54
2	연희	9초 34	5	성은	9초 12
3	솔비	8초 43	6	민혜	8초 77

8 동아, 미래엔, 비상, 아이스크림, 지학사, 천재교육

위 친구들 중 가장 빠르게 달린 사람과 가장 느리게 달린 사람을 찾아 이름을 각각 쓰시오.

(1) 가장 빠르게 달린 사람: (   )
(2) 가장 느리게 달린 사람: (   )

9 서술형   ➕ 9종 공통

앞 8번과 관련지어 가장 빠르게 달린 사람을 어떻게 알 수 있는지 쓰시오.

_____

_____

10 동아, 미래엔, 비상, 아이스크림, 지학사, 천재교육

다음 운동 경기에서 빠르기를 비교하는 방법으로 옳은 것은 어느 것입니까? (   )

마라톤

수영

① 이동할 때 느끼는 감각으로 비교한다.
② 운동 선수의 무게를 측정해 비교한다.
③ 걸린 시간에 관계없이 이동 거리를 측정해 비교한다.
④ 이동 거리에 관계없이 걸린 시간을 측정해 비교한다.
⑤ 같은 거리를 이동하는 데 걸린 시간을 측정해 비교한다.

11  동아, 미래엔, 비상, 아이스크림, 지학사, 천재교육

다음 표는 4초 동안 종이 자동차가 이동한 거리를 측정한 결과입니다. 누가 만든 종이 자동차가 가장 빠른지 쓰시오.

구분	이동 거리
강민호가 만든 종이 자동차	120 cm
지서현이 만든 종이 자동차	80 cm
김주안이 만든 종이 자동차	60 cm

( )

[12-13] 다음은 3시간 동안 여러 교통수단이 이동한 거리를 그래프로 나타낸 것입니다. 물음에 답하시오.

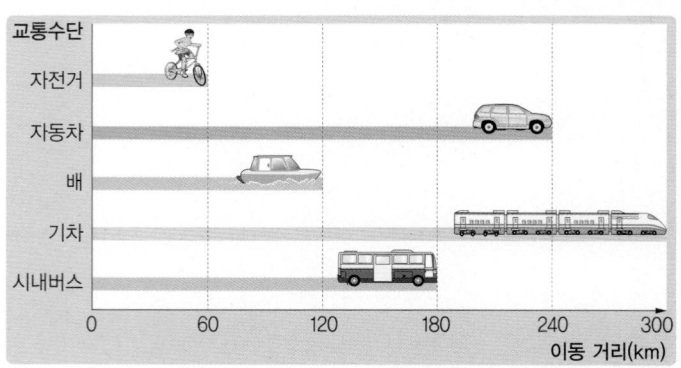

12 ➕ 9종 공통

위의 여러 교통수단 중 가장 빠른 것은 무엇인지 쓰시오.

( )

13 ➕ 9종 공통

위 여러 교통수단 중 3시간 동안 200 km를 이동하는 고속버스보다 느린 교통수단을 모두 쓰시오.

( )

14 ➕ 9종 공통

다음 ( ) 안에 들어갈 알맞은 말을 보기 에서 골라 쓰시오.

이동 거리와 걸린 시간이 모두 다른 물체의 빠르기는 ( )(으)로 나타내어 비교한다.

보기
부피, 무게, 속력

( )

15 ➕ 9종 공통

속력에 대한 설명으로 옳은 것에 ○표, 옳지 않은 것에 ×표 하시오.

(1) 속력의 단위는 km/h 한 가지이다. ( )

(2) 1초, 1분, 1시간 등 일정한 시간 동안 물체가 이동한 거리를 말한다. ( )

(3) 속력은 물체가 이동하는 데 걸린 시간을 이동 거리로 나누어 구한다. ( )

(4) 교통수단, 날씨, 운동 경기 등 다양한 곳에서 속력을 이용해 물체의 빠르기를 나타낸다. ( )

16 ⊕ 9종 공통

'속력이 크다.'는 것이 무슨 뜻인지 옳게 말한 사람의 이름을 쓰시오.

- 라영: 속력이 작은 물체가 속력이 큰 물체보다 빠르다는 뜻이야.
- 호준: 속력이 크다는 것은 일정한 시간 동안 더 긴 거리를 이동한다는 뜻이야.
- 용재: 속력이 크다는 것은 일정한 거리를 이동하는 데 더 긴 시간이 걸린다는 뜻이야.

( )

17 서술형 ⊕ 9종 공통

다음의 속력을 읽고, 이 속력은 어떤 의미인지 쓰시오.

60 km/h

(1) 속력 읽기: ( )

(2) 속력의 의미: _____

_____

18 동아, 김영사, 비상, 아이스크림, 지학사, 천재교과서

도로에 설치된 안전장치 중 자동차의 속력을 줄여서 사고를 예방하는 것을 보기 에서 골라 기호를 쓰시오.

보기
㉠ 에어백   ㉡ 안전띠
㉢ 주차 표지판   ㉣ 과속 방지 턱

( )

19 ⊕ 9종 공통

다음 그림을 보고, 학교 주변에서 안전하게 행동한 사람을 찾아 기호를 쓰시오.

( )

20 ⊕ 9종 공통

도로 주변에서 어린이 교통안전을 위해 어른들이 지켜야 할 교통안전 수칙으로 옳지 않은 것을 보기 에서 골라 기호를 쓰시오.

보기
㉠ 학교 주변에서 안전운전을 한다.
㉡ 어린이가 통행하는 장소에서는 어린이가 길을 건널 때까지 기다린다.
㉢ 어린이 보호 구역에서 자동차를 운전할 때는 속력을 50 km/h 이상으로 한다.

( )

[1-2] 다음은 1초 간격으로 거리의 모습을 나타낸 것입니다. 물음에 답하시오.

1 동아, 아이스크림, 천재교과서, 천재교육

위에서 1초 동안 운동한 물체를 모두 고르시오.
(   )

① 나무   ② 자동차   ③ 자전거
④ 할머니   ⑤ 횡단보도

2 서술형 ● 9종 공통

위에서 운동한 물체와 운동하지 않은 물체의 다른 점을 쓰시오.

_____

_____

3 ● 9종 공통

다음 (   ) 안에 들어갈 알맞은 말끼리 옳게 짝 지어진 것은 어느 것입니까? (   )

> 물체의 운동은 물체가 이동하는 데 (㉠)와/과 (㉡)(으)로 나타낸다.

	㉠	㉡
①	걸린 시간	모양 변화
②	걸린 시간	이동 거리
③	걸린 시간	무게 변화
④	이용한 도구	이동 거리
⑤	이용한 도구	무게 변화

4 ● 9종 공통

로켓과 달팽이의 운동은 어떻게 다른지 비교한 것입니다. (   ) 안의 알맞은 말에 각각 ○표 하시오.

로켓

달팽이

> 로켓은 달팽이보다 ㉠(천천히, 빠르게) 운동하고, 달팽이는 로켓보다 ㉡(천천히, 빠르게) 운동한다.

5 ● 9종 공통

오른쪽 롤러코스터의 운동에 대해 옳게 말한 사람의 이름을 쓰시오.

- 일우: 일정한 빠르기로 운동해.
- 수진: 내리막길에서 점점 느려지고, 오르막길에서 점점 빨라져.
- 주홍: 내리막길에서 점점 빨라지고, 오르막길에서 점점 느려져.

(   )

6 동아, 금성, 미래엔, 아이스크림, 지학사, 천재교과서, 천재교육

빠르기가 변하는 운동을 하는 것의 기호를 쓰시오.

 ㉠

자동계단

 ㉡

비행기

(   )

7 ➕ 9종 공통

수영 경기에서 가장 빠른 선수를 정하는 방법입니다.
(   ) 안의 알맞은 말에 각각 ◯표 하시오.

> 모든 선수가 ㉠(다른, 같은) 출발선에서 출발 신호
> 에 따라 ㉡(동시에, 차례로) 출발했을 때 결승선
> 까지 이동하는 데 걸린 시간이 가장 ㉢(긴, 짧은)
> 선수가 가장 빠르다.

8 ➕ 9종 공통

다음 표는 50 m 달리기에 출전한 사람들의 기록을
나타낸 것입니다. 표를 보고 알 수 있는 사실을 두 가
지 고르시오. (   )

이름	걸린 시간	이름	걸린 시간
노영	10초 95	민지	11초 12
리아	9초 34	정아	10초 89
호석	10초 30	희수	11초 55

① 희수가 가장 빠르다.
② 노영이가 가장 느리다.
③ 민지는 정아보다 느리다.
④ 호석이가 두 번째로 빠르다.
⑤ 희수는 리아보다 빠르고, 노영이보다 느리다.

9 동아, 미래엔, 비상, 아이스크림, 지학사, 천재교육

같은 거리를 이동한 물체의 빠르기를 비교하는 방법
으로 옳은 것을 보기 에서 골라 기호를 쓰시오.

> **보기** ●
> ㉠ 물체의 무게로 비교한다.
> ㉡ 물체의 부피로 비교한다.
> ㉢ 물체가 이동하는 데 걸린 시간으로 비교한다.

(   )

4
단원

10 동아, 미래엔, 비상, 아이스크림, 지학사, 천재교육

같은 거리를 이동하여 빠르기를 비교하는 운동 경기
를 모두 고르시오. (   )

①
▲ 조정

②
▲ 양궁

③
▲ 마라톤

④
▲ 태권도

⑤
▲ 스피드 스케이팅

11 🔵 9종 공통

다음 세 가지 달리기 종목 기록 표를 보고 알 수 있는 사실을 옳게 말한 사람의 이름을 쓰시오.

(경기 시간: 10초)

종목	한 발로 뛰기	양발 이어 걷기	2인 3각 걷기
이동 거리	25 m	6 m	15 m

- 영후: 가장 빨랐던 종목은 2인 3각 걷기야.
- 수진: 가장 느렸던 종목은 양발 이어 걷기야.
- 경민: 세 가지 달리기 종목의 빠르기는 모두 같았어.

(   )

12 서술형 🔵 9종 공통

동시에 같은 곳에서 출발한 자동차와 고속 열차가 2시간 뒤 서로 다른 거리를 이동했습니다. 자동차와 고속 열차의 빠르기는 어떻게 비교해야 하는지 쓰시오.

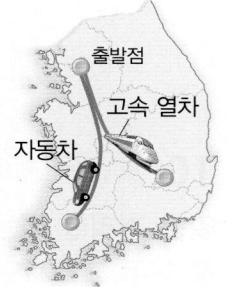

_____

_____

_____

13 🔵 9종 공통

다음은 같은 시각에 달리기를 시작해서 같은 시각에 달리기를 멈췄을 때 세 사람이 달린 거리입니다. 빠르게 달린 사람부터 순서대로 쓰시오.

- 은우가 달린 거리: 2.5 km
- 진수가 달린 거리: 2.8 km
- 현희가 달린 거리: 2.2 km

(   ) → (   ) → (   )

14 서술형 🔵 9종 공통

이동 거리와 걸린 시간이 모두 다른 물체의 빠르기는 속력으로 나타내어 비교합니다. 속력이란 무엇인지 쓰시오.

_____

_____

15 🔵 9종 공통

4시간 동안 360 km를 이동한 물체와 속력이 같은 물체는 어느 것입니까? (   )

① 1시간 동안 80 km를 이동한 물체
② 1시간 동안 90 km를 이동한 물체
③ 2시간 동안 120 km를 이동한 물체
④ 2시간 동안 220 km를 이동한 물체
⑤ 3시간 동안 360 km를 이동한 물체

16 ⊕ 9종 공통

다음에서 속력이 가장 빠른 물체는 어느 것입니까?
( )

① 배
② 자전거
③ 시내버스
④ 헬리콥터
⑤ 고속 열차

17 ⊕ 9종 공통

자동차의 속력이 클 때 생길 수 있는 위험을 <u>잘못</u> 말한 사람의 이름을 쓰시오.

- 정진: 충돌할 때 큰 충격이 가해져 피해가 커.
- 수영: 제동 장치를 밟으면 자동차가 바로 멈춰.
- 하늘: 운전자가 위험 상황에 바로 대처하기 어려워.
- 재서: 보행자가 접근하는 자동차를 쉽게 피할 수 없어 충돌 위험이 커져.

( )

18 ⊕ 9종 공통

도로에 설치된 안전장치끼리 옳게 짝 지은 것은 어느 것입니까? ( )

① 에어백, 신호등
② 신호등, 안전띠
③ 교통 표지판, 안전띠
④ 과속 방지 턱, 에어백
⑤ 어린이 보호 구역 표지판, 과속 방지 턱

19 동아, 미래엔, 비상, 아이스크림, 지학사, 천재교과서, 천재교육

도로 주변에서 어린이가 지켜야 할 교통안전 수칙으로 옳지 <u>않은</u> 것은 어느 것입니까? ( )

① 횡단보도를 건널 때 좌우를 살핀다.
② 길을 건너기 전에 자동차가 멈췄는지 확인한다.
③ 도로 주변에서는 공을 공 주머니에 넣고 다닌다.
④ 버스가 정류장에 도착할 때까지 인도에서 기다린다.
⑤ 신호등의 초록불이 켜지면 스마트 기기를 보면서 횡단보도를 건넌다.

20 서술형 ⊕ 9종 공통

교통경찰은 교통 안전사고가 일어나지 않도록 어떤 노력을 하는지 쓰시오.

_____

_____

평가 주제	빠르기가 변하는 운동과 빠르기가 일정한 운동, 같은 시간 동안 이동한 물체의 빠르기 비교하기
평가 목표	물체의 운동을 빠르기에 따라 구분할 수 있고, 같은 시간 동안 이동한 물체의 빠르기를 비교할 수 있다.

1 다음은 운동하는 물체의 빠르기에 대한 예시 문장입니다. 예시와 같이 (1), (2)의 빈칸에 들어갈 알맞은 말을 각각 써넣어 문장을 완성하시오.

롤러코스터

| 는 | 빠르기가 변하는 운동을 한다. | 왜냐하면 | 롤러코스터는 오르막길에서 점점 느려지고 내리막길에서는 점점 빨라지기 때문이다. |

(1)

움직이는 자동길

| 은 | 빠르기가 ( ) 운동을 한다. | 왜냐하면 | _____ _____ _____ 때문이다. |

(2)

이륙하는 비행기

| 는 | 빠르기가 ( ) 운동을 한다. | 왜냐하면 | _____ _____ _____ 때문이다. |

2 다음은 10초 동안 바람으로 움직이는 종이 자동차 경주를 한 기록입니다. 가장 빠른 종이 자동차를 만든 사람의 이름을 쓰시오.

출발선

민서가 만든 종이 자동차의 이동 거리: 53 cm

석호가 만든 종이 자동차의 이동 거리: 7 cm

기준이가 만든 종이 자동차의 이동 거리: 30 cm

( )

평가 주제	속력을 구하고 나타내는 방법, 교통안전 수칙 알아보기
평가 목표	속력을 구하여 물체의 빠르기를 서로 비교할 수 있고, 교통안전을 지키는 방법을 알 수 있다.

[1-2] 다음은 태풍에 대한 뉴스 속보입니다. 물음에 답하시오.

> 이번 ○호 태풍 ◇◇는 현재 남해 해상에서 시속 구십칠 킬로미터의 속력으로 빠르게 올라오고 있습니다. 주의하시기 바랍니다.

1 위 뉴스 속보에서 알 수 있는 태풍의 속력을 숫자와 단위를 포함하여 쓰시오.

(   )

2 다음은 3시간 동안 여러 가지 교통수단이 이동한 거리를 나타낸 것입니다. 위 태풍의 속력과 비교하여 빈칸에 들어갈 알맞은 교통수단을 모두 쓰시오.

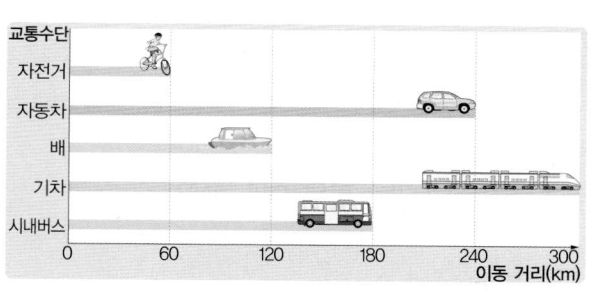

▲ 3시간 동안 여러 가지 교통수단이 이동한 거리

(1) 태풍보다 빠른 것	(2) 태풍보다 느린 것

3 다음 각 장소에서 우리가 지킬 수 있는 교통안전 수칙을 한 가지씩 쓰시오.

(1) 횡단보도	(2) 버스 정류장	(3) 도로 주변

✏️ 빈칸에 알맞은 답을 쓰세요.

1 묽은 염산은 투명한 용액입니까, 불투명한 용액입니까?

2 사이다는 냄새가 나는 용액입니까, 냄새가 나지 않는 용액입니까?

3 오른쪽 빨랫비누 물과 묽은 수산화 나트륨 용액을 '용액이 투명한가?'의 분류 기준으로 분류할 때 '그렇다.'로 분류할 수 있는 것은 무엇입니까?

4 어떤 용액에 넣었을 때 그 용액의 성질에 따라 색깔 변화가 나타나는 물질을 무엇이라고 합니까?

5 산성 용액과 염기성 용액 중 붉은색 리트머스 종이를 푸른색으로 변하게 하는 용액은 어느 것입니까?

6 달걀 껍데기와 삶은 달걀 흰자 중에서 묽은 염산에 넣었을 때 기포가 발생하면서 녹는 것은 어느 것입니까?

7 달걀 껍데기와 삶은 달걀 흰자 중에서 묽은 수산화 나트륨 용액에 넣었을 때 시간이 지나면서 녹아서 흐물흐물해지는 것은 어느 것입니까?

8 산성 용액과 염기성 용액 중에서 삶은 달걀 흰자와 두부를 녹이는 것은 무엇입니까?

9 산성과 염기성 중에서, 염기성 용액에 산성 용액을 계속 넣을수록 용액의 어떤 성질이 약해집니까?

10 생선을 손질한 도마를 닦아 내는 식초는 산성 용액입니까, 염기성 용액입니까?

● 정답과 풀이 30쪽

✏️ 빈칸에 알맞은 답을 쓰세요.

1 오른쪽과 같은 식초는 색깔이 있는 용액입니까, 색깔이 없는 용액입니까?

2 유리 세정제는 용액을 흔들었을 때 거품이 3초 이상 유지되는 용액 입니까, 유지되지 않는 용액입니까?

3 오른쪽 레몬즙과 석회수를 '용액의 색깔이 있는가?'의 분류 기준으로 분류할 때 '그렇다.'로 분류할 수 있는 것 은 무엇입니까?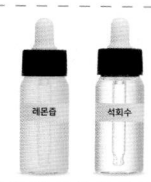

4 산성 용액과 염기성 용액 중 푸른색 리트머스 종이를 붉은색으로 변 하게 하는 것은 어느 것입니까?

5 산성 용액과 염기성 용액 중 페놀프탈레인 용액을 붉은색으로 변하 게 하는 것은 어느 것입니까?

6 대리암 조각과 두부 중에서 묽은 염산에 넣었을 때 아무런 변화가 없 는 것은 어느 것입니까?

7 대리암 조각과 두부 중에서 묽은 수산화 나트륨 용액에 넣었을 때 아 무런 변화가 없는 것은 어느 것입니까?

8 산성 용액과 염기성 용액 중 삶은 달걀 흰자와 두부를 녹이는 것은 어느 것입니까?

9 산성과 염기성 중에서 산성 용액에 염기성 용액을 계속 넣을수록 용 액의 어떤 성질이 약해집니까?

10 속이 쓰릴 때 먹는 제산제는 산성 용액입니까, 염기성 용액입니까?

5
단원

1 ➕ 9종 공통

다음 용액을 관찰한 결과를 보고, 관찰한 용액으로 알맞은 것을 보기 에서 골라 기호를 쓰시오.

- 냄새: 냄새가 난다.
- 투명한 정도: 투명하다.
- 색깔: 연한 노란색이다.
- 거품: 거품이 유지되지 않는다.

보기
ㄱ 식초   ㄴ 레몬즙
ㄷ 사이다   ㄹ 석회수

(   )

2 ➕ 9종 공통

용액을 관찰한 결과로 알맞은 것끼리 선으로 이으시오.

(1) 석회수 •   • ㄱ 불투명함.

(2) 유리 세정제 •   • ㄴ 투명하고 연한 푸른색임.

(3) 빨랫비누 물 •   • ㄷ 흔들었을 때 거품이 유지되지 않음.

3 ➕ 9종 공통

여러 가지 용액을 투명한 정도에 따라 다음과 같이 분류하였습니다. <u>잘못</u> 분류한 용액을 한 가지 골라 이름을 쓰시오.

투명함.	불투명함.
사이다, 식초, 석회수, 묽은 염산, 묽은 수산화 나트륨 용액	빨랫비누 물, 유리 세정제, 레몬즙

(   )

4 ➕ 9종 공통

여러 가지 용액을 다음과 같이 분류한 기준으로 알맞은 것에 ○표 하시오.

유리 세정제, 빨랫비누 물	식초, 레몬즙, 사이다, 묽은 염산, 묽은 수산화 나트륨 용액

(1) 투명한 것과 불투명한 것   (   )

(2) 흔들었을 때 거품이 3초 이상 유지되는 것과 유지되지 않는 것   (   )

5 서술형 ➕ 9종 공통

색깔, 냄새, 투명한 정도 등과 같은 겉보기 성질만으로 구분되지 않는 용액은 지시약을 이용하면 효과적으로 분류할 수 있습니다. 지시약이란 무엇인지 쓰시오.

_____

_____

6 ➕ 9종 공통

푸른색 리트머스 종이에 떨어뜨렸을 때 리트머스 종이를 붉은색으로 변하게 하는 용액으로 알맞은 것을 두 가지 고르시오. (   )

① 석회수   ② 레몬즙
③ 묽은 염산   ④ 유리 세정제
⑤ 묽은 수산화 나트륨 용액

7 ➕ 9종 공통

붉은색 리트머스 종이를 푸른색으로 변하게 하는 용액에 페놀프탈레인 용액을 떨어뜨렸을 때 나타나는 변화로 옳은 것을 보기 에서 골라 기호를 쓰시오.

> **보기**
> ㉠ 페놀프탈레인 용액의 색깔이 변하지 않는다.
> ㉡ 페놀프탈레인 용액의 색깔이 붉은색으로 변한다.
> ㉢ 페놀프탈레인 용액의 색깔이 푸른색으로 변한다.

(   )

8 ➕ 9종 공통

붉은 양배추 지시약을 만드는 과정의 순서대로 기호를 쓰시오.

> ㈎ 붉은 양배추를 가위로 잘게 잘라 비커에 담는다.
> ㈏ 붉은 양배추를 우려낸 용액을 충분히 식혀 거른다.
> ㈐ 비커에 붉은 양배추가 잠길 정도로 뜨거운 물을 붓는다.

(   ) → (   ) → (   )

9 ➕ 9종 공통

여러 가지 용액에 붉은 양배추 지시약을 떨어뜨렸을 때의 결과로 옳은 것을 두 가지 고르시오. (   )

① 식초: 푸른색 계열의 색깔로 변한다.
② 레몬즙: 노란색 계열의 색깔로 변한다.
③ 묽은 염산: 붉은색 계열의 색깔로 변한다.
④ 유리 세정제: 푸른색이나 노란색 계열의 색깔로 변한다.
⑤ 묽은 수산화 나트륨 용액: 붉은색 계열의 색깔로 변한다.

10 서술형 ➕ 9종 공통

붉은 양배추 지시약을 이용하여 여러 가지 용액을 구분할 수 있는 까닭은 무엇인지 쓰시오.

_____

_____

5 단원

11 ➕ 9종 공통

다음 보기 의 용액을 산성 용액과 염기성 용액으로 모두 분류하여 각각 기호를 쓰시오.

보기
㉠ 식초   ㉡ 레몬즙
㉢ 석회수   ㉣ 사이다
㉤ 빨랫비누 물   ㉥ 유리 세정제

(1) 산성 용액: (   )

(2) 염기성 용액: (   )

12 ➕ 9종 공통

묽은 염산과 묽은 수산화 나트륨 용액에 대리암 조각을 넣었을 때에 대한 설명으로 옳은 것은 어느 것입니까? (   )

	묽은 염산	묽은 수산화 나트륨 용액
①	아무런 변화가 없음.	대리암이 녹음.
②	대리암이 녹음.	용액이 뿌옇게 흐려짐.
③	아무런 변화가 없음.	아무런 변화가 없음.
④	용액이 뿌옇게 흐려짐.	대리암이 녹음.
⑤	대리암 표면에 기포가 생김.	아무런 변화가 없음.

13 ➕ 9종 공통

용액 ㈎와 용액 ㈏가 담긴 비커에 각각 삶은 달걀 흰자를 넣었을 때의 결과를 보고, 각 용액이 산성 용액과 염기성 용액 중 어느 것에 해당하는지 쓰시오.

• 용액 ㈎에 넣은 삶은 달걀 흰자는 시간이 지나면서 녹아 흐물흐물해졌다.
• 용액 ㈏에 넣은 삶은 달걀 흰자는 아무런 변화가 없었다.

(1) 용액 ㈎: (   )

(2) 용액 ㈏: (   )

14 ➕ 9종 공통

다음 (   ) 안에 들어갈 용액으로 알맞은 것을 두 가지 고르시오. (   )

달걀 껍데기를 (   )이/가 담긴 비커에 넣으면 아무런 변화가 없다.

① 레몬즙   ② 사이다
③ 묽은 염산   ④ 유리 세정제
⑤ 빨랫비누 물

[15-16] 다음 실험을 보고, 물음에 답하시오.

㈎ 삼각 플라스크에 묽은 염산 20 mL를 넣고, 붉은 양배추 지시약을 열 방울 떨어뜨린다.
㈏ ㈎의 삼각 플라스크에 묽은 수산화 나트륨 용액을 5 mL씩 여섯 번 넣으면서 지시약의 색깔 변화를 관찰한다.

15 ➕ 9종 공통

위 실험 결과, 붉은 양배추 지시약의 색깔 변화 과정을 보기 에서 골라 순서대로 기호를 쓰시오.

보기
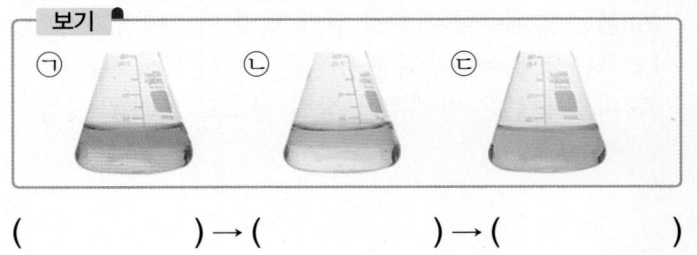
㉠   ㉡   ㉢

(   ) → (   ) → (   )

16 ⊕ 9종 공통

앞 실험에서 지시약의 색깔 변화를 통해 알 수 있는 사실은 무엇입니까? (   )

① 산성 용액에 염기성 용액을 넣을수록 산성이 점점 강해진다.
② 산성 용액에 염기성 용액을 넣을수록 산성이 점점 약해진다.
③ 염기성 용액에 산성 용액을 넣을수록 염기성이 점점 강해진다.
④ 염기성 용액에 산성 용액을 넣을수록 염기성이 점점 약해진다.
⑤ 산성 용액에 염기성 용액을 넣을수록 지시약의 세기가 강해진다.

[17-18] 다음은 구연산과 제빵 소다의 성질을 알아보는 실험입니다. 물음에 답하시오.

㉮ 구연산과 제빵 소다를 각각 물에 녹인 용액을 각각 푸른색 리트머스 종이와 붉은색 리트머스 종이에 묻혀 색깔 변화를 관찰한다.
㉯ 구연산과 제빵 소다를 각각 물에 녹인 용액을 담은 비커에 각각 페놀프탈레인 용액을 떨어뜨려 색깔 변화를 관찰한다.

17 ⊕ 9종 공통

위 실험 결과를 정리한 것으로 옳지 <u>않은</u> 것을 두 가지 골라 기호를 쓰시오.

구분	리트머스 종이의 색깔 변화		페놀프탈레인 용액의 색깔 변화
	푸른색 리트머스 종이	붉은색 리트머스 종이	
구연산	㉠ 붉은색으로 변함.	㉡ 변화가 없음.	㉢ 붉은색으로 변함.
제빵 소다	㉣ 변화가 없음.	㉤ 푸른색으로 변함.	㉥ 변화가 없음.

(   )

18 서술형 ⊕ 9종 공통

앞 실험 결과로 알 수 있는 구연산과 제빵 소다의 성질을 쓰시오.

_____

_____

19 ⊕ 9종 공통

우리 생활에서 산성 용액을 이용하는 경우에 '산성', 염기성 용액을 이용하는 경우에 '염기성'을 쓰시오.

(1)
▲ 변기용 세제로 변기 청소하기
(   )

(2)
▲ 속이 쓰릴 때 제산제 먹기
(   )

(3)
▲ 생선을 손질한 도마를 식초로 닦아 내기
(   )

20 서술형 ⊕ 9종 공통

염산이 누출된 사고 현장에 소석회를 뿌리는 까닭을 쓰시오.

_____

_____

5
단원

[1-4] 다음 점적병에 담긴 여러 가지 용액을 보고, 물음에 답하시오.

1 ⊕ 9종 공통

위 빨랫비누 물을 관찰한 내용으로 옳은 것에 ○표, 옳지 <u>않은</u> 것에 ×표 하시오.

(1) 투명하다.   (   )

(2) 하얀색이다.   (   )

(3) 냄새가 난다.   (   )

(4) 흔들었을 때 거품이 3초 이상 유지된다.   (   )

2 ⊕ 9종 공통

위 용액 중 식초, 유리 세정제, 석회수의 공통점으로 옳은 것을 보기 에서 골라 기호를 쓰시오.

> **보기**
> ㉠ 투명하다.
> ㉡ 색깔이 있다.
> ㉢ 냄새가 나지 않는다.
> ㉣ 흔들었을 때 거품이 유지되지 않는다.

(   )

3 ⊕ 9종 공통

위 용액을 두 무리로 분류하는 기준으로 알맞지 <u>않은</u> 것을 보기 에서 골라 기호를 쓰시오.

> **보기**
> ㉠ 용액이 투명한가?
> ㉡ 용액의 색깔이 예쁜가?
> ㉢ 용액에서 냄새가 나는가?
> ㉣ 용액을 흔들었을 때 거품이 3초 이상 유지되는가?

(   )

4 ⊕ 9종 공통

용액을 다음과 같이 두 무리로 분류했을 때의 분류 기준으로 알맞은 것을 앞 **3번** 보기 에서 골라 기호를 쓰시오.

| 식초, 레몬즙, 유리 세정제, 사이다, 빨랫비누 물, 묽은 염산 | 석회수, 묽은 수산화 나트륨 용액 |

(   )

5 ⊕ 9종 공통

지시약에 대해 <u>잘못</u> 말한 사람의 이름을 쓰시오.

- 창환: 지시약에는 리트머스 종이, 페놀프탈레인 용액 등이 있어.
- 규리: 지시약은 어떤 용액에 넣었을 때에 그 용액의 투명한 정도에 따라 냄새가 변하는 물질이야.

(   )

6 ● 9종 공통

붉은색 리트머스 종이를 푸른색으로 변하게 하는 용액끼리 옳게 짝 지은 것은 어느 것입니까? (   )

① 식초, 레몬즙, 사이다
② 유리 세정제, 식초, 묽은 염산
③ 묽은 염산, 석회수, 빨랫비누 물
④ 묽은 수산화 나트륨 용액, 사이다, 레몬즙
⑤ 석회수, 빨랫비누 물, 묽은 수산화 나트륨 용액

7 서술형 ● 9종 공통

유리 세정제를 푸른색 리트머스 종이와 붉은색 리트머스 종이에 각각 한두 방울씩 떨어뜨렸을 때 리트머스 종이의 색깔 변화를 쓰시오.

(1) 푸른색 리트머스 종이: _____

_____

(2) 붉은색 리트머스 종이: _____

_____

8 ● 9종 공통

페놀프탈레인 용액을 붉은색으로 변하게 하는 용액을 리트머스 종이에 떨어뜨렸을 때 리트머스 종이의 색깔 변화로 옳은 것은 어느 것입니까? (   )

	붉은색 리트머스 종이	푸른색 리트머스 종이
①	변화가 없음.	붉은색으로 변함.
②	푸른색으로 변함.	변화가 없음.
③	푸른색으로 변함.	노란색으로 변함.
④	노란색으로 변함.	붉은색으로 변함.
⑤	변화가 없음.	변화가 없음.

9 ● 9종 공통

다음 중 붉은 양배추 지시약을 붉은색 계열의 색깔로 변하게 하는 것은 어느 것입니까? (   )

① 사이다   ② 석회수
③ 유리 세정제   ④ 빨랫비누 물
⑤ 묽은 수산화 나트륨 용액

10 ● 9종 공통

여러 가지 용액에 붉은 양배추 지시약을 떨어뜨렸을 때 용액의 색깔이 다르게 나타나는 까닭으로 옳은 것에 ○표 하시오.

(1) 용액의 끈끈한 정도가 다르기 때문이다.   (   )

(2) 용액과 붉은 양배추 지시약이 서로 섞여 무게가 달라지기 때문이다.   (   )

(3) 용액이 가진 성질에 따라 붉은 양배추 지시약에 들어 있는 물질이 서로 다른 색깔을 나타내기 때문이다.
(   )

5 단원

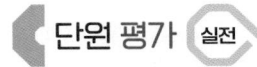
11 ➕ 9종 공통

다음 ( ) 안에 들어갈 알맞은 내용을 보기 에서 골라 기호를 쓰시오.

산성 용액에서는 ( ).

보기

㉠ 푸른색 리트머스 종이의 변화가 없다.
㉡ 붉은색 리트머스 종이가 푸른색으로 변한다.
㉢ 붉은 양배추 지시약이 붉은색 계열의 색깔로 변한다.
㉣ 붉은 양배추 지시약이 푸른색이나 노란색 계열의 색깔로 변한다.

( )

12 ➕ 9종 공통

묽은 수산화 나트륨 용액에 달걀 껍데기를 넣었을 때 나타나는 변화로 옳은 것은 어느 것입니까? ( )

① 아무런 변화가 없다.
② 달걀 껍데기가 점점 두꺼워진다.
③ 달걀 껍데기 표면에서 기포가 발생한다.
④ 껍데기가 녹아서 사라지고 막만 남는다.
⑤ 달걀 껍데기가 녹으면서 용액이 붉은색으로 변한다.

13 서술형 ➕ 9종 공통

산성 용액과 염기성 용액에 삶은 달걀 흰자를 넣었을 때 나타나는 변화를 각각 쓰시오.

(1) 산성 용액: _____

_____

(2) 염기성 용액: _____

_____

14 ➕ 9종 공통

묽은 염산에 넣었을 때 기포가 발생하는 것을 보기 에서 두 가지 골라 기호를 쓰시오.

보기

㉠ 두부 ㉡ 달걀 껍데기
㉢ 대리암 조각 ㉣ 삶은 달걀 흰자

( )

15 ➕ 9종 공통

다음은 어떤 용액이 담긴 비커에 두부를 넣었을 때 볼 수 있는 변화입니다. 어떤 용액으로 알맞은 것은 무엇입니까? ( )

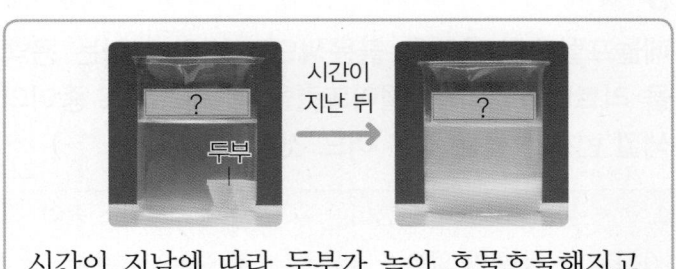

시간이 지남에 따라 두부가 녹아 흐물흐물해지고, 용액이 뿌옇게 흐려졌다.

① 식초 ② 사이다
③ 레몬즙 ④ 묽은 염산
⑤ 묽은 수산화 나트륨 용액

16 ⊕ 9종 공통

대리암으로 만들어진 석탑에 유리 보호 장치를 하는 까닭을 보기 에서 골라 기호를 쓰시오.

보기 ●
㉠ 더 아름답게 보이기 위해서이다.
㉡ 산성 물질이 닿으면 녹을 수 있기 때문이다.
㉢ 염기성을 띤 빗물에 훼손될 수 있기 때문이다.

(   )

[17-18] 다음 실험 과정을 보고, 물음에 답하시오.

㈎ 삼각 플라스크에 묽은 수산화 나트륨 용액 20 mL 를 넣고, 붉은 양배추 지시약을 열 방울 떨어뜨린다.
㈏ ㈎의 삼각 플라스크에 묽은 염산을 5 mL씩 여섯 번 넣으면서 지시약의 색깔 변화를 관찰한다.

17 ⊕ 9종 공통

위 실험 결과, 삼각 플라스크 속 용액의 색깔 변화로 옳은 것을 보기 에서 골라 기호를 쓰시오.

보기 ●
㉠ 노란색 → 푸른색 → 붉은색
㉡ 붉은색 → 분홍색 → 보라색 → 노란색
㉢ 분홍색 → 붉은색 → 보라색 → 푸른색

(   )

18 서술형 ⊕ 9종 공통

앞 실험 결과, 삼각 플라스크 속 용액의 색깔 변화 과정을 통해 알 수 있는 사실을 다음 단어를 모두 사용하여 쓰시오.

산성 용액, 염기성 용액

_____

_____

19 ⊕ 9종 공통

다음과 같이 물에 녹인 제빵 소다를 리트머스 종이에 묻혔을 때의 결과를 보고, 물에 녹인 제빵 소다가 산성 용액인지, 염기성 용액인지 쓰시오.

물에 녹인 제빵 소다   리트머스 종이

▲ 붉은색 리트머스 종이가 푸른색으로 변했다.

▲ 푸른색 리트머스 종이가 변하지 않았다.

(   )

20 ⊕ 9종 공통

우리 생활에서 염기성 용액을 이용하는 예가 아닌 것을 두 가지 골라 기호를 쓰시오.

㉠ 욕실 청소에 쓰는 표백제
㉡ 속이 쓰릴 때 먹는 제산제
㉢ 생선을 손질한 도마를 닦는 식초
㉣ 변기를 청소할 때 사용하는 변기용 세제
㉤ 하수구가 막혔을 때 사용하는 하수구 세정제

(   )

평가 주제	산성 용액과 염기성 용액의 성질, 산성 용액과 염기성 용액을 이용하는 예 알아보기
평가 목표	산성 용액과 염기성 용액의 성질, 우리 생활에서 산성 용액과 염기성 용액을 이용하는 예를 알 수 있다.

[1-2] 오른쪽은 산성 용액에 달걀 껍데기를 넣었을 때 볼 수 있는 모습입니다. 물음에 답하시오.

1 위에서 볼 수 있는 변화로 다음 ( ) 안에 들어갈 알맞은 말에 ○표 하시오.

> 산성 용액에 달걀 껍데기를 넣으면 (불꽃, 기포)이/가 발생하면서 껍데기가 녹는다.

2 산성 용액에 넣었을 때 위와 같은 변화를 볼 수 있는 물질로 알맞은 것을 오른쪽 보기 에서 두 가지 골라 기호를 쓰시오.

> 보기
> ㉠ 두부   ㉡ 조개껍데기
> ㉢ 대리암 조각   ㉣ 삶은 달걀 흰자

(   )

3 산성을 띠는 얼룩과 때를 제거하고, 머리카락으로 막힌 하수구를 청소하는 데 쓰는 하수구 세정제를 유리 막대를 이용하여 리트머스 종이에 각각 묻힌 뒤, 색깔 변화를 관찰했습니다. 옳은 것에 각각 ○표 하시오.

(1) 푸른색 리트머스 종이는 (변화가 없다, 붉은색으로 변한다).
(2) 붉은색 리트머스 종이는 (변화가 없다, 푸른색으로 변한다).

4 우리 생활에서 위 **3**번 하수구 세정제와 같은 성질의 용액을 이용하는 예를 한 가지 쓰시오.

_____

_____

동아출판

초고필로
중학교 성적이
바뀐다!

초등 고학년을 위한 중학교 필수 영역 초고필

국어

비문학 독해 1·2 / 문학 독해 1·2 / 국어 어휘 / 국어 문법

수학

유리수의 사칙연산 / 방정식 / 도형의 각도

한국사

한국사 1권 / 한국사 2권

초등학교   학년   반   번   이름

평가북

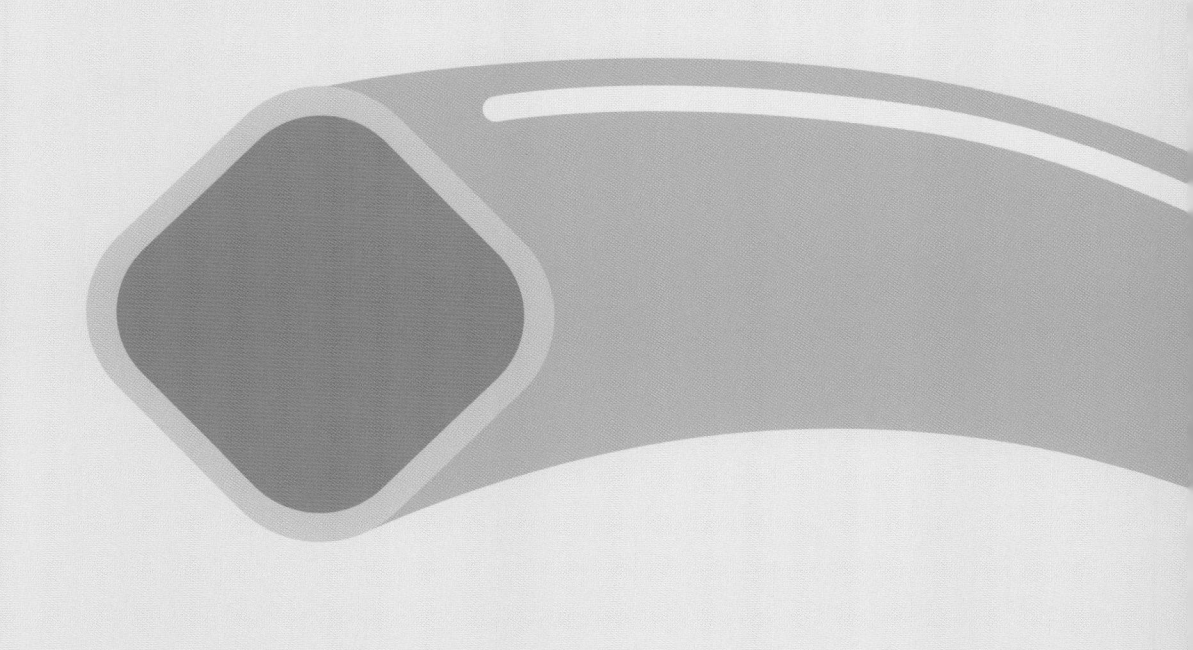

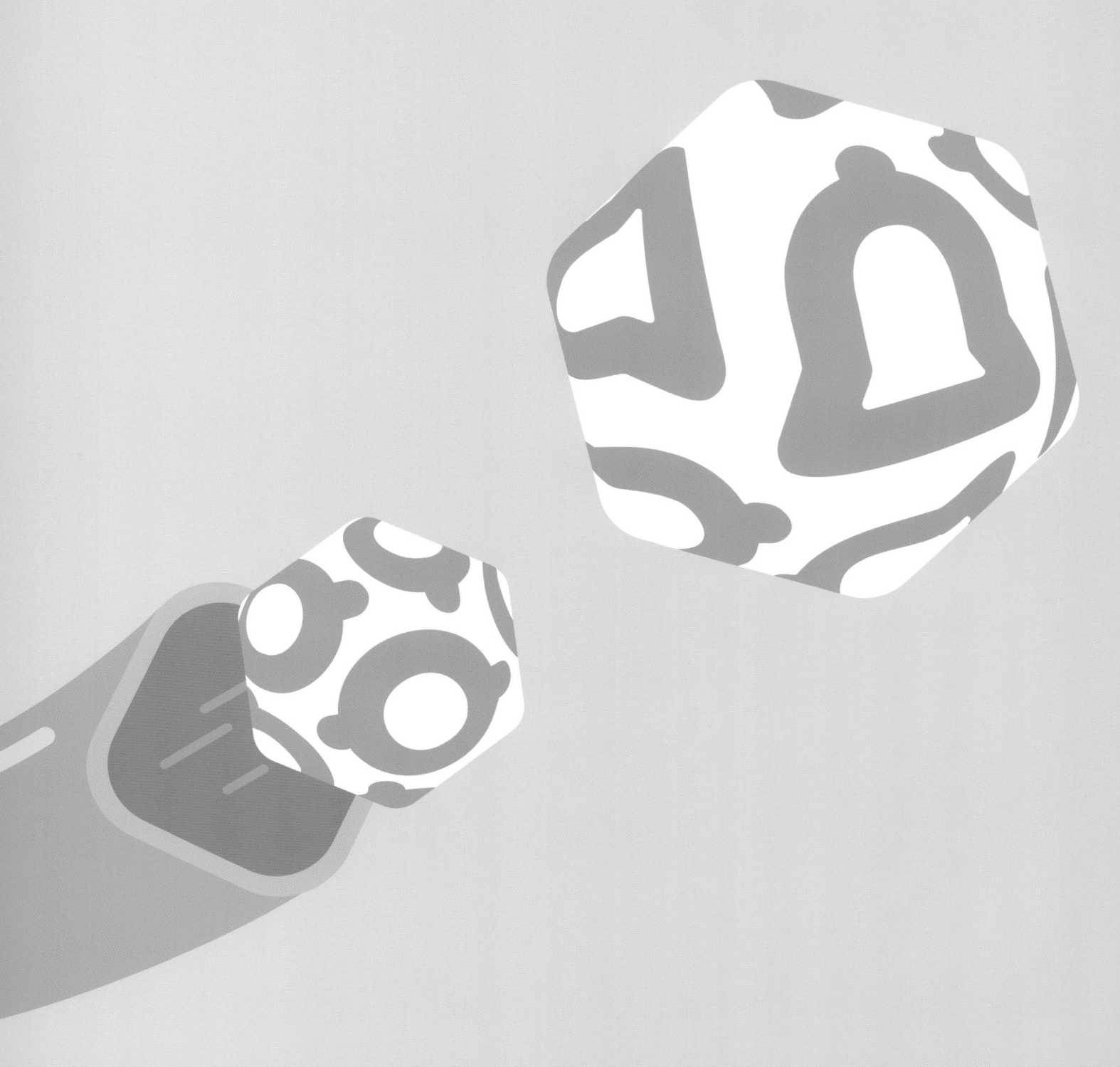

백점

과학 5·2

친절한 해설북

- 한눈에 보이는 **정확한 답**
- 한번에 이해되는 **자세한 풀이**

동아출판

친절한 해설북 구성과 특징

1 해설로 개념 다시보기
- 문제와 관련된 해설을 다시 한번 확인하면서 학습 내용에 대해 깊이 있게 이해할 수 있습니다.

2 서술형 채점 TIP
- 서술형 문제 풀이에는 채점 기준과 채점 TIP을 구체적으로 제시하고 있습니다.

차례

백점 과학 빠른 정답

QR코드를 찍으면 **정답과 해설**을 쉽고 빠르게 확인할 수 있습니다.

모바일
빠른 정답

1. 재미있는 나의 탐구

◎ 재미있는 과학 탐구

| 8쪽~9쪽 | 문제 학습 |

1 (1) ○ **2** ㉡ **3** (1) ○ (2) ○ **4** 하준 **5** ㉡
6 예 앞쪽에 클립을 끼워 약간 무겁게 합니다. 앞쪽을 더 무거운 고리로 바꿔 봅니다. **7** ㉢ **8** ①
9 ㉠, ㉡, ㉢, ㉣, ㉤ **10** (1) × (2) ○ (3) ○ **11**
예 다른 모둠의 발표를 주의 깊게 듣고 궁금한 점, 더 알고 싶은 점 등을 질문합니다. **12** ㉠ 탐구 계획하기 ㉡ 탐구 실행하기

1 대화와 관련하여 탐구 문제로 가장 알맞은 것은 '선풍기 바람의 세기'와 관련된 것입니다.

2 탐구 문제는 스스로 탐구할 수 있는 문제여야 하고, 탐구 준비물을 쉽게 구할 수 있어야 합니다. 간단한 검색을 통해 정답을 알 수 있거나 너무 어려워서 해결할 수 없는 탐구 문제는 정하지 않습니다.

3 탐구에 필요한 준비물 또한 탐구 계획을 세울 때 빠짐없이 생각해야 합니다.

4 탐구 계획에 따라 탐구를 실행하면서 얻는 결과를 표나 그래프 등의 탐구 결과물로 만들어 봅니다.

5 탐구를 실행하는 동안 문제점이 생겼을 경우, 문제가 생긴 원인을 찾고 그것을 해결할 수 있는 과학적인 방법을 생각하여 계속 보완해 나가야 합니다.

6 앞의 고리가 위로 들리는 문제점이므로, 앞부분의 무게를 약간 무겁게 하는 보완 방법이 필요합니다.

채점 tip 알맞은 보완 방법 한 가지를 쓰면 정답으로 합니다.

7 탐구 결과를 발표할 때 동영상이나 사진 등 컴퓨터를 활용하거나 전시회, 역할놀이 등 다양한 방법으로 듣는 사람을 쉽게 이해시킬 수 있습니다.

8 탐구 결과 발표 자료를 만들 때 가장 먼저 탐구를 하여 만든 것, 발생한 문제점과 보완 방법 등 탐구한 내용을 떠올린 후, 탐구한 내용을 쉽게 전달할 수 있는 발표 방법과 발표 자료의 종류를 정합니다.

9 탐구 결과 발표 자료에는 탐구 문제, 탐구 장소, 역할 나누기, 탐구로 알게 된 것, 더 알아보고 싶은 것뿐만 아니라 준비물, 탐구 시간, 탐구 순서, 탐구 결과 등이 들어가야 합니다.

10 탐구 결과를 발표할 때는 천천히, 바르게, 분명한 말투로 말합니다.

11 다른 모둠의 탐구 결과 발표를 들을 때에는 발표 내용을 주의 깊게 듣도록 하고 발표자를 바라보면서 바른 자세로 들으며, 비웃거나 소란스럽게 하지 않습니다. 또 잘한 점과 보완해야 할 점 등을 생각해 보고 궁금한 점이나 더 알고 싶은 점을 질문합니다.

채점 tip 다른 모둠의 발표를 들을 때 주의해야 할 점을 한 가지 옳게 쓰면 정답으로 합니다.

12 궁금한 점을 생각한 후에 탐구 문제를 정하고, 탐구 계획을 세웁니다. 세운 탐구 계획에 따라 탐구를 실행하며, 발표 자료를 만들어 탐구 결과를 발표하는 순서로 탐구를 진행합니다. 이후에 새로운 탐구 문제를 정하여 계속 새로운 탐구를 할 수도 있습니다.

◎ 신나는 과학 탐구

| 12쪽 | 문제 학습 |

1 ㉢ **2** 예 고무 동력 수레의 고무줄을 많이 감을수록 고무 동력 수레가 더 멀리 이동할 것입니다.
3 ③ **4** (1) ○ (2) ○ **5** 자료 변환 **6** 재롬

1 궁금한 점이 고무 동력 수레의 이동 거리와 관련이 있으므로, 이를 해결할 수 있는 탐구 문제를 설정해야 합니다.

2 가설은 탐구 문제를 정하고 탐구 결과를 미리 예상해 보는 것을 말합니다.

채점 tip 고무 동력 수레를 더 멀리 이동시킬 수 있는 방법과 관련지은 가설을 한 가지 옳게 쓰면 정답으로 합니다.

3 변인 통제를 하지 않으면 어떤 조건이 실험 결과에 영향을 주었는지 확인하기 어렵습니다.

4 탐구 문제를 해결하기 위한 실험을 할 때에는 다르게 할 조건과 같게 해야 할 조건 등 변인 통제에 유의하면서 계획한 실험 과정에 따라 실험을 해야 합니다.

5 자료 변환의 형태에는 표, 막대그래프, 꺾은선 그래프, 원그래프 등이 있습니다. 자료 변환을 하면 자료의 특징과 실험 결과의 특징을 쉽게 이해할 수 있습니다.

6 실험 결과가 가설과 다르다면 가설을 수정하여 탐구를 다시 시작합니다.

2. 생물과 환경

① 생태계, 생태계를 이루는 요소

16쪽~17쪽 문제 학습

1 생물 **2** 사막 **3** 비생물 **4** 생산자 **5** 양분 **6** 생태계 **7** ㉡, ㉢ **8** (1) ㉡ (2) ㉡ (3) ㉠ (4) ㉠ **9** (1) ㉢, ㉤, ㉦, ㉧ (2) ㉠, ㉡, ㉣, ㉥ **10** ㉢ **11** (1) ㉡ (2) ㉢ (3) ㉠ **12** (1) ○ **13** 소영 **14** 예 생태계를 구성하는 생물 요소는 양분을 얻는 방법에 따라 생산자, 소비자, 분해자로 분류할 수 있습니다.

6 지구에는 규모가 작은 생태계와 규모가 큰 생태계 등 다양한 생태계가 있습니다.

7 물은 비생물 요소, 개구리는 생물 요소입니다. 생태계는 생물 요소와 비생물 요소를 모두 포함합니다.

8 생태계를 구성하는 요소인 흙과 온도는 비생물 요소, 붕어와 소는 생물 요소입니다.

9 생물 요소는 생태계를 이루는 요소 중 동물이나 식물 등과 같이 살아 있는 것입니다. 비생물 요소는 물, 흙, 돌, 공기, 햇빛 등과 같이 살아 있지 않은 것입니다.

10 소금쟁이와 같이 다른 생물을 먹이로 하여 양분을 얻는 생물을 소비자라고 합니다.

11 배추와 같이 햇빛을 이용하여 스스로 양분을 만드는 생물을 생산자, 곰팡이와 같이 죽은 생물이나 배출물을 분해하여 양분을 얻는 생물을 분해자, 배추흰나비와 같이 다른 생물을 먹이로 하여 양분을 얻는 생물을 소비자라고 합니다.

12 곰팡이와 세균은 분해자입니다.

13 사과나무와 같은 식물은 햇빛을 이용하여 스스로 양분을 만드는 생산자로 분류할 수 있습니다.

14 생태계를 구성하는 생물 요소는 양분을 얻어야만 살아갈 수 있으며, 양분을 얻는 방법이 서로 다릅니다.

채점 기준	상	양분을 얻는 방법에 따라 생산자, 소비자, 분해자로 생물 요소를 분류할 수 있다는 내용을 모두 포함하여 쓴 경우
	중	양분을 얻는 방법, 생산자, 소비자, 분해자 중에서 2개 이하의 요소만 포함하여 쓴 경우
	하	생산자, 소비자, 분해자 중에서 1개만 포함하여 쓴 경우

② 생물 요소의 먹이 관계, 생태계 평형

20쪽~21쪽 문제 학습

1 생물 **2** 먹이 사슬 **3** 먹이 그물 **4** 1차 **5** 생태계 평형 **6** 먹이 사슬 **7** 벼, 메뚜기, 개구리 **8** 먹이 그물 **9** 태민 **10** ㉢ **11** 예 먹이 사슬은 생물들의 먹고 먹히는 관계가 한 방향으로만 연결되었지만, 먹이 그물은 여러 방향으로 연결되었습니다. **12** 최종 **13** 하린

6 토끼는 토끼풀을 먹고, 늑대는 토끼를 먹는 것과 같이 생물들의 먹고 먹히는 관계가 사슬처럼 연결되어 있는 것을 먹이 사슬이라고 합니다.

7 메뚜기는 벼를 먹고, 개구리는 메뚜기를 먹습니다.

8 생태계에서 먹고 먹히는 먹이 관계가 사슬처럼 연결되어 있는 것을 먹이 사슬이라고 하고, 여러 개의 먹이 사슬이 얽혀 그물처럼 연결되어 있는 것을 먹이 그물이라고 합니다.

9 생태계에서 여러 개의 먹이 사슬이 복잡하게 얽혀 그물처럼 연결되어 있는 것을 먹이 그물이라고 합니다.

10 먹이 사슬은 한 방향으로만 연결되고 먹이 그물은 여러 방향으로 연결되지만, 생물들의 먹고 먹히는 관계가 나타난다는 공통점이 있습니다.

11 먹이 그물은 여러 개의 먹이 사슬이 복잡하게 얽혀 그물처럼 연결되어 있는 것이므로 먹이 사슬보다 여러 방향으로 연결되어 있습니다.

채점 tip 먹이 사슬은 한 방향으로 연결되었고, 먹이 그물은 여러 방향으로 연결되었다는 내용을 포함하여 옳게 쓰면 정답으로 합니다.

12 생산자를 먹이로 하는 생물을 1차 소비자, 1차 소비자를 먹이로 하는 생물을 2차 소비자, 마지막 단계의 소비자를 최종 소비자라고 합니다.

13 생태계 평형이 깨지면 원래대로 회복하는 데 오랜 시간이 걸리고 많은 노력이 필요합니다. 심한 경우에는 원래 상태로 돌아가지 못하기도 합니다.

개념 다시 보기

생태계 평형이 깨지는 까닭
- 특정 생물의 수나 양이 갑자기 늘거나 줄어드는 경우
- 산불, 홍수, 가뭄, 지진 등 자연 재해가 일어나는 경우
- 댐, 도로, 건물 등의 건설로 자연이 파괴되는 경우

❸ 비생물 요소가 생물에 미치는 영향

24쪽~25쪽   문제 학습

1 햇빛 **2** 물 **3** 온도 **4** 흙 **5** 공기 **6** (1) ㉠ (2) ㉢ **7** 햇빛 **8** 성윤 **9** ㉠ 햇빛(물) ㉡ 물(햇빛) **10** ㉠ **11** 물 **12** 햇빛 **13** 온도 **14** 예 식물은 흙에서 자라는 데 필요한 물과 양분을 얻으므로, 흙이 없으면 민들레가 잘 자라지 못할 것입니다.

6 햇빛이 잘 드는 곳에 놓아두고 물을 준 콩나물은 떡잎과 떡잎 아래 몸통이 초록색으로 변하고 길고 굵게 자라며, 초록색 본잎이 생깁니다. 어둠상자로 덮어 놓은 콩나물은 떡잎이 노란색이고 떡잎 아래 몸통이 길게 자라며, 노란색 본잎이 나옵니다.

7 햇빛이 잘 드는 곳에 놓아두고 물을 준 콩나물의 떡잎과 떡잎 아래 몸통이 초록색으로 변한 것에 비교하여 어둠상자로 덮어 놓고 물을 준 콩나물은 떡잎이 노란색이므로, 햇빛에 의해 떡잎이 노란색에서 초록색으로 변했다는 것을 알 수 있습니다.

8 어둠상자로 덮어 놓고 물을 주지 않은 콩나물은 떡잎의 색은 그대로이지만 시들었습니다.

9 햇빛이 잘 드는 곳에 놓아두고 물을 준 콩나물이 가장 잘 자란 것을 통해 콩나물과 같은 식물이 자라는 데 햇빛과 물이 영향을 준다는 것을 알 수 있습니다.

10 씨가 싹 트는 데에는 적당한 온도와 충분한 물이 필요합니다. 따라서 교실에 두고 물을 준 무씨에서만 싹이 틉니다.

11 물은 생물이 생명을 유지하는 데 꼭 필요한 비생물 요소로, 사람의 몸을 구성하는 성분 중에서 가장 많은 양을 차지합니다.

12 햇빛은 성장과 생활에도 필요한 비생물 요소입니다.

13 가을에 나뭇잎의 색깔이 변하는 것은 비생물 요소인 온도가 낮아질 때 나타나는 현상입니다.

14 흙은 식물이 살아가는 터전이기도 합니다.

채점 기준	상	식물이 살아가는 터전이다 또는 식물은 흙에서 자라는 데 필요한 물과 양분을 얻는다는 내용을 이유로 들어 흙이 없으면 민들레가 잘 자라지 못할 것이라는 내용으로 모두 옳게 쓴 경우
	중	흙이 없으면 민들레가 잘 자라지 못한다고 썼지만 그렇게 생각한 까닭을 부족하게 쓴 경우
	하	흙이 없으면 민들레가 잘 자라지 못한다고만 쓴 경우

❹ 생물의 적응, 환경 오염이 생물에 미치는 영향

28쪽~29쪽   문제 학습

1 예 빛, 온도, 물 **2** 적응 **3** 사람 **4** 대기(공기) **5** 생태 통로 **6** 생김새를 통한 적응 **7** 예 나뭇가지가 많은 환경에서 몸을 보호하기에 유리하도록 생김새가 적응하였습니다. **8** 공벌레 **9** 환경 오염 **10** 대기 오염 **11** (1) ㉠ (2) ㉡ **12** ㉠ **13** ㉠, ㉡, ㉢ **14** (1) ○

6 사막에 사는 여우와 북극에 사는 여우는 생김새를 통해 각 서식지에서 살아남기에 유리한 모습으로 적응되었습니다.

7 대벌레는 가늘고 긴 생김새를 통해 나뭇가지가 많은 환경에서 눈에 띄지 않아 새 등의 천적에게 몸을 숨기기 유리하도록 생김새가 적응했습니다.

채점 tip 생김새를 통해 몸을 숨기기 유리하도록 적응하였다는 내용으로 옳게 쓰면 정답으로 합니다.

8 공벌레는 몸을 공처럼 둥글게 오므리는 행동을 통해 적의 공격으로부터 몸을 보호하기에 유리하게 적응하였습니다.

9 환경이 오염되면 그곳에 사는 생물의 종류와 수가 줄어들고, 심지어 생물이 멸종되기도 합니다.

10 황사나 미세 먼지로 대기(공기)가 오염되면 동물의 호흡 기관에 이상이 생기거나 병에 걸릴 수 있습니다.

11 생활 속에서 쓰레기를 많이 발생시키거나 농약이나 비료를 지나치게 많이 사용하면 토양(흙)이 오염되고, 공장에서 흘려 보내는 폐수나 가정의 생활 하수 등은 수질(물)을 오염시키는 원인이 됩니다. 이밖에도 대기 오염(공기 오염)은 자동차의 배기가스, 공장의 매연 등이 원인이 됩니다.

12 환경 오염은 사람들의 활동으로 자연환경이나 생활 환경이 더럽혀지거나 훼손되는 것으로, 환경이 오염되면 그 지역의 생태계 평형이 깨질 수도 있습니다.

13 음식물 쓰레기 남기기, 일회용품 많이 사용하기, 샴푸 많이 사용하기 등 우리의 생활로 인해 환경이 오염되면 생태계의 여러 생물에게 해로운 영향을 줍니다.

14 생태계 보전을 위해 냉장고 문은 자주 열었다 닫지 않으며 가까운 거리는 걷거나 자전거로 이동합니다.

BOOK ❶ 개념북

2 단원

30쪽~31쪽 **교과서 통합 핵심 개념**

❶ 생물 ❷ 생태계 ❸ 양분 ❹ 먹이 그물
❺ 평형 ❻ 온도 ❼ 적응 ❽ 환경 오염

32쪽~34쪽 **단원 평가 ❶회**

1 탐희 **2** ㉢, ㉣, ㉫ **3** ㉠ 공기 ㉡ 물 **4** ④
5 세균, ㉫ 세균은 죽은 생물이나 배출물을 분해하여 양분을 얻습니다. **6** ㉢ **7** ④ **8** ㉫ 먹이 사슬은 생물들의 먹이 관계가 한 줄(한 방향)로만 연결되지만, 먹이 그물은 여러 개의 먹이 사슬이 복잡하게 얽혀 그물처럼 여러 방향으로 연결됩니다. **9** 생태계 평형 **10** ㉢ **11** 햇빛 **12** ⑤ **13** ㉢ **14** 토양(흙) 오염, ㉫ 생물이 살 곳을 잃고, 지하수가 오염되어 동물에게 질병을 일으킬 수 있습니다. **15** ㉠, ㉡, ㉢

1 생태계는 어떤 장소에서 서로 영향을 주고받는 생물과 생물 주변의 환경 전체를 말합니다. 생물은 동물과 식물처럼 살아 있는 것이고, 주변의 환경이란 공기, 햇빛, 물처럼 살아 있지 않은 비생물 요소를 의미합니다.

2 ㉠ 물, ㉡ 흙, ㉫ 온도는 살아 있지 않은 것이므로 비생물 요소입니다.

3 비생물 요소인 공기는 생물 요소가 호흡을 할 수 있게 해 줍니다. 비생물 요소인 물이 없으면 연못이나 바다에서 사는 생물 요소는 물론 물을 마시며 살아가는 생물 요소 전체가 살 수 없을 것입니다.

4 생태계를 구성하는 생물 요소는 양분을 얻는 방법에 따라 생산자, 소비자, 분해자로 분류할 수 있습니다.

5 수련, 튤립, 은행나무는 스스로 양분을 만드는 생물인 생산자입니다. 세균은 분해자입니다.

채점 기준	상	양분을 얻는 방법이 다른 생물로 세균을 쓰고, 죽은 생물이나 배출물을 분해하여 양분을 얻는다는 내용으로 모두 옳게 쓴 경우
	중	양분을 얻는 방법이 다른 생물로 세균을 썼지만 세균이 양분을 얻는 방법을 부족하게 쓴 경우
	하	양분을 얻는 방법이 다른 생물로 세균만 옳게 쓴 경우

6 ㉠ 곰팡이와 세균은 분해자에 속합니다. ㉡ 소비자는 생태계의 생물 요소에 해당합니다. ㉢ 생산자인 식물을 먹는 소비자를 1차 소비자라고 합니다.

7 벼, 메뚜기, 개구리, 매의 먹이 사슬 순서는 메뚜기는 벼를 먹고, 개구리는 메뚜기를 먹으며, 매가 개구리를 먹는 순서로 연결되어야 합니다.

8 여러 개의 먹이 사슬이 복잡하게 얽혀 먹이 그물을 형성합니다.

채점 기준	상	먹이 사슬은 한 줄(한 방향)로 연결되지만 먹이 그물은 여러 개의 먹이 사슬이 복잡하게 얽혀 그물처럼 여러 방향으로 연결된다고 모두 옳게 쓴 경우
	중	먹이 사슬과 먹이 그물의 차이점을 예로 들어 썼지만 조금 부족하게 쓴 경우
	하	먹이 그물은 여러 개의 먹이 사슬이 복잡하게 얽혀 그물처럼 연결되어 있는 것이라고만 쓴 경우

9 특정 생물의 수나 양이 갑자기 늘어나거나 줄어들면 생태계 평형이 깨지기도 합니다. ⑤의 내용은 생태계 평형에 대한 것입니다.

10 어둠상자로 덮어 햇빛을 가린 콩나물은 떡잎이 노란색이지만, 물을 주었기 때문에 떡잎 아래 몸통이 길게 자랐습니다.

11 햇빛은 식물이 양분을 만들고 동물이 물체를 보는 데 필요한 비생물 요소이며, 동물의 번식 시기에도 영향을 줍니다.

12 얼음과 눈은 주로 하얀색이기 때문에 얼음과 눈이 많은 서식지에서는 털 색깔이 하얀색인 동물이 눈에 잘 띄지 않으므로 적의 공격으로부터 몸을 보호하기에 유리합니다.

13 고슴도치의 가시는 적의 공격으로부터 몸을 보호하기에 유리하게 적응한 것입니다. 밤송이의 가시도 밤을 먹는 동물에게서 밤을 보호하기 위해 적응한 것입니다.

14 식물에 오염 물질이 점점 쌓여 식물을 먹는 다른 생물들에게 나쁜 영향을 미칠 수도 있습니다.

채점 기준	상	토양(흙) 오염이라고 쓰고, 토양(흙) 오염이 생물에게 미칠 수 있는 영향 한 가지를 모두 옳게 쓴 경우
	중	토양(흙) 오염이라는 용어 없이 토양(흙) 오염이 생물에게 미칠 수 있는 영향만 옳게 쓴 경우
	하	발생할 수 있는 환경 오염으로 토양(흙) 오염만 옳게 쓴 경우

15 ㉣ 생태계 보전이 필요한 곳은 자연 생태계 보전 지역이나 국립 공원으로 지정하여 보호해야 합니다.

35쪽~37쪽 단원 평가 **2**회

1 ⓒ   2 (1) 소금쟁이, 수련, 붕어, 연꽃, 개구리, 부들 (2) 온도, 물   3 규진   4 ㉠ 구절초 ㉡ 토끼 ㉢ 곰팡이   5 ⑨ 죽은 생물과 생물의 배출물이 분해되지 않아 지독한 냄새가 날 것입니다.   6 개구리   7 ①   8 ⑨ 벼 → 다람쥐 → 뱀 → 매   9 ⑤   10 ⑨ 콩나물 떡잎의 색이 노란색이고, 콩나물이 시들었습니다.   11 (1) 공기 (2) 흙   12 ⑤   13 주완   14 (1) ㉣ (2) ⑨ 오염된 공기 때문에 동물의 호흡 기관에 이상이 생기거나 병에 걸릴 수 있습니다.   15 ①

1   생태계는 어떤 장소에서 서로 영향을 주고받는 생물과 생물 주변의 환경 전체를 말합니다. 따라서 동물과 식물처럼 살아 있는 생물뿐만 아니라 공기, 물, 온도, 햇빛, 돌 등과 같은 비생물 요소도 포함합니다.

2   생물 요소는 동물과 식물처럼 살아 있는 것이고, 비생물 요소는 온도, 물, 햇빛 등과 같이 살아 있지 않은 것입니다.

3   생물 요소인 식물에게는 햇빛, 물과 같은 비생물 요소가 꼭 필요합니다. 비생물 요소인 흙이 없으면 산이나 들의 민들레와 소나무가 살기 힘듭니다.

4   구절초는 햇빛을 받아 스스로 양분을 만드는 생산자이고, 토끼는 다른 생물을 먹이로 하여 양분을 얻는 소비자이며, 곰팡이는 죽은 생물이나 배출물을 분해하여 양분을 얻는 분해자입니다.

5   생태계에서 분해자가 모두 사라진다면 떨어진 낙엽 등이 썩지 않고 계속 쌓일 것입니다.

채점 기준	상	죽은 생물과 생물의 배출물이 분해되지 않았을 때 일어날 수 있는 일 등과 연관지어 분해자가 사라졌을 때 일어날 수 있는 일을 옳게 쓴 경우
	중	생태계 평형이 깨진다는 내용으로 쓴 경우
	하	버섯을 먹을 수 없을 것이라는 등의 단순한 내용으로 쓴 경우

6   벼는 생산자, 메뚜기는 벼를 먹는 1차 소비자, 개구리는 메뚜기를 먹는 2차 소비자, 뱀은 최종 소비자입니다.

7   화살표의 방향으로 볼 때 옥수수는 토끼가 먹기도 하고, 나방 애벌레가 먹기도 하는 것을 알 수 있습니다.

8   벼 → 토끼, 벼 → 나방 애벌레 → 참새 → 매, 벼 → 메뚜기 → 다람쥐 → 뱀 등 벼에서 시작하는 다양한 먹이 사슬을 찾을 수 있습니다.

9   산불, 홍수, 가뭄, 지진, 태풍 등과 같은 자연적인 요인뿐만 아니라 댐, 도로, 건물을 건설하는 등의 인위적인 요인 때문에 생태계 평형이 깨지기도 합니다.

10   어둠상자로 덮어 햇빛을 가리고 물을 주지 않은 콩나물은 떡잎 색이 노란색이고, 떡잎 아래 몸통이 매우 가늘어졌으며 시들은 것을 볼 수 있습니다.

> **채점 tip** 떡잎의 색이 노란색이고 콩나물이 시들었다는 내용으로 쓰면 정답으로 합니다.

개념 다시 보기

햇빛과 물이 콩나물의 자람에 미치는 영향 알아보기

햇빛이 잘 드는 곳		어둠상자로 덮어 놓은 것	
물을 준 것	물을 주지 않은 것	물을 준 것	물을 주지 않은 것

➡ 햇빛이 잘 드는 곳에서 물을 준 콩나물이 가장 잘 자랐습니다.

11   공기가 없으면 생물이 숨을 쉴 수 없고, 흙이 없으면 식물이 살아가기 힘들 것입니다.

12   ① 생물이 사는 곳은 서식지라고 합니다. ③ 생물 간의 먹고 먹히는 관계는 먹이 사슬이나 먹이 그물로 나타낼 수 있습니다. ④ 어떤 장소에서 생물이 다른 생물을 비롯한 생물을 둘러싼 환경과 상호 작용하는 것을 생태계라고 합니다.

13   쓰레기나 생활 하수, 공장 폐수, 농약이나 비료의 지나친 사용, 공장의 매연 등으로 환경이 오염됩니다.

14   대기(공기)가 오염되면 깨끗하고 선명한 하늘을 보기 어려워지며, 이산화 탄소 등이 많이 배출되어 지구의 평균 온도가 높아지고 동식물의 서식지가 파괴되기도 합니다.

채점 기준	상	(1)에 ㉣을 쓰고, (2)에 대기 오염이 생물에게 미치는 영향을 모두 옳게 쓴 경우
	중	(2)만 옳게 쓴 경우
	하	(1)만 옳게 쓴 경우

15   생태 하천이나 국립 공원 등을 지정하여 자연 환경이 훼손되는 것을 방지할 수 있습니다.

BOOK **1**

2 단원

1 ㉠ **예** 햇빛을 받아 스스로 양분을 만듭니다.
㉡ **예** 다른 생물을 먹이로 하여 양분을 얻습니다.
㉢ **예** 죽은 생물이나 배출물을 분해하여 양분을 얻습니다. ㉣ 나무, 풀 ㉤ 매, 노루, 호랑이, 거미, 토끼, 다람쥐, 개구리, 잠자리, 뱀 ㉥ 세균, 곰팡이
2 먹이 사슬, **예** 풀 → 토끼 → 뱀 → 매

1 생태계의 생물 요소는 양분을 얻는 방법에 따라 생산자, 소비자, 분해자의 세 무리로 분류할 수 있습니다.

채점 기준	상	㉠~㉥을 모두 옳게 쓴 경우
	중	㉠~㉥ 중 4가지 이상을 옳게 쓴 경우
	하	㉠~㉥ 중 3가지 이하로 옳게 쓴 경우

2 생물들의 먹고 먹히는 관계가 사슬처럼 연결되어 있는 것을 먹이 사슬이라고 하며, 생물 요소의 먹고 먹히는 관계는 먹히는 쪽에서 먹는 쪽으로 화살표를 그어 표현할 수 있습니다.
[그 외 다양한 답]
• 잠자리 → 거미 → 개구리 → 뱀
• 다람쥐 → 뱀 → 매
• 풀 → 노루 → 호랑이

1 (1) ㉡ (2) **예** 물이 더러워지고 좋지 않은 냄새가 나며, 물고기가 오염된 물을 먹고 죽거나 모습이 이상해지기도 합니다.
2 ㉠ ㈏ ㉡ ㈎ ㉢ ㈐
3 (1) ㈏ (2) **예** 자전거에서는 배기가스가 나오지 않으므로, 공기가 오염되는 것을 줄일 수 있습니다.

1 공장에서 나온 폐수를 강이나 바다로 흘려 보내면 물을 오염시키므로, 폐수를 정화하는 시설을 만들어 그곳에서 처리해야 합니다.

채점 기준	상	(1)에 ㉡을 고르고, (2)에 수질 오염이 생물에게 미치는 영향을 모두 옳게 쓴 경우
	중	(1)에 ㉡을 옳게 골랐지만 (2)를 부족하게 쓴 경우
	하	(1)에 ㉡만 옳게 고른 경우

환경 오염의 직접적인 원인

토양 오염	생활 쓰레기, 농약이나 비료의 지나친 사용 등이 원인임.
수질 오염	공장 폐수, 생활 하수, 기름 유출 사고 등이 원인임.
대기 오염	자동차의 배기가스, 공장의 매연 등이 원인임.

2 하수 처리 시설을 만드는 것은 수질 오염을 줄이기 위한 방법, 가까운 거리는 자전거를 타는 것은 대기 오염을 줄이기 위한 방법, 쓰레기를 분리하여 배출하는 것은 토양 오염을 줄이기 위한 방법입니다.

3 ㈎ 하수 처리 시설을 만들면 오염된 물을 정화할 수 있습니다. ㈐ 쓰레기를 분리하여 배출하면 플라스틱, 유리, 종이 등을 재활용할 수 있어 쓰레기 양도 줄이고 자원도 아낄 수 있습니다.

채점 기준	상	(1)에서 고른 생태계 보전 방법과 연관지어 (2)에 (1)에서 고른 방법이 생태계 보전에 도움이 되는 점을 모두 옳게 쓴 경우
	중	(1)에서 고른 생태계 보전 방법과 연관지어 (2)에 (1)에서 고른 방법이 생태계 보전에 도움이 되는 점을 부족하게 쓴 경우
	하	(1)과 (2) 중에서 한 가지만 쓴 경우

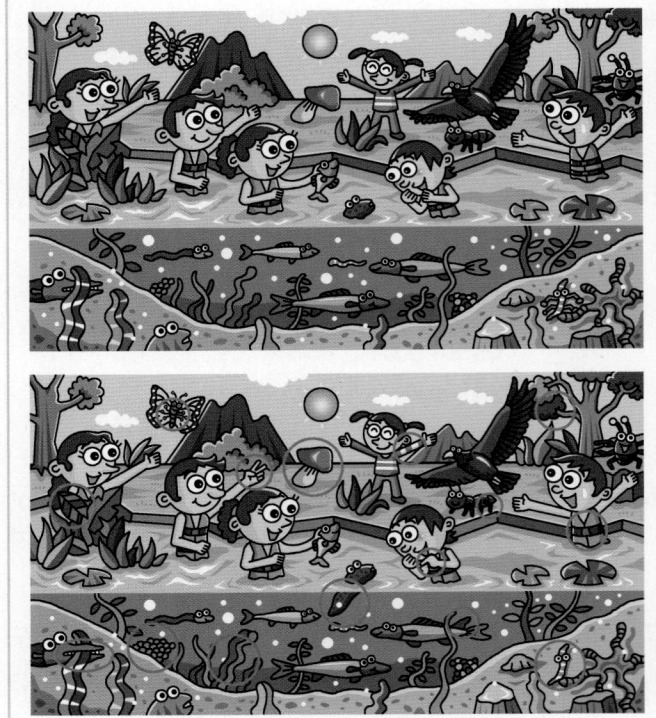

3. 날씨와 우리 생활

① 습도가 우리 생활에 미치는 영향

44쪽~45쪽 문제 학습

> **1** 수증기 **2** %(퍼센트) **3** 높 **4** 낮 **5** 예 높일
> **6** 습도 **7** ㉡ **8** 76 **9** 습도표 **10** ㉡
> **11** (1) 예 빨래가 잘 마르지 않습니다. (2) 예 제습기나 제습제를 사용합니다. **12** (2) ○ (3) ○ **13** (1) ㉡ (2) ㉠, ㉢

6 공기 중에 수증기가 포함된 정도를 습도라고 하며, 숫자에 단위인 %(퍼센트)를 붙여서 나타냅니다.

7 알코올 온도계의 액체샘을 헝겊으로 감싼 뒤에 헝겊의 아랫부분이 물에 잠기도록 한 온도계가 습구 온도계입니다.

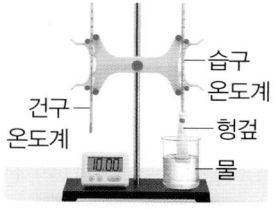
건구 온도계
습구 온도계
헝겊
물

8 제시된 표를 습도표라고 하며, 이를 이용해서 습도를 구합니다. 세로줄의 건구 온도 23 ℃와 가로줄의 건구 온도와 습구 온도의 차인 3 ℃(23 ℃ − 20 ℃ = 3 ℃)가 만나는 지점인 76 %가 현재 습도입니다.

9 습도표는 세로줄에서 건구 온도를 찾고, 가로줄에서 건구 온도와 습구 온도의 차를 찾아 현재 습도를 구할 때 사용합니다.

10 습도가 높을 때는 곰팡이가 잘 피고 빨래가 잘 마르지 않습니다.

11 습도가 높을 때는 습기를 없앨 수 있는 제습기나 제습제를 사용하거나 바람이 잘 통하게 합니다.

채점 기준	상	(1)에 세균이 쉽게 번식하고 음식물이 부패하기 쉽다. 빨래가 잘 마르지 않는다. 곰팡이가 잘 핀다. 등과 같이 습도가 높을 때 나타날 수 있는 현상 한 가지를 쓰고, (2)에 제습기나 제습제를 사용한다. 바람이 잘 통하게 한다는 등 습도를 낮출 수 있는 방법을 모두 옳게 쓴 경우
	중	(1)을 옳게 썼지만 (2)는 조금 부족하게 쓴 경우
	하	(1), (2) 중 한 가지만 옳게 쓴 경우

12 (1) 낮은 습도는 피부를 건조하게 합니다. (4) 습도가 높을 때 과자나 김이 빨리 눅눅해집니다.

13 우리는 일상 생활에서 다양한 방법으로 습도를 조절할 수 있습니다. 가습기를 사용하거나 물을 끓이는 것도 습도를 높이는 방법입니다.

② 이슬과 안개, 그리고 구름

48쪽~49쪽 문제 학습

> **1** 응결 **2** 낮 **3** 수증기 **4** 구름 **5** 이슬
> **6** 응결 **7** 이슬 **8** ③ **9** 예 공기 중의 수증기가 차가운 물체의 표면에 닿아 응결하여 나타나는 현상입니다. **10** (2) ○ **11** 안개 **12** ㉠ 이슬 ㉡ 안개 ㉢ 구름 **13** ㉠

6 집기병 주변에 있던 공기 중의 수증기가 얼음과 물로 인해 차가워진 집기병 표면에서 응결하여 물방울로 맺히기 때문에 집기병 표면이 뿌옇게 흐려지고 작은 물방울이 맺힙니다.

7 밤에 기온이 낮아지면 공기 중의 수증기가 차가워진 나뭇가지나 풀잎 등에 응결하여 물방울로 맺히는데 이것을 이슬이라고 합니다.

8 차가운 주스가 담긴 컵 주변에 있는 공기 중의 수증기가 차가운 주스 컵 표면에 응결하여 물방울로 맺히는 것은 자연에서 볼 수 있는 이슬이 만들어지는 현상과 비슷합니다.

9 응결이란 공기 중의 수증기가 물방울로 변하는 현상을 말합니다.

> **채점 tip** 공기 중의 수증기가 차가운 물체의 표면에 닿아서 응결하여 나타나는 현상이라는 내용으로 쓰면 정답으로 합니다.

10 플라스틱 통 안에 있던 따뜻한 수증기가 위에 올려놓은 반구의 얼음과 물 때문에 차가워져 응결하여 작은 물방울이 되어 떠 있기 때문에 플라스틱 통 안이 뿌옇게 흐려집니다.

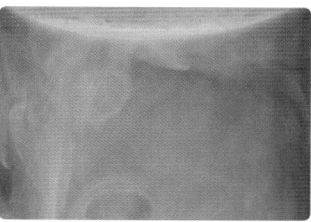
▲ 플라스틱 통 안의 모습

11 플라스틱 통 안의 수증기가 차가워져 응결하여 떠 있는 것은 자연에서 안개가 만들어지는 과정과 비슷합니다.

12 이슬, 안개, 구름은 공통적으로 공기 중의 수증기가 응결하여 나타나는 현상이지만 만들어지는 위치가 서로 다릅니다.

13 물가에 핀 안개는 공기 중의 수증기가 응결하여 지표면 근처에 떠 있는 것으로 이슬과 가장 관련이 적습니다.

BOOK ① 개념북

3 단원

❸ 비와 눈이 내리는 과정

52쪽~53쪽 문제 학습

1 구름   **2** 비   **3** 수증기   **4** 예 아래로 떨어집니다   **5** 눈   **6** (2) ✕   **7** 막아   **8** 소정   **9** 비   **10** (1) ㉡ (2) ㉠   **11** ㉢   **12** 예 비는 구름 속 작은 물방울이 합쳐지고 커지면서 무거워져 떨어지거나, 크고 무거워진 얼음 알갱이가 녹아서 떨어지는 것입니다.   **13** ㉢

6 구름이 없어 하늘이 맑고 파란 것은 맑은 날의 모습입니다.

7 빨대의 한쪽 끝을 화장지로 말아 고정한 뒤, 화장지에 세제를 묻혀 비커에 돌려 가며 바릅니다.

8 비커의 뜨거운 물이 증발하여 생긴 수증기가 얼음물이 담긴 투명 반구 아랫부분에서 응결하여 물방울이 맺힙니다. 이 물방울들이 합쳐지고 커져서 떨어지는 모습을 볼 수 있습니다.

9 투명 반구에 맺힌 물방울이 합쳐지고 무거워져 떨어지는 것처럼, 구름 속 작은 물방울이 합쳐지면서 무거워지면 비가 되어 내립니다.

10 물방울이 스펀지 구멍에 모여서 합쳐지면서, 커진 물방울이 아래로 떨어지는 모습을 볼 수 있습니다.

11 물방울이 합쳐져 크기가 커지고, 커진 물방울이 아래로 떨어지는 모습을 볼 수 있습니다. 합쳐지기 전 물방울은 구름을 이루는 작은 물방울을 의미하고, 떨어지는 물방울은 비를 의미합니다.

12 구름은 공기 중의 수증기가 높은 하늘에서 응결하여 생성된 것으로, 작은 물방울이나 얼음 알갱이로 이루어져 있습니다.

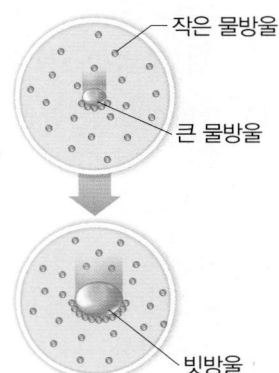

작은 물방울

큰 물방울

빗방울

채점 tip 구름 속 작은 물방울이 합쳐지고 커지면서 무거워서 떨어지거나 얼음 알갱이가 녹아서 떨어지는 것이라는 내용으로 옳게 쓰면 정답으로 합니다.

13 ㉢ 비가 내리다가 찬 공기를 통과하면서 얼어서 생긴 것을 '언비'라고 하며, 이것은 눈과 다릅니다.

❹ 고기압과 저기압

56쪽~57쪽 문제 학습

1 낮   **2** 높   **3** 기압   **4** 고   **5** 저   **6** ③   **7** (1) ㈏ (2) ㈎   **8** 지우   **9** ⑤   **10** ㉠   **11** (1) <   (2) 예 같은 부피에 공기의 양이 많을수록 공기는 무거워지고 기압이 높아지므로, ㉡이 ㉠보다 기압이 더 높습니다.   **12** ㉠ 고기압 ㉡ 저기압

6 같은 부피일 때 온도에 따른 공기의 무게를 비교하는 실험입니다.

7 부피가 일정할 때 얼음물에 넣은 플라스틱 통의 무게가 따뜻한 물에 넣은 플라스틱 통보다 더 무겁습니다.

8 공기에는 무게가 있으며, 같은 부피일 때 차가운 공기가 따뜻한 공기보다 무겁습니다.

9 공기는 눈에 보이지 않지만 무게가 있으며, 공기의 무게 때문에 생기는 힘을 기압이라고 합니다.

> **개념 다시 보기**
>
> **공기의 무게를 알아보는 실험**
> - 감압 용기를 이용하여 공기를 빼낸 후와 공기를 빼내기 전의 무게를 비교해 봅니다.
> - 감압 용기의 공기를 빼내기 전과 비교하여 빼낸 후의 무게가 줄어들었습니다.
>
>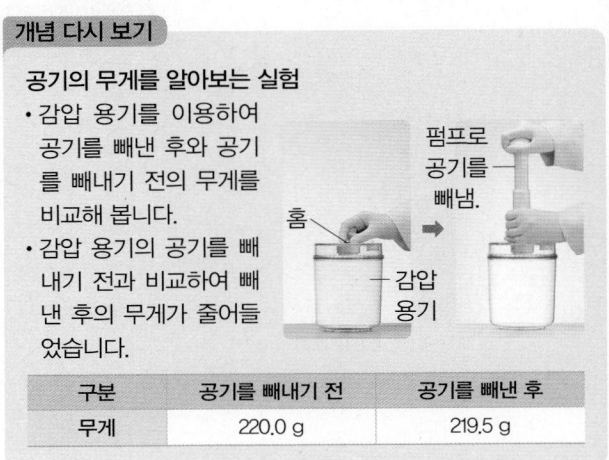
>
> 홈 · 감압 용기 · 펌프로 공기를 빼냄.
>
> | 구분 | 공기를 빼내기 전 | 공기를 빼낸 후 |
> |---|---|---|
> | 무게 | 220.0 g | 219.5 g |

10 일정한 부피에 공기의 양이 더 많을수록 공기는 무거워지고, 기압은 높아집니다. 이를 고기압이라고 합니다.

11 기압은 공기의 무게 때문에 생기는 힘이므로 무거운 쪽의 공기의 양이 더 많고, 기압도 더 높습니다.

채점 기준		
	상	(1)에 <를 표시하고, (2)에 ㉡이 ㉠보다 기압이 더 높다는 내용으로 모두 옳게 쓴 경우
	중	(1)에 <를 표시하고, (2)에 ㉡이 ㉠보다 기압이 더 높다는 내용을 조금 부족하게 쓴 경우
	하	(1)에 <만 옳게 표시한 경우

12 주위보다 상대적으로 온도가 낮고 기압이 높은 곳을 고기압, 상대적으로 온도5가 높고 기압이 낮은 곳을 저기압이라고 합니다.

⑤ 바람이 부는 방향, 우리나라의 계절별 날씨

1 바람   **2** 해   **3** 높   **4** 겨울   **5** 날씨   **6** ➡
7 바람   **8** 태희   **9** ⑤   **10** ㉠ 고기압 ㉡ 저기압   **11** ⑴ ㉡, ㉯ ⑵ ㉠, ㉮   **12** ㉢   **13** ⑩ 여름에는 남동쪽의 따뜻하고 습한 공기 덩어리의 영향을 받고, 겨울에는 북서쪽의 차갑고 건조한 공기 덩어리의 영향을 받기 때문입니다.

6 이웃한 어느 두 지점 사이에 서로 공기의 양이 다를 때, 상대적으로 공기의 양이 많은 ㉠에서 상대적으로 공기의 양이 적은 ㉡으로 공기가 이동합니다.

7 공기의 양이 많은 곳은 고기압, 공기의 양이 적은 곳은 저기압입니다. 이와 같이 기압의 차이 때문에 공기가 수평 방향으로 이동하는 것을 바람이라고 합니다.

8 기압이 높은 곳에서 기압이 낮은 곳으로 공기가 이동하면서 바람이 생깁니다.

9 향 연기가 데우지 않은 찜질팩이 있는 곳에서 따뜻하게 데운 찜질팩이 있는 곳으로 이동하는 모습은 자연 현상의 바람과 비슷합니다.

10 상대적으로 온도가 낮은 지역의 공기는 고기압이 되고 상대적으로 온도가 높은 지역의 공기는 저기압이 됩니다. 이웃한 두 지역 사이에 기압 차가 생기면 공기는 고기압에서 저기압으로 이동합니다.

11 바닷가에서 맑은 날 낮에는 바다에서 육지로 바람이 불고, 이를 해풍이라고 합니다. 밤에는 바람이 육지에서 바다로 불며 이를 육풍이라고 합니다.

12 우리나라는 봄과 가을철에 남서쪽의 따뜻하고 건조한 공기 덩어리의 영향을 받습니다.

13 대륙에서 이동해 오는 공기 덩어리는 건조하고, 바다에서 이동해 오는 공기 덩어리는 습기가 많은 성질이 있습니다. 또 북쪽에서 이동해 오는 공기 덩어리는 차갑고 남쪽에서 이동해 오는 공기 덩어리는 따뜻합니다.

채점기준	상	여름과 겨울 날씨에 영향을 미치는 두 공기 덩어리의 성질을 모두 옳게 쓴 경우
	중	두 공기 덩어리의 성질을 조금 부족하게 쓴 경우
	하	여름과 겨울 날씨에 영향을 미치는 두 공기 덩어리 중 한 개의 공기 덩어리의 성질만 옳게 쓴 경우

❶ 습도   ❷ 이슬   ❸ 구름   ❹ 응결   ❺ 고기압   ❻ 저기압   ❼ 바람   ❽ 여름   ❾ 겨울

1 72   **2** ⑤   **3** ㉠   **4** 이슬, ⑩ 차가운 물이 든 컵 표면의 물방울은 자연 현상인 이슬과 같이 공기 중의 수증기가 차가운 물체(컵)의 표면에 닿아 응결하여 생성된 것입니다.   **5** 윤미   **6** ⑴ 안개 ⑵ 구름   **7** ㉢, ㉡, ㉮   **8** 눈   **9** ⑩ 같은 부피일 때, 차가운 공기는 따뜻한 공기보다 공기의 양이 많기 때문입니다.   **10** ㉠ 물 ㉡ 모래   **11** ㉢   **12** ㉡   **13** ㉣   **14** ⑩ ㉣ 공기 덩어리는 남동쪽에서 이동해 오며 따뜻하고 습한 성질이 있습니다.   **15** ㉠

1 세로줄의 건구 온도가 29 ℃일 때, 가로줄의 건구 온도와 습구 온도의 차인 4 ℃가 만나는 지점의 72 %가 현재 습도입니다.

2 습도가 높으면 빨래가 잘 마르지 않고 곰팡이가 피기 쉬우며, 음식이 부패하기 쉽습니다.

3 습도가 높을 때 옷장이나 신발장 속에 제습제를 넣어 두면 습도를 낮출 수 있습니다.

4 이슬은 공기 중의 수증기가 차가운 물체의 표면에 닿아 응결하여 나타나는 현상입니다.

채점기준	상	이슬을 고르고, 공기 중의 수증기가 차가운 물체의 표면에 응결하여 생긴 것이라는 내용을 모두 포함하여 옳게 쓴 경우
	중	이슬을 고르고, 공기 중의 수증기가 응결하여 생긴 것이라는 내용으로 이슬의 생성 위치를 포함하지 않고 쓴 경우
	하	이슬만 옳게 고른 경우

5 집기병 안에 있는 공기 중의 수증기가 얼음이 담긴 페트리 접시로 인해 차가워져 응결해 작은 물방울로 변하므로, 집기병 안이 뿌옇게 흐려집니다.

6 안개와 구름은 모두 공기 중의 수증기가 응결하여 나타나는 현상입니다. 안개는 지표면 근처, 구름은 높은 하늘에서 생성된다는 점이 다릅니다.

7 공기 중의 수증기가 높은 하늘에서 응결하여 물방울이 되고, 이렇게 만들어진 구름 속 작은 물방울은 합쳐지고 커지면서 무거워집니다. 무거워진 물방울이 아래로 떨어지는 것이 비입니다.

8 비와 눈이 내리는 과정은 비슷하지만 구름 속 얼음 알갱이가 녹아서 떨어지면 비, 녹지 않은 채로 떨어지면 눈이라는 차이점이 있습니다.

9 공기의 온도가 낮을 때 같은 부피에 있는 공기의 양이 많아지고, 공기의 온도가 높을 때 같은 부피에 있는 공기의 양이 적어집니다. 따라서 차가운 공기를 넣은 플라스틱 통보다 따뜻한 공기를 넣은 플라스틱 통의 무게가 더 가볍습니다.

> **채점 tip** 같은 부피일 때 차가운 공기가 따뜻한 공기보다 공기의 양이 더 많기 때문이라는 내용으로 옳게 쓰면 정답으로 합니다.

10 모래는 물보다 온도 변화가 큽니다. 따라서 온도가 더 많이 변한 ⓒ이 모래, ㉠이 물임을 알 수 있습니다.

11 데우지 않은 찜질팩 위의 공기가 따뜻하게 데운 찜질팩 위의 공기보다 온도가 낮기 때문에 기압이 높습니다. 따라서 데우지 않은 찜질팩 쪽에서 따뜻하게 데운 찜질팩 쪽으로 공기(향 연기)가 이동하게 됩니다.

12 낮에는 육지가 바다보다 온도가 높으므로 육지 위는 저기압, 바다 위는 고기압이 됩니다. 따라서 바람이 바다에서 육지로 붑니다. 밤에는 육지에서 바다로 바람이 붑니다.

13 우리나라의 여름철에는 따뜻하고 습한 성질의 ㉣ 공기 덩어리가 영향을 미칩니다. ㉠은 겨울, ㉡은 초여름, ㉢은 봄과 가을의 날씨에 영향을 미치는 공기 덩어리입니다.

14 남쪽에서 이동해 오는 공기 덩어리는 따뜻한 성질이 있고, 바다에서 이동해 오는 공기 덩어리는 습한 성질이 있습니다. 따라서 남동쪽에서 이동해 오는 ㉣ 공기 덩어리는 따뜻하고 습한 성질을 가집니다.

채점 기준	상	공기 덩어리가 이동해 오는 방향으로 남동쪽, 공기 덩어리의 성질로 따뜻하고 습하다는 내용을 모두 포함하여 옳게 쓴 경우
	중	공기 덩어리가 이동해 오는 방향은 제대로 쓰지 못했지만 공기 덩어리의 성질을 옳게 쓴 경우
	하	공기 덩어리가 이동해 오는 방향인 남동쪽만 옳게 쓴 경우

15 겨울에는 북서쪽 대륙에서 이동해 오는 공기 덩어리의 영향으로 춥고 건조한 날씨가 나타납니다.

---

1 ⑤ **2** 루민 **3** ㉢, 안개 **4** ② **5** (1) **예** 공기 중의 수증기가 응결하여 나타나는 현상입니다. (2) **예** 안개는 수증기가 응결하여 지표면 근처에 떠 있는 것이고, 구름은 수증기가 응결하여 높은 하늘에 떠 있는 것으로 생성된 위치가 다릅니다. **6** ㉡ **7** ③ **8** **예** 고기압은 주위보다 상대적으로 기압이 높은 곳이며, 저기압은 주위보다 상대적으로 기압이 낮은 곳입니다. **9** 공기 **10** ㉢ **11** ㉢ **12** ①, ④ **13** ㉠, ㉢ **14** ③ **15** 식중독 지수, **예** 식중독이 발생할 확률을 예측하여 알려 줍니다.

1 습도표의 세로줄에서 건구 온도인 23 ℃를 찾고, 가로줄에서 건구 온도와 습구 온도의 차인 3 ℃를 찾아 만나는 지점인 76이 현재 습도이며, 76에 습도의 단위인 %(퍼센트)를 붙여 나타냅니다.

2 습도를 낮추려면 제습기나 제습제를 사용하고, 바람이 잘 통하게 하며 실내에 마른 숯 등을 놓아 조절할 수 있습니다.

3 안개는 지표면 가까이에 있는 공기 중의 수증기가 응결하여 생성되는 자연 현상입니다.

4 공기 중의 수증기가 낮은 온도로 인해 응결되어 높은 하늘에 떠 있는 것을 구름이라고 합니다.

5 안개와 구름은 모두 수증기가 응결하여 나타나는 현상이지만 생성되는 위치가 다릅니다.

채점 기준	중	(2)만 옳게 쓴 경우
	하	(1)만 옳게 쓴 경우

6 구름 속 작은 얼음 알갱이가 커지면서 무거워져 떨어질 때 녹지 않은 채로 떨어지는 것을 눈이라고 합니다. 얼음 알갱이가 녹아서 떨어지는 것은 비입니다.

7 감압 용기의 공기를 빼내기 전과 비교하여 빼낸 후의 무게가 줄어듭니다.

8 공기의 무게 때문에 생기는 힘을 기압이라고 합니다. 고기압과 저기압은 정해져 있는 것이 아니라 시간과 장소, 상황에 따라 달라지는 상대적인 것입니다.

> **채점 tip** 고기압은 주변보다 공기가 많고 상대적으로 온도가 낮으며 기압이 높은 곳, 저기압은 주변보다 공기가 적고 상대적으로 온도가 높으며 기압이 낮은 곳이라는 내용으로 모두 옳게 쓰면 정답으로 합니다.

---

9 공기의 움직임인 바람에 대하여 알아보는 실험이므로, 눈에 보이지 않는 공기의 움직임을 관찰하기 위해서 향 연기를 넣습니다.

10 얼음물 위의 공기는 온도가 낮아 공기의 양이 많아 무겁고, 따뜻한 물 위의 공기는 온도가 높아 공기의 양이 적어 가볍습니다. 따라서 얼음물 위는 고기압이고 따뜻한 물 위는 저기압이므로, 향 연기는 얼음물 쪽에서 따뜻한 물 쪽으로 움직입니다.

11 바닷가에서 맑은 날 밤에는 육풍이 붑니다. 바람은 어느 두 지점 사이에 기압의 차이가 있을 때 고기압에서 저기압으로 공기가 이동하는 것입니다.

12 낮에는 육지가 바다보다 온도가 높아 육지 위는 저기압, 바다 위는 고기압이 되기 때문에 바다에서 육지로 바람이 붑니다. 밤에는 바다가 육지보다 온도가 높아 바다 위는 저기압, 육지 위는 고기압이 되기 때문에 육지에서 바다로 바람이 붑니다.

13 바다에서 이동해 오는 ⓒ과 ⓔ 공기 덩어리는 습한 성질을 가집니다.

14 우리나라의 날씨는 여름에는 덥고 습하며, 겨울에는 춥고 건조한 특징이 있습니다.

15 기상청에서는 다양한 날씨에 사람들이 적절하게 대처하여 생활할 수 있도록 날씨 지수를 제공합니다.

> **채점 tip** 식중독 지수, 감기 가능 지수, 피부 질환 지수 등 날씨 지수 한 가지를 쓰고, 이 날씨 지수에 대한 알맞은 설명을 모두 옳게 쓰면 정답으로 합니다.

70쪽 **수행 평가 ❶회**

1 ⊙ 9.0 ℃ ⓒ 36 %
2 교실

---

1 습도표에서 건구 온도에 해당하는 23 ℃를 세로줄에서 찾아 표시하고, 건구 온도와 습구 온도의 차인 9에 표시합니다. 이 두 가지가 만나는 지점인 36 %이 현재 습도입니다.

2 교실의 건구 온도가 24 ℃이고 건구 온도와 습구 온도의 차가 3 ℃이므로, 77 %가 교실의 습도입니다. 과학실의 건구 온도가 21 ℃이고 건구 온도와 습구 온도의 차가 6 ℃이므로, 53 %가 과학실의 습도입니다. 따라서 교실의 습도가 더 높습니다.

71쪽 **수행 평가 ❷회**

1 ⊙ ○ ⓔ ○
2 **예** 낮에는 육지가 바다보다 온도가 높으므로 육지 위는 저기압, 바다 위는 고기압이 됩니다. 밤에는 바다가 육지보다 온도가 높으므로 바다 위는 저기압, 육지 위는 고기압이 됩니다.
3 ⊙ 육지 ⓒ 바다

---

1 바닷가에서 맑은 날 낮에는 바다 위보다 육지 위의 온도가 더 높으므로 육지 위가 저기압, 바다 위가 고기압이 되어 바다에서 육지로 바람이 붑니다.

2 낮에는 육지가 바다보다 빠르게 데워지고 밤에는 육지가 바다보다 빠르게 식습니다.

> **채점 tip** 낮과 밤에 육지와 바다의 온도와 기압의 차이를 모두 옳게 쓰면 정답으로 합니다.

3 육지(모래)는 바다(물)보다 온도 변화가 큽니다.

72쪽 **쉬어가기**

4. 물체의 운동

1 물체의 운동

1 운동 **2** 위치 **3** 이동 거리 **4** 일정한 **5** 변하는 **6** ㉡ **7** (1) ㉠, ㉡ (2) ㉢, ㉣ **8** ㉡, ㉢ **9** 유주 **10** (3) ○ **11** ㉠ 10 ㉡ 12 **12** 배드민턴 공 **13** (3) ✓ **14** ⑩ 롤러코스터는 빨라지기도 하고 느려지기도 하며 빠르기가 변하는 운동을 하지만, 자동계단은 빠르기가 일정한 운동을 합니다.

6 시간이 지남에 따라 물체의 위치가 변할 때, 물체가 운동한다고 합니다.

7 운동한 물체는 1초 동안 위치가 변했고, 운동하지 않은 물체는 시간이 지나도 위치가 변하지 않았습니다.

8 운동하지 않는 물체는 시간이 지나도 위치가 변하지 않고 제자리에 있습니다.

9 물체의 운동은 물체가 이동하는 데 걸린 시간과 이동 거리로 나타냅니다.

10 자전거 뒷바퀴의 뒤쪽 끝부분을 기준으로 이동 거리를 측정해 봅니다. 자전거의 운동을 자전거가 이동하는 데 걸린 시간과 이동 거리로 나타내면, 자전거가 1초 동안 2 m를 이동했다고 나타낼 수 있습니다.

11 자동차의 뒤쪽 끝부분을 기준으로 이동 거리를 측정해 봅니다. 자동차는 10초 동안 12 m를 이동했습니다.

12 배드민턴 채로 배드민턴 공을 치면 처음에는 빠르게 날아가다가 점점 느려지면서 바닥으로 떨어집니다. 자동길은 빠르기가 일정한 운동을 합니다.

13 회전목마는 일정한 빠르기로 빙글빙글 회전하는 운동을 하는 놀이 기구입니다.

14 롤러코스터는 오르막길에서는 빠르기가 점점 느려지고 내리막길에서는 빠르기가 점점 빨라지는 운동을 합니다.

> **채점 tip** 롤러코스터는 빠르기가 변하는 운동을 하고, 자동계단은 빠르기가 일정한 운동을 한다는 내용으로 모두 옳게 쓰면 정답으로 합니다.

2 물체의 빠르기 비교

1 걸린 시간 **2** ⑩ 빠릅니다 **3** 이동한 거리 **4** ⑩ 빠릅니다 **5** ⑩ 수영, 봅슬레이 **6** 감은호 **7** ㉣ **8** 현석, 미소, 희태, 원정 **9** ㉢ **10** ④ **11** ㉡ **12** (1) 기차 (2) 자전거 **13** 자전거, 배, 시내버스 **14** 지수, ⑩ 같은 시간 동안 지수가 민주보다 더 긴 거리를 달렸기 때문입니다.

6 같은 거리 100 m를 달리는 데 걸린 시간이 짧은 사람이 달리는 데 걸린 시간이 긴 사람보다 빠릅니다. 감은호 → 홍유란 → 방소연 순서로 빠릅니다.

7 같은 거리를 이동한 물체의 빠르기는 물체가 같은 거리를 이동하는 데 걸린 시간으로 비교합니다. 걸린 시간이 짧은 물체일수록 빠릅니다.

8 수영 경기에 출전한 선수들이 모두 같은 거리 100 m를 이동했으므로, 결승선에 도착하는 데 걸린 시간이 가장 짧은 현석이가 가장 빠릅니다.

9 스피드 스케이팅은 같은 거리를 이동하여 결승선에 먼저 도착한 선수가 이기는 경기로, 같은 거리를 이동하는 데 걸리는 시간을 측정하여 빠르기를 겨루는 운동 경기입니다.

10 같은 경주 시간 동안 종이 자동차가 이동한 거리를 확인하여 종이 자동차의 빠르기를 비교할 수 있습니다.

11 같은 시간 동안 가장 짧은 거리를 이동한 ㉡ 종이 자동차의 빠르기가 가장 느립니다. 종이 자동차는 ㉠ → ㉢ → ㉡ 순서로 빠릅니다.

12 3시간 동안 가장 긴 거리를 이동한 기차가 가장 빠르고, 가장 짧은 거리를 이동한 자전거가 가장 느립니다.

13 3시간 동안 60 km를 이동한 자전거, 120 km를 이동한 배, 180 km를 이동한 시내버스가 240 km를 이동한 자동차보다 느립니다. 자동차보다 빠른 교통수단은 기차뿐입니다.

14 30분 동안 5.5 km를 달린 지수가 4.8 km를 달린 민주보다 더 빠릅니다.

> **채점 tip** 지수가 민주보다 같은 시간 동안 더 긴 거리를 달렸기 때문에 지수가 더 빠르다는 내용으로 쓰면 정답으로 합니다.

❸ 물체의 속력, 속력과 안전

84쪽~85쪽 **문제 학습**

1 속력　**2** 이동한 거리　**3** 초(걸린 시간)　**4** 예 안전띠　**5** 예 속력 제한 표지판　**6** ㉣　**7** ②, ④　**8** 5 m/s　**9** ㉡　**10** 국화도　**11** 에어백 **12** 과속 방지 턱, 예 자동차의 속력을 줄여서 사고를 예방합니다.　**13** (1) ○　**14** ㉢

6 물체의 속력은 물체가 이동한 거리를 이동하는 데 걸린 시간으로 나누어 구할 수 있습니다.

7 ①의 속력은 30 m/s, ②의 속력은 18 m/s, ③의 속력은 20 m/s, ④의 속력은 18 m/s, ⑤의 속력은 50 m/s입니다.

8 종민이의 속력은 30 m÷6 s=5 m/s입니다. 1초 동안 5 m를 달렸다는 의미입니다.

9 ㉠ 종민이의 속력은 5 m/s이고, 현우의 속력은 7 m/s입니다. ㉡ 현우가 종민이보다 속력이 빠르기 때문에 1초 동안 현우가 이동한 거리가 더 깁니다.

10 바람의 속력(풍속)이 국화도는 13 m/s, 가거도는 9 m/s, 신시도는 12 m/s이므로 국화도에서 바람이 가장 빠르게 불 것입니다.

11 자동차가 충돌할 때 에어백은 압축된 공기 주머니를 빠르게 팽창시켜 외부의 충격으로부터 자동차에 탄 사람을 보호합니다.

12 과속 방지 턱은 자동차의 속력을 줄이기 위해 도로에 설치한 것으로 주택가나 학교 앞의 어린이 보호 구역 등에서 주로 볼 수 있습니다.

> 채점 tip 과속 방지 턱이라고 쓰고, 자동차의 속력을 줄여서 사고를 예방한다는 내용으로 모두 옳게 쓰면 정답으로 합니다.

> **개념 다시 보기**
>
> **속력이 큰 물체가 위험한 이유**
> • 속력이 클수록 제동 거리가 길어집니다.
> • 충돌할 때의 충격이 더 커집니다.
> • 보행자가 쉽게 피할 수 없습니다.
>
>

13 운전자나 보행자가 교통 법규를 잘 지키는지 단속하는 것은 교통경찰이 하는 일입니다.

14 횡단보도에서 초록색 신호등이 켜졌다고 곧바로 급하게 뛰어가지 않고, 자동차가 멈췄는지 확인하고 조금 뒤에 건너도록 합니다.

86쪽~87쪽 **교과서 통합 핵심 개념**

❶ 이동 거리　❷ 변하는　❸ 빠릅　❹ 빠릅 ❺ 시간　❻ 안전띠

88쪽~90쪽 **단원 평가 ❶회**

1 ㉠, ㉡, ㉣　**2** ㉠　**3** 예린　**4** (1) ㉡, ㉢ (2) ㉠, ㉣　**5** 예 로켓은 달팽이보다 빠르게 운동하는 물체이고, 달팽이는 로켓보다 느리게 운동합니다.　**6** 박정화　**7** 예 50 m를 달리는 데 걸린 시간이 짧은 친구가 달리는 데 걸린 시간이 긴 친구보다 더 빠르기 때문에, 시간이 가장 짧게 걸린 박정화가 달리기가 가장 빠른 친구입니다.　**8** ㉢　**9** 기차, 자동차, 오토바이, 지하철　**10** ③　**11** 예 1초 동안 물체가 몇 m를 이동했는지를 나타냅니다.　**12** 1 m/s **13** ①　**14** ㉡　**15** 지율

1 ㉠ 달리기하는 남자아이, ㉡ 유모차 미는 사람, ㉣ 달리기하는 여자아이는 1초 동안 운동하였기 때문에 위치가 변했습니다.

2 1초 동안 ㉠은 약 4 m를 운동하였고, ㉡은 약 1 m, ㉣은 약 2 m를 운동하였으므로 ㉠이 가장 빠릅니다.

> **개념 다시 보기**
>
> **같은 시간 동안 이동한 물체의 빠르기 비교**
> • 물체가 같은 시간 동안 이동한 거리로 비교합니다.
> • 같은 시간 동안 긴 거리를 이동한 물체가 짧은 거리를 이동한 물체보다 더 빠릅니다.

3 ㉣ 손을 씻는 남자아이는 1초 동안 위치가 변하지 않았으므로 운동하지 않은 것입니다. ㉢의 책을 읽는 사람도 1초 동안 위치가 변하지 않았으므로 운동하지 않았습니다.

4 배드민턴 채로 배드민턴 공을 치면 처음에는 빠르게 날아가다가 점점 느려지면서 바닥으로 떨어지고, 이륙하는 비행기는 활주로에서 천천히 움직이다가 점점 빠르게 달리면서 하늘로 날아갑니다.

5 우리 주변에는 빠르게 운동하는 물체도 있고, 느리게 운동하는 물체도 있습니다.

> 채점 tip 로켓은 달팽이보다 빠르게 운동하고, 달팽이는 로켓보다 느리게 운동한다는 내용으로 주어진 말을 모두 포함하여 쓰면 정답으로 합니다.

6 같은 거리를 달리는 데 걸린 시간이 짧은 친구가 걸린 시간이 긴 친구보다 더 빠른 것입니다. 박정화 → 한정수 → 강소형 → 최미리의 순서로 빠릅니다.

7 같은 거리를 이동한 물체의 빠르기는 물체가 같은 거리를 이동하는 데 걸린 시간으로 비교합니다.

> **채점 tip** 같은 거리를 이동한 물체의 빠르기는 이동하는 데 걸린 시간으로 비교하기 때문에 걸린 시간이 가장 짧은 친구가 가장 빠르기 때문이라는 내용으로 쓰면 정답으로 합니다.

8 같은 시간인 10초 동안 이동한 거리가 가장 긴 한 발로 뛰기가 호영이가 가장 빠르게 달린 종목입니다.

9 같은 시간인 3시간 동안 이동 거리가 가장 긴 기차가 가장 빠르고, 이동 거리가 가장 짧은 지하철이 가장 느립니다.

10 버스는 3시간 동안 오토바이가 이동한 거리인 180 km보다 긴 거리를 이동했을 것이고, 자동차가 이동한 거리인 220 km보다 짧은 거리를 이동했을 것입니다.

11 m/s는 1초(s) 동안 물체가 이동한 거리(m)를 나타냅니다.

> **채점 tip** 1초 동안 물체가 몇 m를 이동했는지 나타낸다는 내용으로 알맞게 쓰면 정답으로 합니다.

> **개념 다시 보기**
>
> **물체의 속력을 나타내는 방법**
> • 물체의 속력을 나타낼 때는 m/s, km/h 등의 단위를 씁니다.
> • 예를 들어 5 m/s는 '오 미터 매 초' 또는 '초속 오 미터'라고 읽고, 5 km/h는 '오 킬로미터 매 시' 또는 '시속 오 킬로미터'라고 읽습니다.

12 60초 동안 60 m를 이동하였으므로, 자동길의 속력은 60 m ÷ 60 s = 1 m/s입니다.

13 개의 속력이 가장 빠르고, 고양이, 사슴, 스컹크, 펭귄의 순서로 빠릅니다. 펭귄의 속력이 가장 느립니다.

14 자동차에 설치된 에어백은 충돌 사고에서 탑승자의 몸에 가해지는 충격을 줄여 주는 역할을 하는 안전 장치입니다.

15 도로 옆에서 인라인스케이트를 타면 위험한 상황이 발생할 수 있으므로, 넓고 안전한 공간에서 보호 장비를 착용하고 타도록 합니다. 버스에서 내리자마자 바로 길을 건너면 버스 뒤에 따라오던 차가 멈춘 버스를 피해 빠른 속도로 달려나올 수 있으므로 주의해야 합니다.

> **1** 운동 **2** ② **3** (1) 예 나무 (2) 예 시간이 지나도 나무의 위치가 변하지 않았기 때문입니다. **4** ㉠ 축구공, 배드민턴 공 ㉡ 자동길, 케이블카, 스키장 승강기 **5** ㉡ **6** ③ **7** ⑤ **8** ④ **9** 예 같은 시간 동안 이동한 거리가 더 긴 물체가 이동한 거리가 짧은 물체보다 빠릅니다. 이동 거리를 이동하는 데 걸린 시간으로 나누어 속력을 구해서 비교합니다. **10** 기차 **11** ④ **12** 25 km/h **13** (1) ㉣ (2) ㉡ **14** 예 어린이 보호 구역 표지판은 자동차의 속력을 제한해 어린이들의 교통 안전사고를 예방합니다. **15** ②

1 시간이 지남에 따라 물체의 위치가 변할 때 물체가 운동한다고 합니다.

2 자전거는 10초 동안 20 m를 이동했고, 자동차는 10초 동안 80 m를 이동했으므로 자동차가 가장 먼 거리를 이동했습니다.

3 나무 이외에 건물, 표지판, 신호등 등과 같이 위치가 변하지 않은 물체를 운동하지 않은 물체로 써도 됩니다.

채점 기준	중	(2)만 옳게 쓴 경우
	하	(1)만 옳게 쓴 경우

4 우리 주변에는 빠르기가 일정한 운동을 하는 물체도 있고, 빠르기가 변하는 운동을 하는 물체도 있습니다.

5 같은 거리를 이동한 물체의 빠르기는 같은 거리를 이동하는 데 걸린 시간을 비교하여 알 수 있습니다. 같은 거리를 이동하는 데 걸린 시간이 짧은 사람이 같은 거리를 이동하는 데 걸린 시간이 긴 사람보다 빠릅니다.

6 같은 거리를 이동하는 데 걸린 시간이 짧은 사람이 걸린 시간이 긴 사람보다 빠르므로, ㉣ 선수가 가장 빨리 결승선에 들어왔고 ㉠, ㉢, ㉡ 선수의 순서대로 결승선에 들어왔습니다.

7 3시간 동안 자전거는 60 km, 자동차는 240 km, 배는 120 km, 기차는 300 km, 시내버스는 180 km를 이동했습니다. 따라서 기차가 가장 빠르고, 자전거가 가장 느립니다.

8 30초의 같은 시간 동안 긴 거리를 이동한 동물이 짧은 거리를 이동한 동물보다 더 빠릅니다. 따라서 치타가 가장 빠르고, 표범, 호랑이, 타조, 사자 순서로 빠릅니다.

9 이동 거리가 다른 물체의 빠르기는 같은 시간 동안 물체가 이동한 거리로 비교하거나, 속력을 구해서 비교할 수 있습니다.

> **채점 tip** 같은 시간 동안 이동한 거리를 비교하거나, 이동 거리를 이동하는 데 걸린 시간으로 나누어 속력을 구해서 비교한다는 내용으로 알맞게 쓰면 정답으로 합니다.

10 장난감 배의 속력은 10 cm ÷ 4 s = 2.5 cm/s, 장난감 기차의 속력은 6 m ÷ 3 s = 2 m/s, 장난감 버스의 속력은 2 m ÷ 2 s = 1 m/s, 장난감 자동차의 속력은 9 cm ÷ 3 s = 3 cm/s로 구할 수 있습니다. 따라서 장난감 기차의 속력 2 m/s를 '초속 이 미터' 또는 '이 미터 매 시'라고 읽습니다.

11 고속 열차가 3시간 동안 750 km를 이동하므로, 속력은 750 km ÷ 3 h = 250 km/h로 나타낼 수 있습니다.

12 오후 3시부터 오후 9시까지 6시간 동안 태풍이 이동한 거리는 150 km입니다. 따라서 태풍의 속력은 150 km ÷ 6 h = 25 km/h입니다.

13 ㉠ 강아지의 속력은 12 m ÷ 2 s = 6 m/s, ㉡ 자전거의 속력은 15 m ÷ 5 s = 3 m/s, ㉢ 장난감 자동차의 속력은 100 m ÷ 25 s = 4 m/s, ㉣ 인라인스케이트 선수의 속력은 96 m ÷ 12 s = 8 m/s입니다. 따라서 ㉣ 인라인스케이트 선수의 속력이 가장 빠르고 ㉡ 자전거의 속력이 가장 느립니다. 빠른 순서는 ㉣ → ㉠ → ㉢ → ㉡입니다.

14 어린이 보호 구역은 어린이들의 안전한 통학 공간을 확보하여 교통 안전사고를 예방하기 위한 목적으로 유치원, 학교 등 어린이 시설 주변 도로 중 일정 구간을 지정한 곳입니다.

> **채점 tip** 어린이들의 교통 안전사고를 예방하는 역할을 한다는 내용으로 옳게 쓰면 정답으로 합니다.

> **개념 다시 보기**
>
> **도로에 설치된 안전장치**
> • 과속 방지 턱은 자동차의 속력을 줄여서 사고를 예방합니다.
> • 속력 제한 표지판은 자동차의 속력을 제한하여 너무 큰 속력으로 달리지 않게 합니다.

15 ① 횡단보도가 아닌 곳에서 무단 횡단하지 않습니다. ③ 횡단보도를 건널 때는 게임기나 스마트 기기를 보지 않습니다. ④ 버스가 정류장에 도착할 때까지 인도에서 기다립니다.

94쪽 **수행 평가 ❶회**

1 (1) ㉔ 1초 동안 15 m를 이동했습니다. (2) ㉔ 1초 동안 45 m를 이동했습니다. (3) ㉔ 1초 동안 20 m를 이동했습니다.
2 (1) 이동한 거리 (2) 걸린 시간, 속력
3 (가) 15 m/s (나) 45 m/s (다) 20 m/s

1 물체의 운동은 물체가 이동하는 데 걸린 시간과 이동 거리로 나타냅니다.

채점 기준	상	(1)~(3) 모두 옳게 쓴 경우
	중	(1)~(3) 중 두 가지를 옳게 쓴 경우
	하	(1)~(3) 중 한 가지만 옳게 쓴 경우

2 같은 시간 동안 이동한 물체의 빠르기는 이동한 거리로 비교합니다. 이동한 거리와 걸린 시간이 모두 다른 물체의 빠르기는 물체의 이동 거리를 걸린 시간으로 나누어 구한 속력으로 나타내어 비교합니다.

3 트럭은 1초 동안 15 m를 이동했으므로 속력은 15 m ÷ 1 s = 15 m/s, 경찰차는 1초 동안 45 m를 이동했으므로 속력은 45 m ÷ 1 s = 45 m/s, 자동차는 1초 동안 20 m를 이동했으므로 속력은 20 m ÷ 1 s = 20 m/s로 나타낼 수 있습니다.

95쪽 **수행 평가 ❷회**

1 (타격 후의) 야구공, 사자, (단거리) 육상 선수
2 ㉔ 같은 시간 동안 이동한 물체의 빠르기는 이동한 거리로 비교합니다. 10초 동안 타격 후의 야구공이 가장 긴 거리를 이동했기 때문에 가장 빠르고, 단거리 육상 선수가 가장 짧은 거리를 이동했기 때문에 가장 느립니다.
3 (1) 80 km/h (2) 과속하지 않음.

1 같은 시간 동안 이동한 물체의 빠르기는 물체가 같은 시간 동안 이동한 거리로 비교합니다.

2 10초 동안 단거리 육상 선수는 110 m, 사자는 220 m, 타격 후의 야구공은 330 m를 이동했습니다.

> 채점 tip 같은 시간 동안 이동한 물체의 빠르기는 이동한 거리로 비교하기 때문이라는 내용을 포함하여 타격 후의 야구공이 가장 긴 거리를 이동했고, 단거리 육상 선수가 가장 짧은 거리를 이동했음을 옳게 쓰면 정답으로 합니다.

3 자동차가 시작 구간을 통과했을 때 시각이 10시 30분, 끝 구간을 통과했을 때 시각이 11시 30분이므로 총 80 km 구간을 통과하는 동안 걸린 시간이 1시간 (h)임을 알 수 있습니다. 따라서 속력은 80 km ÷ 1 h = 80 km/h로 구할 수 있습니다. 또한 이 구간의 제한 속력이 100 km/h이므로 과속하지 않았습니다.

> **개념 다시 보기**
>
> **제한 속력**
> 제한 속력이란 자동차 등에 정해 있는 최고 또는 최저 속도를 말합니다. 따라서 제한 속력이 100 km/h인 구간에서는 100 km/h 이상 속력을 내면 과속입니다.

96쪽 쉬어가기

5. 산과 염기

① 용액의 분류

100쪽~101쪽 문제 학습

> 1 지시약 2 예 페놀프탈레인 용액 3 산성 4 염기성 5 산성 6 ㉠ 7 유리 세정제 8 레몬즙, 식초, 빨랫비누 물, 유리 세정제 9 ① 10 예 석회수, 묽은 염산, 묽은 수산화 나트륨 용액 모두 색깔이 없고 투명하므로 겉으로 보이는 성질로만은 쉽게 구분할 수 없습니다. 11 ㉠, ㉢ 12 ② 13 석회수 14 ②

6 각 용액을 관찰한 결과를 바탕으로 분류 기준을 정하고, 정한 기준에 따라 용액을 분류합니다.

7 유리 세정제는 연한 푸른색이며, 용액을 흔들었을 때 발생한 거품이 3초 이상 유지됩니다.

8 사이다, 석회수, 묽은 염산, 묽은 수산화 나트륨 용액은 색깔이 없는 용액입니다.

9 식초, 사이다, 묽은 염산은 투명하고, 레몬즙, 빨랫비누 물은 투명하지 않습니다.

10 색깔이 없고 투명한 용액은 겉으로 보이는 성질이 비슷하므로 쉽게 구분할 수 없습니다.

> 채점 tip 세 용액 모두 무색이고 투명하므로, 겉으로 관찰한 결과만을 바탕으로 분류하기 어렵다는 내용을 쓰면 정답으로 합니다.

11 리트머스 종이는 지시약입니다. 지시약을 이용하면 산성 용액과 염기성 용액을 분류할 수 있습니다.

> **개념 다시 보기**
>
> **지시약**
> • 지시약은 어떤 용액에 넣었을 때 그 용액의 성질에 따라 색깔 변화가 나타나는 물질입니다.
> • 지시약의 종류: 리트머스 종이, 페놀프탈레인 용액, BTB 용액 등

12 푸른색 리트머스 종이를 붉은색으로 변하게 하는 것은 묽은 염산과 같은 산성 용액입니다.

13 붉은색 리트머스 종이를 산성 용액인 식초, 사이다, 묽은 염산에 넣었을 때에는 색깔이 변하지 않지만, 염기성 용액인 석회수에 넣었을 때에는 푸른색으로 변합니다.

14 레몬즙, 묽은 염산과 같은 산성 용액에 페놀프탈레인 용액을 떨어뜨리면 색깔이 변하지 않습니다.

② 천연 지시약으로 용액 분류하기, 산성·염기성 용액의 성질

104쪽~105쪽 문제 학습

1 ⑩ 포도, 검은콩   2 산성   3 같습니다   4 산성
5 염기성   6 ㉢   7 묽은 염산   8 ⑩ 푸른색 리트
머스 종이가 붉은색으로 변합니다.   9 ㉠ 묽은 염산
㉡ 묽은 수산화 나트륨 용액   10 산성   11 ㉢
12 ③, ④   13 삶은 달걀 흰자   14 은수

6 붉은 양배추 지시약의 색깔 변화에 따라 산성 용액과 염기성 용액으로 분류할 수 있습니다. 산성 용액에서는 붉은색 계열, 염기성 용액에서는 푸른색이나 노란색 계열로 변합니다.

7 식초, 사이다, 묽은 염산은 붉은 양배추 지시약을 떨어뜨렸을 때 붉은색 계열의 색깔로 변하고, 석회수, 묽은 수산화 나트륨 용액은 붉은 양배추 지시약을 떨어뜨렸을 때 푸른색이나 노란색 계열의 색깔로 변합니다.

8 붉은 양배추 지시약은 산성 용액에서 붉은색 계열의 색깔로 변합니다. 따라서 산성 용액에 푸른색 리트머스 종이를 넣었을 때 붉은색으로 변합니다.

채점 tip 푸른색 리트머스 종이가 붉은색으로 변한다고 쓰면 정답으로 합니다.

9 묽은 염산은 산성 용액, 묽은 수산화 나트륨 용액은 염기성 용액입니다. 산성 용액과 염기성 용액은 서로 성질이 다릅니다.

10 달걀 껍데기를 넣었을 때 기포가 발생하고 껍데기가 녹았으므로, 산성 용액임을 알 수 있습니다.

11 산성 용액에 넣었을 때 기포가 발생하면서 녹는 것은 대리암 조각입니다.

12 묽은 수산화 나트륨 용액에 두부를 넣으면 시간이 지남에 따라 두부가 녹아서 흐물흐물해지며 용액이 뿌옇게 흐려집니다.

13 달걀 껍데기와 삶은 달걀 흰자 중 염기성 용액에 넣었을 때 녹는 물질은 삶은 달걀 흰자입니다.

14 대리암의 성분은 탄산 칼슘으로, 산성 용액에 녹는 성질이 있습니다. 따라서 산성이 강해진 빗물이나 산성 물질인 새의 배설물이 석탑에 닿으면 대리암으로 만들어진 석탑을 빠르게 훼손시킬 수 있으므로 유리 보호 장치를 한 것입니다.

③ 산성·염기성 용액을 섞을 때의 변화, 산성·염기성 용액의 이용

108쪽~109쪽 문제 학습

1 염기성   2 염기성   3 산성   4 염기성   5 산성   6 붉은 양배추 지시약   7 ㉠   8 ⑵ ○   9 ⑩ 묽은 염산(산성 용액)에 묽은 수산화 나트륨 용액(염기성 용액)을 계속 넣을수록 용액의 산성이 점차 약해지다가 결국 염기성 용액으로 변하기 때문입니다.
10 산성   11 ㉢   12 ⑵ ○   13 염기성   14 ㉠ 염기성 ㉡ 산성

6 묽은 수산화 나트륨 용액에 떨어뜨린 붉은 양배추 지시약의 색깔 변화를 통해 산성 용액과 염기성 용액을 섞었을 때의 변화를 확인할 수 있습니다.

7 붉은 양배추 지시약을 넣은 묽은 수산화 나트륨 용액에 묽은 염산을 계속 넣을수록 염기성이 약해지다가 어느 순간부터는 산성이 점점 강해져 지시약이 푸른색 계열에서 점차 붉은색 계열로 변합니다.

8 염기성 용액(묽은 수산화 나트륨 용액)에 산성 용액(묽은 염산)을 섞으면 용액 속의 염기성을 띠는 물질과 산성을 띠는 물질이 섞이면서 용액의 성질이 변합니다.

9 산성 용액에 염기성 용액을 넣을수록 용액의 산성이 약해지다가 어느 순간부터는 염기성이 점점 강해집니다.

채점 tip 산성 용액에 염기성 용액을 넣을수록 산성이 점점 약해지기 때문이라는 내용을 포함하여 옳게 쓰면 정답으로 합니다.

10 염산은 강한 산성 용액이므로 염기성을 띤 소석회를 뿌려 염산의 성질을 약하게 할 수 있습니다.

11 산성 용액의 성질을 약하게 하기 위해서는 염기성 용액인 빨랫비누 물을 넣어야 합니다. 식초와 묽은 염산은 산성 용액입니다.

12 생선을 손질한 도마를 산성 용액인 식초로 닦아 내어 생선 비린내를 제거할 수 있는 것을 통해 생선 비린내의 성질이 염기성 물질임을 알 수 있습니다.

13 변기의 때를 청소하는 변기용 세제가 산성 용액이므로 변기 때의 성질은 염기성일 것입니다.

14 제산제는 속쓰림을 느낄 때에 위액의 산성을 약하게 하여 속쓰림을 줄이는 약입니다.

BOOK ❶ 개념북

5 단원

110쪽~111쪽 **교과서 통합 핵심 개념**

❶ 지시약 ❷ 붉은 ❸ 노란 ❹ 붉은 ❺ 산
❻ 염기 ❼ 산 ❽ 염기 ❾ 염기

112쪽~114쪽 **단원 평가 ❶회**

1 ⓒ, ⓒ **2** ⑤ **3** 염기성 **4** ⓒ, ⓒ **5** ⓔ 여러 가지 용액에 붉은 양배추 지시약을 떨어뜨리면 용액의 성질에 따라 색깔이 다르게 나타나기 때문입니다. **6** (1) ⓒ, ⓔ (2) ⓒ, ⓒ, ⓒ **7** ②, ④ **8** ⓔ 시간이 지남에 따라 두부가 녹아서 흐물흐물해지며 용액이 뿌옇게 흐려집니다. **9** 산성 **10** ③ **11** ⓒ **12** (1) ○ **13** ② **14** ② **15** ⓔ 푸른색 리트머스 종이에는 변화가 없습니다.

1 용액의 색깔, 지시약을 넣었을 때의 색깔 변화, 투명한 정도, 용액에서 나는 냄새, 용액이 들어 있는 병을 흔든 뒤에 거품이 유지되는 정도 등의 분류 기준에 따라 용액을 분류할 수 있습니다.

2 묽은 염산과 묽은 수산화 나트륨 용액은 겉으로 보이는 성질만으로는 구분하기 어렵기 때문에 지시약을 이용하여 구분할 수 있습니다. 묽은 염산을 묻힌 푸른색 리트머스 종이는 붉게 변하지만 묽은 수산화 나트륨 용액을 묻힌 푸른색 리트머스 종이는 변화가 없습니다.

3 페놀프탈레인 용액은 염기성 용액에서 붉은색으로 변합니다.

4 염기성 용액을 푸른색 리트머스 종이에 묻히면 종이의 색깔이 변하지 않고, 붉은색 리트머스 종이에 묻히면 종이의 색깔이 푸른색으로 변합니다.

5 붉은 양배추에 들어 있는 물질은 용액의 성질(산성, 염기성)에 따라 서로 다른 색깔을 나타냅니다.

> **채점 tip** 용액의 성질에 따라 붉은 양배추에 들어 있는 물질이 서로 다른 색깔을 나타내기 때문이라는 내용을 포함하여 쓰면 정답으로 합니다.

6 붉은 양배추 지시약은 산성 용액에서는 붉은색 계열로 변하고, 염기성 용액에서는 노란색이나 푸른색 계열로 변합니다.

7 묽은 염산에 달걀 껍데기를 넣으면 기포가 발생하면서 껍데기가 녹습니다.

8 페놀프탈레인 용액의 색깔을 붉은색으로 변하게 하고, 붉은 양배추 지시약의 색깔을 푸른색 계열로 변하게 하는 용액은 염기성 용액입니다. 염기성 용액에 두부를 넣으면 시간이 지남에 따라 두부가 녹아서 흐물흐물해지며 용액이 뿌옇게 흐려집니다.

▲ 염기성 용액에 두부를 넣었을 때의 변화

> **채점 tip** 두부가 녹아서 흐물흐물해지며 용액이 뿌옇게 흐려진다는 내용을 포함하여 변화를 알맞게 쓰면 정답으로 합니다.

9 새의 배설물과 같은 산성 물질에 의해 대리암으로 만들어진 석탑이 훼손되는 것을 막기 위하여 유리 보호 장치를 씌웁니다.

10 붉은 양배추 지시약을 넣은 묽은 염산에 묽은 수산화 나트륨 용액을 넣을수록 지시약의 색깔이 붉은색 계열에서 푸른색 계열로 변하고, 푸른색 계열에서 노란색 계열로 점차 색깔이 변합니다.

| 1회 | 5회 | 6회 |

▲ 산성 용액에 염기성 용액을 계속 넣었을 때의 색깔 변화

11 석회수(염기성 용액)에 식초(산성 용액)를 넣을수록 염기성이 점점 약해집니다.

12 산성 용액과 염기성 용액을 섞으면 용액 속의 산성을 띠는 물질과 염기성을 띠는 물질이 섞이면서 용액의 성질이 변합니다.

13 용액에 염기성 용액을 넣을수록 점점 성질이 약해지고, 용액에 떨어뜨린 페놀프탈레인 용액의 색깔이 변하지 않는 성질의 용액은 산성 용액입니다.

14 변기의 때는 염기성을 띠므로, 산성을 띠는 변기용 세제로 변기의 때를 청소할 수 있습니다.

15 위액의 산성을 약하게 하는 제산제는 염기성 용액입니다.

> **채점 tip** 푸른색 리트머스 종이에는 변화가 없다는 내용으로 쓰면 정답으로 합니다.

단원 평가 ②회

1 ③, ⑤ **2** (1) **예** 색깔이 있는가? (2) **예** '색깔이 있는가?'의 분류 기준에 따라 '그렇다.'에 해당하는 용액은 레몬즙, 식초, 빨랫비누 물, 유리 세정제이고, '그렇지 않다.'에 해당하는 용액은 사이다, 석회수, 묽은 염산, 묽은 수산화 나트륨 용액으로 분류할 수 있습니다. **3** ⑤ **4** ③, ④ **5** 지시약 **6** ② **7** ㉠ 산성 ㉡ 염기성 **8** **예** 페놀프탈레인 용액의 색깔이 변하지 않습니다. **9** 염기성 용액 **10** ㉡, ㉢ **11** (1) ○ **12** **예** 약해집니다 **13** **예** 푸른색 리트머스 종이에는 아무런 변화가 없습니다. **14** 염기성 **15** ③, ④

1 '색깔이 있는가?', '용액을 흔들었을 때 거품이 3초 이상 유지되는가?'는 분류 기준으로 알맞습니다.

2 '흔들었을 때 거품이 3초 이상 유지되는가?'로 분류했을 때에는 '그렇다.'에 빨랫비누 물, 유리 세정제를 분류할 수 있고, '그렇지 않다.'는 사이다, 레몬즙, 식초, 석회수, 묽은 염산, 묽은 수산화 나트륨 용액을 분류할 수 있습니다.

> **채점 tip** '색깔이 있는가?', '흔들었을 때 거품이 3초 이상 유지되는가?' 중 한 가지의 분류 기준으로 용액을 모두 옳게 분류하여 쓰면 정답으로 합니다.

3 묽은 수산화 나트륨 용액은 투명한 용액입니다.

4 어떤 용액인지 바로 알기 힘든 용액은 리트머스 종이나 페놀프탈레인 용액과 같은 지시약을 이용해서 구분할 수 있습니다.

개념 다시 보기

지시약으로 용액 분류하기

리트머스 종이	페놀프탈레인 용액
• 석회수: 붉은색 리트머스 종이 → 푸른색 • 묽은 염산: 푸른색 리트머스 종이 → 붉은색	• 석회수: 붉은색으로 변함. • 묽은 염산: 변화가 없음.

5 지시약의 종류에는 리트머스 종이, 페놀프탈레인 용액, BTB(브로모티몰 블루) 용액 등이 있습니다.

6 레몬즙은 푸른색 리트머스 종이를 붉은색으로 변하게 합니다.

7 붉은 양배추 지시약은 산성 용액에서는 붉은색 계열의 색깔로 변하고, 염기성 용액에서는 푸른색이나 노란색 계열의 색깔로 변합니다.

8 붉은 양배추 지시약은 산성 용액에 떨어뜨렸을 때 붉은색 계열의 색깔로 변하므로, 이 산성 용액에 페놀프탈레인 용액을 떨어뜨려도 색깔의 변화가 없을 것입니다.

> **채점 tip** 페놀프탈레인 용액의 색깔이 변하지 않는다는 내용으로 쓰면 정답으로 합니다.

9 염기성 용액은 두부나 삶은 달걀 흰자를 녹입니다.

10 산성 용액에 대리암 조각이나 달걀 껍데기를 넣으면 기포가 발생하면서 녹는 것을 볼 수 있습니다.

11 묽은 염산에 붉은 양배추 지시약을 떨어뜨리면 지시약의 색깔은 붉은색 계열을 띠지만, 여기에 묽은 수산화 나트륨 용액을 넣을수록 점차 푸른색 계열로 변합니다.

12 산성 용액에 염기성 용액을 넣을수록 산성이 점점 약해지다가 어느 순간부터는 염기성이 점점 강해집니다.

13 물에 녹인 제빵 소다는 염기성 용액입니다. 따라서 푸른색 리트머스 종이에 묻혀도 아무런 변화가 없습니다. 반면 붉은색 리트머스 종이에 묻혔을 때에는 푸른색으로 변하는 것을 볼 수 있습니다.

> **채점 tip** 물에 녹인 제빵 소다를 푸른색 리트머스 종이에 묻혔을 때 색깔이 변하지 않는다는 내용으로 쓰면 정답으로 합니다.

14 물에 녹인 제빵 소다를 푸른색 리트머스 종이에 묻혔을 때 아무런 변화가 없는 것을 통해 제빵 소다는 염기성 물질임을 알 수 있습니다.

15 생선을 손질한 도마를 닦아 낼 때 쓰는 식초와 변기를 청소할 때 사용하는 변기용 세제는 산성 용액입니다. 생선의 비린내와 변기의 때가 염기성 물질이기 때문에 산성 용액을 이용하면 염기성을 약하게 할 수 있습니다.

수행 평가 ①회

1 ㉠ 식초 ㉡ 사이다, 석회수, 묽은 염산
2 ㉠ 없고 ㉡ 투명
3 **예** 두 용액에 각각 페놀프탈레인 용액을 떨어뜨려서 구분할 수 있습니다. 페놀프탈레인 용액의 색깔이 변하지 않는 것은 묽은 염산이고, 붉은색으로 변하는 것은 석회수입니다.

BOOK ❶ 개념북

5 단원

1 식초는 연한 노란색으로 색깔이 있는 용액이고, 사이다, 석회수, 묽은 염산은 모두 색깔이 없는 용액입니다.

2 석회수와 묽은 염산은 모두 색깔이 없고 투명한 용액입니다. 색깔이 없고 투명한 용액은 쉽게 구분되지 않습니다.

3 석회수나 묽은 염산과 같이 색깔이 없고 투명한 용액은 지시약을 이용하면 쉽게 구분할 수 있습니다. 페놀프탈레인 용액을 넣었을 때 아무런 변화가 없는 것은 산성 용액인 묽은 염산이고, 지시약이 붉은색으로 변하는 것은 염기성 용액인 석회수입니다. 또한 붉은색 리트머스 종이에 묻혔을 때 아무런 변화가 없는 것은 산성 용액인 묽은 염산, 푸른색으로 변하는 것은 염기성 용액인 석회수입니다. 반대로 푸른색 리트머스 종이에 묻혔을 때 아무런 변화가 없는 것은 염기성 용액인 석회수, 붉은색으로 변하는 것은 산성 용액인 묽은 염산입니다. 마지막으로 BTB 용액을 넣었을 때 노란색으로 변하면 산성 용액인 묽은 염산이고, 파란색으로 변하면 염기성 용액인 석회수입니다.

채점 tip 예로 든 지시약(페놀프탈레인 용액, 리트머스 종이, BTB 용액 등)이 산성 용액과 염기성 용액에서 어떻게 변하는지를 포함하여 석회수와 묽은 염산을 구분하는 방법을 옳게 쓰면 정답으로 합니다.

119쪽 수행 평가 ❷회

1 산성

2 ㉡

3 (1) ㉢ (2) **예** 산성 용액인 식초를 이용하여 생선을 손질한 도마를 닦아 내면 염기성 물질인 생선 비린내를 제거할 수 있기 때문입니다.

1 대리암 조각을 넣었을 때 기포가 발생하면서 대리암이 녹는 용액은 산성 용액입니다.

개념 다시 보기
대리암으로 만든 석탑에 유리 보호 장치를 한 까닭
대리암의 성분은 탄산 칼슘으로 산성 용액에 녹습니다. 따라서 환경 오염으로 산성이 강해진 빗물이나 산성 물질인 새의 배설물이 대리암으로 만든 석탑을 빠르게 훼손시킬 수 있으므로 유리 보호 장치를 한 것입니다.

---

2 산성 용액은 달걀 껍데기, 메추리알 껍데기, 탄산 칼슘 가루, 조개껍데기 등을 녹입니다.

3 대리암 조각을 녹이는 용액은 산성 용액입니다. 식초는 산성 용액이며, 염기성 물질인 생선 비린내를 약하게 할 수 있습니다.

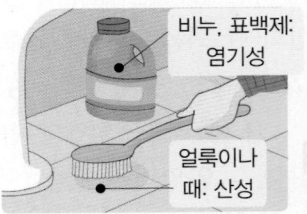

▲ ㉠ 표백제: 염기성 용액   ▲ ㉡ 제산제: 염기성 용액

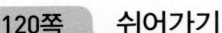

채점 기준	상	(1)에 ㉡을 고르고, (2)에 산성 용액인 식초가 염기성 물질인 생선 비린내를 약하게 할 수 있기 때문이라는 내용으로 모두 옳게 쓴 경우
	중	(1)에 ㉡을 고르고, (2)에 식초(산성)나 생선 비린내(염기성)의 성질을 포함하지 않고 쓴 경우
	하	(1)에 ㉡만 옳게 고른 경우

120쪽 쉬어가기

2. 생물과 환경

1 생태계   2 생산자, 소비자, 분해자   3 소비자
4 먹이 사슬   5 먹이 그물   6 생태계 평형   7 물
을 준 무씨   8 적응   9 환경 오염   10 물

1 비생물 요소   2 생산자   3 분해자   4 최종 소
비자   5 햇빛이 잘 드는 곳에 놓아둔 콩나물   6 온
도   7 햇빛   8 생김새를 통한 적응   9 대기(공기)
오염   10 토양(흙) 오염

1 ②, ④, ⑤   2 ㉠   3 ㉢   4 유나   5 예 식물
을 먹는 소비자는 먹이가 없어서 죽게 되고, 그다음
단계의 소비자도 먹이가 없어서 죽게 될 것입니다.
결국 생태계의 모든 생물이 멸종될 것입니다.   6
③   7 (1) 먹이 그물 (2) 예 어느 한 종류의 먹이가
부족해지더라도 다른 먹이를 먹고 살 수 있기 때문
입니다.   8 (1) 공통 (2) 사슬 (3) 그물   9 줄어듭
니다   10 (1) 예 수나 양이 줄어듭니다. (2) 예 수
나 양이 늘어납니다. (3) 예 수나 양이 늘어납니다.
11 ①   12 (1) ㉡, ㉣ (2) ㉢, ㉣ (3) ㉠   13 햇
빛, 물   14 온도   15 예 생물이 오랜 기간에 걸
쳐 서식지의 환경에서 살아남기에 유리한 특징을 가
지는 것입니다.   16 ㉡   17 ①   18 ㉡   19
②, ④   20 ④

1 애벌레, 버섯, 토끼풀은 살아 있는 것이므로 생물
  요소이고, 햇빛과 흙은 살아 있지 않은 것이므로 비
  생물 요소입니다.

2 지구에는 다양한 규모의 생태계가 있습니다. 화단,
  연못 등과 같이 규모가 작은 생태계도 있고, 숲, 바
  다 등과 같이 규모가 큰 생태계도 있습니다.

3 고양이와 배추흰나비는 스스로 양분을 만들지 못하
  고 다른 생물을 먹이로 하여 살아가는 소비자입니
  다. 민들레는 햇빛 등을 이용하여 살아가는 데 필요
  한 양분을 스스로 만드는 생산자입니다.

4 생산자는 햇빛 등을 이용하여 살아가는 데 필요한
  양분을 스스로 만듭니다.

5 생산자인 식물이 사라진다면 식물을 먹는 소비자는
  죽게 되고, 식물을 먹는 소비자를 먹이로 하는 다음
  단계의 소비자도 죽게 될 것입니다.

  채점 tip 식물을 먹는 소비자와 그다음 단계의 소비자가 죽게 되
  어 생태계의 모든 생물이 멸종될 것이라고 쓰면 정답으로 합니다.

6 메뚜기는 벼를 먹고, 참새는 메뚜기를 먹으며, 매는
  참새를 먹습니다.

7 먹이 사슬에서는 먹을 수 있는 먹이가 하나밖에 없
  어서, 그 먹이가 없어진다면 그 먹이를 먹는 생물도
  없어지게 될 것이기 때문에 먹이 그물의 형태가 생
  물이 함께 살아가기에 유리하다고 써도 됩니다.

  채점 tip (1) 먹이 그물을 옳게 쓰고, (2) 먹이가 부족해지면 다른
  먹이를 먹을 수 있기 때문이라는 내용을 쓰면 정답으로 합니다.

8 먹이 사슬과 먹이 그물 모두 생물들이 먹고 먹히는
  관계가 나타나지만, 먹이 사슬은 한 방향으로만 연
  결되고 먹이 그물은 여러 방향으로 연결됩니다.

9 생태계에서는 먹이 단계가 올라갈수록 생물의 수가
  적어지는 피라미드 모양이 나타납니다.

10 늘어난 1차 소비자의 먹이가 되는 생산자의 수나 양
   이 줄어듭니다. 2차 소비자의 수나 양은 먹이인 1차
   소비자의 증가로 늘어나고, 2차 소비자가 증가하면
   3차 소비자의 수나 양도 늘어납니다.

   채점 tip 생산자의 수나 양이 줄어들고, 2차 소비자와 3차 소비자
   는 늘어난다는 내용을 쓰면 정답으로 합니다.

11 생태계 평형이 깨지는 원인은 지진, 가뭄, 산불, 홍
   수, 태풍과 같은 자연적인 요인뿐만 아니라 댐, 도
   로, 건물 건설과 같은 인위적인 요인도 있습니다.

12 (1) 물을 주지 않은 ㉡ 페트병과 ㉣ 페트병 콩나물의
   떡잎 아래 몸통이 시들었습니다. (2) 어둠상자로 햇
   빛을 가린 ㉢ 페트병과 ㉣ 페트병 콩나물의 떡잎이
   노란색입니다.

13 햇빛이 있고 물을 준 ㉠ 페트병의 콩나물이 가장 잘
   자란 것으로 보아 식물이 자라는 데 햇빛과 물이 영
   향을 준다는 것을 알 수 있습니다.

14 식물의 잎에 단풍이 들고, 추운 계절이 다가오면 개나 고양이가 털갈이를 하는 것은 비생물 요소인 온도의 영향 때문입니다.

15 생물은 적응을 통해 특정 서식지에서 자손을 번식할 수 있습니다.

> 채점 tip 서식지에서 살아남기에 유리한 특징을 가지는 것이라는 내용을 포함하여 쓰면 정답으로 합니다.

16 대벌레는 가늘고 길쭉한 생김새를 통해 나뭇가지가 많은 환경에서 몸을 숨기기 유리하게 적응하였습니다.

17 선인장의 굵은 줄기와 뾰족한 가시는 건조한 환경에서 사는 생물이 생김새를 통해 적응한 것입니다.

18 자동차의 배기가스, 공장 폐수의 배출, 유조선의 기름 유출은 환경 오염의 원인이 됩니다.

19 수질 오염으로 인해 생물의 서식지가 파괴되며, 물이 더러워지고 악취가 납니다. 또 그곳에 사는 물고기는 물속 산소가 부족하여 죽기도 합니다.

20 공기를 오염시키는 원인에는 자동차의 배기가스, 공장의 매연 등이 있으며, 자동차의 배기가스에 의해 공기가 오염되면 동물의 호흡 기관에 이상이 생기기도 합니다. 쓰레기 배출과 농약이나 비료의 지나친 사용은 흙을 오염시키는 원인이고 샴푸의 지나친 사용은 물을 오염시키는 원인입니다.

8쪽~11쪽 단원 평가 실전

1 (1) ㉢, ㉣, ㉤ (2) ㉠, ㉡, ㉥ 2 예 어떤 장소에서 서로 영향을 주고받는 생물과 생물 주변의 환경 전체를 생태계라고 합니다. 3 곰팡이 4 (1) ✕ (2) ◯ (3) ✕ (4) ◯ 5 분해자 6 ② 7 ㉢ 8 ㉢ 9 (1) 예 생물들의 먹고 먹히는 관계가 나타납니다. (2) 예 먹이 사슬은 한 방향으로만 연결되지만, 먹이 그물은 여러 방향으로 연결됩니다. 10 생태계 평형 11 ㉢ 12 ㉢ 13 햇빛 14 ④ 15 예 몸을 공처럼 오므리는 행동을 통해 적의 공격에서 몸을 보호하기 유리하게 적응했습니다. 16 규리 17 예 가늘고 길쭉한 생김새 18 예 사람들의 활동으로 자연환경이나 생활 환경이 더럽혀지거나 훼손되는 것입니다. 19 (1) ㉡ (2) ㉠ (3) ㉢ 20 ②

---

1 생태계의 구성 요소 중 살아 있는 것을 생물 요소, 살아 있지 않은 것을 비생물 요소라고 합니다. 여우, 세균, 소금쟁이는 생물 요소이고, 온도, 공기, 햇빛은 비생물 요소입니다.

2 생태계란 어떤 장소에서 서로 영향을 주고받는 생물 요소와 살아 있지 않은 것인 비생물 요소를 모두 포함한 것입니다.

> 채점 tip 주어진 말을 모두 사용하여 생태계에 대해 알맞게 쓰면 정답으로 합니다.

3 곰팡이는 죽은 생물이나 배출물을 분해하여 양분을 얻는 분해자입니다.

4 (1) 장미는 햇빛 등을 이용하여 스스로 양분을 만듭니다. (3) 세균은 주로 죽은 생물이나 배출물을 분해하여 양분을 얻습니다.

5 곰팡이와 같은 분해자는 주로 죽은 생물이나 배출물을 분해하여 양분을 얻습니다. 따라서 분해자가 사라진다면 죽은 생물과 생물의 배출물이 분해되지 않아서 우리 주변이 죽은 생물과 생물의 배출물로 가득 차게 될 것입니다.

6 생산자인 식물이 없다면 식물을 먹는 소비자는 먹이가 없어서 죽게 되고, 그다음 단계의 소비자도 먹이가 없어서 죽게 될 것입니다. 결국 생태계의 모든 생물이 멸종될 것입니다.

7 메뚜기는 벼를 먹고 개구리는 메뚜기를 먹습니다. 일반적으로 여우는 벼를 먹지 않으며, 참새는 개구리의 먹이가 아닙니다.

8 먹이 그물은 생물들이 먹고 먹히는 관계가 여러 방향으로 연결되어서 다양한 먹이를 먹을 수 있기 때문에 여러 생물들이 함께 살아가기에 유리합니다.

9 먹이 사슬과 먹이 그물은 모두 생물들의 먹고 먹히는 관계가 나타난다는 공통점이 있습니다. 먹이 사슬은 한 방향으로 연결되지만, 먹이 그물은 여러 방향으로 연결된다는 차이점이 있습니다.

> 채점 tip 공통점과 차이점을 알맞게 쓰면 정답으로 합니다.

10 생태계 평형은 어떤 지역에 살고 있는 생물의 종류와 수가 안정된 상태입니다. 깨진 생태계 평형을 다시 회복하려면 오랜 시간과 노력이 필요합니다.

11 ㉢ 국립 공원의 생태계는 점점 평형을 되찾아갔고 그 결과 사슴의 수는 적절하게 유지되었습니다.

12 햇빛이 있고 물을 준 콩나물은 떡잎과 떡잎 아래 몸통이 초록색으로 변하고, 떡잎 아래 몸통이 길고 굵어집니다.

13 햇빛은 동물이 물체를 보고 식물이 양분을 만드는 데 필요합니다. 또 꽃이 피는 시기와 동물의 번식 시기에도 영향을 줍니다.

14 생물은 공기가 없으면 숨을 쉬지 못합니다.

15 공벌레는 몸을 공처럼 오므리는 행동을 통해 적의 공격에서 몸을 보호하기 유리합니다.

> 채점 tip 몸을 공처럼 오므리는 행동을 통해 적의 공격에서 몸을 보호하기 유리하게 적응했다고 쓰면 정답으로 합니다.

16 생물은 생활 방식뿐만 아니라 생김새 등을 통해서도 환경에 적응합니다.

17 대벌레는 가늘고 길쭉한 생김새를 통해 나뭇가지가 많은 환경에서 적으로부터 몸을 숨기기 유리합니다.

18 환경이 오염되면 그곳에 살고 있는 생물의 종류와 수가 줄어들거나 멸종되기도 합니다.

> 채점 tip 환경 오염에 대해 옳게 쓰면 정답으로 합니다.

19 폐수 배출은 수질 오염, 공장의 매연은 대기 오염, 쓰레기 매립은 토양 오염의 직접적인 원인입니다.

20 자동차의 배기가스는 생물의 성장에 피해를 주기 때문에 화단 앞에 주차를 할 때는 자동차의 배기구가 식물을 향하지 않도록 해야 합니다.

12쪽 **수행 평가 ❶회**

1 (1) 풀, 메뚜기, 참새, 매, 곰팡이 (2) 예 햇빛, 온도, 공기, 흙

2 예 양분을 스스로 만드는 풀은 생산자, 다른 생물을 먹이로 하여 양분을 얻는 메뚜기, 참새, 매는 소비자, 죽은 생물이나 배출물을 분해하여 양분을 얻는 곰팡이는 분해자입니다.

3

---

1 생물 요소는 살아 있는 것, 비생물 요소는 살아 있지 않은 것입니다.

2 생물 요소는 양분을 얻는 방법에 따라 생산자, 소비자, 분해자로 분류할 수 있습니다.

채점 기준		
	상	생산자, 소비자, 분해자가 각각 양분을 얻는 방법을 포함하여 생산자에 풀, 소비자에 메뚜기, 참새, 매, 분해자에 곰팡이를 모두 옳게 분류하여 쓴 경우
	하	생산자, 소비자, 분해자가 각각 양분을 얻는 방법만 옳게 썼거나 생산자에 풀, 소비자에 메뚜기, 참새, 매, 분해자에 곰팡이로만 옳게 분류하여 쓴 경우

3 먹이 그물은 여러 개의 먹이 사슬이 복잡하게 얽혀 그물처럼 연결되어 있는 것입니다.

13쪽 **수행 평가 ❷회**

1 (1) 사막여우 (2) 티베트 모래 여우 (3) 북극여우
2 예 생물이 오랜 기간에 걸쳐 서식지의 환경에서 살아남기에 유리하도록 생김새나 생활 방식이 적응하였기 때문입니다. 따라서 서식지의 환경과 털 색깔이 비슷하거나 서식지의 온도에 맞추어 몸의 크기 등이 달라져 여우의 모습이 다른 것입니다.
3 예 동물의 호흡 기관에 이상이 생기거나 병에 걸릴 수 있습니다. 깨끗하고 선명한 하늘을 보기 어려워집니다.

1 사막여우는 털색이 사막 환경과 비슷하고, 몸집이 작고 귀가 커서 열을 잘 배출합니다. 티베트 모래 여우는 회색과 황토색의 털이 마른풀과 회색 돌로 덮인 서식지 환경과 비슷합니다. 북극여우는 몸집이 크며 귀가 짧고 둥글어서 열을 덜 배출하므로 추운 북극에서 살아남기에 알맞습니다.

2 서식지 환경과 다른 색깔의 털을 가진 여우는 눈에 잘 띄기 때문에 천적에게 잡아먹힐 가능성이 높고, 먹잇감에게 접근하기도 어렵습니다.

> 채점 tip 생물이 오랜 기간에 걸쳐 서식지의 환경에서 살아남기에 유리하도록 적응하였기 때문이라는 내용을 포함하여, 그렇기 때문에 서식지의 환경과 털 색깔 등의 생김새가 비슷하다고 쓰면 정답으로 합니다.

3 이산화 탄소 등이 많이 배출되면 지구의 평균 온도가 높아져서 동식물의 서식지가 파괴되기도 합니다.

> 채점 tip 대기 오염이 우리 생활에 미치는 영향을 두 가지 모두 옳게 쓰면 정답으로 합니다.

BOOK ❷ 평가북

2 단원

3. 날씨와 우리 생활

14쪽 묻고 답하기 ❶회

1 습도   2 이슬   3 구름   4 응결   5 차가운 공기   6 바다 위   7 ⑩ 육지에서 바다로 붑니다.   8 ⑩ 차갑고 건조합니다.   9 따뜻하고 습한 공기 덩어리   10 날씨 지수

15쪽 묻고 답하기 ❷회

1 습도가 높은 날   2 안개   3 비   4 기압   5 바람   6 육지   7 육풍   8 ⑩ 따뜻하고 건조합니다.   9 바다에서 이동해 오는 공기 덩어리   10 ⑩ 옷차림, 사람들의 건강

16쪽~19쪽 단원 평가 기출

1 ⑴ ○ ⑶ ○   2 ⑤   3 ⑴ ⑩ 집기병 표면에 작은 물방울이 맺힙니다.   ⑵ ⑩ 집기병 바깥에 있는 공기 중 수증기가 응결해 집기병 표면에서 물방울로 맺히기 때문입니다.   4 이슬   5 ㉠ 수증기 ㉡ 응결   6 ㉢   7 주이   8 ⑩ 구름 속 얼음 알갱이의 크기가 커지면서 무거워져 떨어질 때 녹지 않은 채로 떨어지면 눈이 됩니다.   9 >   10 ④, ⑤   11 ⑩ ㉠ 공기가 ㉡ 공기보다 온도가 낮기 때문에 ㉠ 공기가 ㉡ 공기보다 일정한 부피에 공기의 양이 더 많습니다.   12 호민   13 9(10), 18(17)   14 ⑩ 고기압에서 저기압으로 이동합니다. 기압이 높은 곳에서 기압이 낮은 곳으로 이동합니다.   15 ⑴ 해 ⑵ 육   16 ㉠   17 ㉢, ⑩ 남서쪽 대륙에서 이동해 오는 따뜻하고 건조한 공기 덩어리의 영향을 받아 날씨가 따뜻하고 건조합니다.   18 ㉠ 건조 ㉡ 습 ㉢ 차갑고 ㉣ 따뜻하다   19 기상청   20 호정

1   건습구 습도계에서 ㉠은 건구 온도계이고, ㉡은 습구 온도계입니다.

2   습도가 높으면 쉽게 음식물이 부패합니다.

3   차가워진 집기병의 바깥에 있는 공기 중 수증기가 응결해 집기병 표면에서 물방울로 맺힙니다.

   채점 tip ⑴ 집기병 표면에 물방울이 맺힌다고 쓰고, ⑵ 수증기가 응결해 물방울로 맺히기 때문이라고 쓰면 정답으로 합니다.

4   물과 조각 얼음을 넣은 집기병 표면에 작은 물방울이 맺히는 것은 자연 현상에서 이슬이 만들어지는 현상과 비슷합니다.

5   안개는 밤에 지표면 근처의 공기가 차가워져 공기 중 수증기가 응결해 작은 물방울로 떠 있는 것입니다.

6   공기 중의 수증기가 응결해 작은 물방울이나 얼음 알갱이 상태로 변해 높은 하늘에 떠 있는 것을 구름이라고 합니다.

7   이슬은 밤에 차가워진 나뭇가지나 풀잎 표면 등에 수증기가 응결해 물방울로 맺히는 것이고, 안개는 밤에 지표면 근처의 차가워진 공기 중 수증기가 응결해 작은 물방울로 떠 있는 것이며, 구름은 수증기가 응결해 높은 하늘에 떠 있는 것입니다. 모두 수증기가 응결하여 나타나는 현상입니다.

8   눈은 구름 속 얼음 알갱이의 크기가 커지면서 무거워져 떨어질 때 녹지 않은 채로 떨어지는 것입니다.

   채점 tip 얼음 알갱이의 크기가 커지면서 무거워져 떨어질 때 녹지 않은 채로 떨어지면 눈이 된다고 쓰면 정답으로 합니다.

9   차가운 공기가 따뜻한 공기보다 더 무겁습니다.

10   차가운 공기는 따뜻한 공기보다 일정한 부피에 공기의 양이 더 많아 무겁고 기압이 더 높습니다. 상대적으로 공기가 무거운 것을 고기압이라고 하고, 공기가 가벼운 것을 저기압이라고 합니다.

11   차가운 공기는 따뜻한 공기보다 일정한 부피에 공기 알갱이가 더 많아 무겁고 기압이 더 높습니다.

   채점 tip ㉠ 공기가 ㉡ 공기보다 온도가 낮기 때문이라는 내용을 포함하여 옳게 쓰면 정답으로 합니다.

12   낮에는 육지가 바다보다 빠르게 데워지기 때문에 육지의 온도가 바다의 온도보다 높고, 밤에는 육지가 바다보다 빠르게 식기 때문에 육지의 온도가 바다의 온도보다 낮습니다.

13   9(10)시 무렵부터 18(17)시 무렵까지 육지의 온도가 바다의 온도보다 높기 때문에 육지와 바다 위 공기의 온도는 육지와 바다 온도에 영향을 받아 점차 변할 것입니다.

14 두 지점 사이에 기압 차가 생기면 공기는 고기압에서 저기압으로 이동합니다.

채점 tip 고기압에서 저기압으로 이동한다고 쓰면 정답으로 합니다.

15 낮에 바다에서 육지로 부는 바람을 해풍이라고 하고, 밤에 육지에서 바다로 부는 바람을 육풍이라고 합니다.

16 ㉠은 북서쪽 대륙에서 이동해 오는 공기 덩어리로 차갑고 건조합니다.

17 남쪽에서 이동해 오는 공기 덩어리는 따뜻하고, 대륙에서 이동해 오는 공기 덩어리는 건조한 특징이 있습니다.

채점 tip ㉢을 쓰고, 남서쪽 대륙에서 이동해 오는 따뜻하고 건조한 공기 덩어리의 영향을 받아 날씨가 따뜻하고 건조하다고 쓰면 정답으로 합니다.

18 그렇기 때문에 여름은 남동쪽 바다에서 이동해 오는 공기 덩어리의 영향을 받아 덥고 습합니다. 겨울은 북서쪽 대륙에서 이동해 오는 공기 덩어리의 영향을 받아 춥고 건조합니다.

19 기상청에서는 감기 가능 지수, 피부 질환 지수, 식중독 지수, 불쾌지수 등 여러 가지 날씨 지수를 제공합니다.

20 감기 가능 지수가 높은 경우 외출 후 손과 발을 씻고, 머리를 감은 뒤 충분히 말리고 나가는 것이 감기 예방에 좋습니다.

20쪽~23쪽 단원 평가 실전

1 ㉠ **2** 진운, 윤수 **3** ②, ④ **4** ② **5** ㉠ 수증기 ㉡ 응결 **6** ㉠ 낮아 ㉡ 응결 **7** ② **8** 눈 **9** (1) 277.3 g (2) 예 같은 부피일 때 따뜻한 공기가 차가운 공기보다 가볍기 때문입니다. **10** 고기압 **11** ⑤ **12** 모래 **13** 기압 **14** ㉠ **15** 예 데운 찜질팩 위의 공기는 온도가 높아 저기압이 되고 데우지 않은 찜질팩 위의 공기는 온도가 낮아 고기압이 되므로, 공기가 데우지 않은 찜질팩 쪽에서 데운 찜질팩 쪽으로 이동하기 때문입니다. **16** ② **17** (1) ㉡ (2) ㉠ **18** 예 춥고 건조한 성질을 따라 공기 덩어리도 차갑고 건조해집니다. **19** ②, ④ **20** (2) ○

---

1 건구 온도와 건구 온도와 습구 온도의 차가 만나는 지점이 현재 습도를 나타내므로, ㉠의 습도는 81 %, ㉡의 습도는 76 %, ㉢의 습도는 66 %입니다.

2 습도가 낮을 때 가습기를 사용하거나 빨래를 널면 습도를 높일 수 있습니다. 실내에 마른 숯을 놓아두면 습도를 낮출 수 있으며, 습도가 높을 때 제습제를 사용합니다.

3 이슬은 밤에 차가워진 나뭇가지나 풀잎 표면 등에 수증기가 응결해 작은 물방울로 맺히는 것입니다.

4 조각 얼음이 담긴 페트리 접시 근처부터 뿌옇게 흐려집니다.

5 집기병 안의 따뜻한 수증기가 페트리 접시의 얼음 때문에 차가워져 응결하기 때문에 집기병 안이 뿌옇게 흐려집니다.

6 공기가 지표면에서 하늘로 올라갈 때 부피는 점점 커지고 온도는 점점 낮아집니다.

7 구름 속 작은 물방울이 합쳐지면서 무거워져 떨어지거나, 크기가 커진 얼음 알갱이가 무거워져 떨어질 때 기온이 높은 지역을 지나면 녹아서 비가 됩니다.

8 구름 속 얼음 알갱이의 크기가 커지면서 무거워져 떨어질 때 녹지 않은 채로 떨어지면 눈이 됩니다.

9 따뜻한 공기는 차가운 공기보다 더 가벼우므로, 따뜻한 공기의 무게로 알맞은 것은 277.3 g입니다.

채점 tip (1) 따뜻한 공기의 무게를 알맞게 골라 쓰고, (2) 따뜻한 공기가 차가운 공기보다 더 가볍기 때문이라고 쓰면 정답으로 합니다.

10 공기의 무게 때문에 생기는 힘을 기압이라고 하고, 공기가 무거운 것을 고기압이라고 합니다.

11 바람이 부는 방향을 알아보기 위해 모래와 물의 온도 변화를 측정하는 실험이므로 그릇에 담는 물질의 종류 외의 조건은 모두 같게 해야 합니다.

12 모래는 물보다 빨리 데워지고 빨리 식어 온도 변화가 큽니다.

13 두 지점 사이에 기압 차가 생길 때 고기압에서 저기압으로 공기가 이동하는 것이 바람입니다.

14 ㉡ 데우지 않은 찜질팩 위 공기는 온도가 낮아 고기압이 되고, 데운 찜질팩 위 공기는 온도가 높아 저기압이 됩니다. ㉢ 향 연기의 움직임은 수조 속 공기의 움직임을 나타냅니다.

15 온도와 기압은 서로 관련이 있습니다.

> **채점 tip** 데운 찜질팩 위의 공기는 저기압이 되고, 데우지 않은 찜질팩 위의 공기는 고기압이 되기 때문에 데우지 않은 찜질팩 쪽에서 데운 찜질팩 쪽으로 향 연기가 움직인다고 쓰면 정답으로 합니다.

16 바닷가에서 밤에는 바다가 육지보다 온도가 높으므로 바다 위는 저기압, 육지 위는 고기압이 됩니다. 따라서 바람은 육지에서 바다로 붑니다.

> **개념 다시 보기**
>
> **바닷가에서 부는 바람의 방향**
>
> **해풍(바다에서 육지로 부는 바람) 육풍(육지에서 바다로 부는 바람)**
>
>

17 한 지역에 새로운 공기 덩어리가 이동해 오면 그 지역의 온도와 습도는 새롭게 이동해 온 공기 덩어리의 영향을 받습니다.

18 넓은 곳을 덮고 있는 공기 덩어리가 한 지역에 오랫동안 머물게 되면 공기 덩어리는 그 지역의 온도나 습도와 비슷한 성질을 갖게 됩니다. 따라서 공기 덩어리가 춥고 건조한 대륙 위에 오랫동안 머물러 있으면 공기 덩어리도 차갑고 건조해집니다.

> **채점 tip** 공기 덩어리가 차갑고 건조해진다고 쓰면 정답으로 합니다.

19 ① ㉠은 차갑고 건조합니다. ③ ㉠과 ㉡은 건조하고, ㉢은 습합니다. ⑤ ㉢의 영향을 받으면 덥고 습한 날씨가 나타납니다.

20 황사나 미세 먼지가 많은 날에는 외출 등의 야외 활동을 자제하고, 외출할 때는 마스크를 착용합니다.

> **24쪽** **수행 평가 ①회**

1 안개

2 ⑩ 안개는 지표면 근처의 공기가 차가워져 공기 중의 수증기가 응결해 작은 물방울로 지표면 가까이에 떠 있는 것입니다.

3 (1) ✕ (2) ◯ (3) ✕ (4) 이슬

1 가시거리는 눈으로 볼 수 있는 거리를 의미하며, 이슬, 구름 등의 자연 현상과는 큰 관련이 없습니다.

---

2 안개는 공기 중에 수증기가 많고 기온 차가 큰 날씨에 잘 생깁니다. 지표면 가까이에 떠 있기 때문에 안개가 짙은 날에는 앞이 잘 보이지 않으므로 통행에 조심합니다.

> **채점 tip** 안개는 지표면 근처의 공기가 차가워져 공기 중의 수증기가 응결해 작은 물방울로 지표면 가까이에 떠 있는 것이라고 옳게 쓰면 정답으로 합니다.

3 이른 아침 거미줄에 맺힌 물방울은 공기 중의 수증기가 응결하여 차가운 거미줄에 맺힌 것으로 이슬과 관련이 있습니다.

> **25쪽** **수행 평가 ②회**

1 ← , <

2 ⑩ 따뜻한 공기는 주변보다 공기의 양이 적어서 공기의 무게가 가볍기 때문에 저기압이 되고, 차가운 공기는 주변보다 공기의 양이 많아서 공기의 무게가 무거워 고기압이 됩니다. 따라서 공기는 고기압인 차가운 공기 쪽에서 저기압인 따뜻한 공기 쪽으로 이동합니다.

3

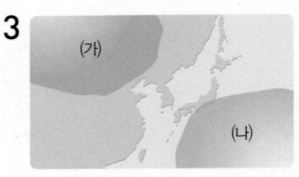

1 따뜻한 공기는 같은 부피에 있는 공기의 양이 적어서 가볍고, 차가운 공기는 같은 부피에 있는 공기의 양이 많아서 무겁습니다.

2 공기는 고기압 쪽에서 저기압 쪽으로 이동합니다.

채점 기준	상	제시된 단어 6개를 모두 이용하여 옳게 쓴 경우
	중	제시된 단어 4~5개만 이용하여 옳게 쓴 경우
	하	제시된 단어 1~3개만 이용하여 옳게 쓴 경우

3 차갑고 건조한 ㈎ 공기 덩어리는 북서쪽 대륙에서 이동해 오는 것으로 우리나라의 겨울철 날씨에 영향을 미칩니다. 따뜻하고 습한 ㈏ 공기 덩어리는 남동쪽 바다에서 이동해 오는 것으로 우리나라의 여름철 날씨에 영향을 미칩니다.

4. 물체의 운동

26쪽 묻고 답하기 ❶회

1 운동 **2** (물체가 이동하는 데) 걸린 시간과 이동 거리 **3** (물체가 이동하는 데) 걸린 시간 **4** 이동 (이동한) 거리 **5** (300 km를 이동한) 기차 **6** 이동(이동한) 거리 **7** ⑩ km/h, m/s **8** (속력이 40 km/h인) 배 **9** 과속 방지 턱 **10** ⑩ 신호등을 확인하고 좌우를 살피며 건넙니다.

27쪽 묻고 답하기 ❷회

1 위치 **2** (이륙하는) 비행기 **3** (이동하는 데) 짧은 시간이 걸린 물체 **4** 호정이 **5** 긴 거리를 이동한 물체 **6** 속력 **7** 걸린 시간 **8** 시간 **9** 안전띠 **10** ⑩ 차도로 내려가지 않습니다.

28쪽~31쪽 단원 평가 기출

1 위치 **2** ㉢ **3** ⑩ 자전거는 1초 동안 2 m를 이동했습니다. **4** ㉠ 천천히 ㉡ 빠르게 **5** ㉠ **6** ④ **7** ⑩ 빠르기가 일정한 운동을 합니다. **8** (1) 솔비 (2) 우현 **9** ⑩ 결승선까지 걸린 시간이 가장 짧은 사람이 가장 빠르게 달린 것입니다. **10** ⑤ **11** 강민호(가 만든 종이 자동차) **12** 기차 **13** 자전거, 배, 시내버스 **14** 속력 **15** (1) ✕ (2) ○ (3) ✕ (4) ○ **16** 호준 **17** (1) 육십 킬로미터 매 시(시속 육십 킬로미터) (2) ⑩ 1시간 동안 60 km를 이동하는 빠르기를 의미합니다. **18** ㉣ **19** ㉠ **20** ㉢

1 시간이 지남에 따라 물체의 위치가 변할 때 물체가 운동한다고 합니다.

2 물체의 운동은 물체가 이동하는 데 걸린 시간과 이동 거리로 나타냅니다.

3 자전거 페달을 기준으로 봤을 때 1초 동안 2 m를 이동한 것을 알 수 있습니다.

채점 tip 자전거는 1초 동안 2 m를 이동했다고 쓰면 정답으로 합니다.

4 물수리는 공중을 천천히 날다가 먹이를 보면 빠르게 날아듭니다.

5 일반적으로 로켓은 펭귄보다 빠르게 운동합니다.

6 케이블카와 자동길은 빠르기가 일정한 운동을 하고, 펭귄, 치타, 로켓, 비행기는 일반적으로 빠르기가 변하는 운동을 합니다.

7 대관람차는 거대한 바퀴 모양의 둘레에 작은 공간을 여러 개 만들어 회전하는 놀이기구로, 높은 곳까지 올라가 주변 경관을 바라보기 위해 일정한 빠르기로 회전합니다.

채점 tip 일정한 빠르기로 운동한다고 쓰면 정답으로 합니다.

8 (1) 결승선까지 걸린 시간이 가장 짧은 솔비가 가장 빠르게 달렸습니다. (2) 결승선까지 걸린 시간이 가장 긴 우현이가 가장 느리게 달렸습니다.

9 같은 거리를 이동한 물체의 빠르기는 물체가 이동하는 데 걸린 시간으로 비교하며, 이때 같은 거리를 이동하는 데 짧은 시간이 걸린 물체가 긴 시간이 걸린 물체보다 더 빠릅니다.

채점 tip 결승선에 가장 먼저 도착한 사람이 가장 빠르다고 쓰거나 걸린 시간이 가장 짧은 사람이 가장 빠르다고 써도 정답으로 합니다.

10 마라톤과 수영은 같은 거리를 이동하는 데 걸린 시간을 측정해 빠르기를 비교합니다.

11 같은 시간 동안 긴 거리를 이동한 물체가 짧은 거리를 이동한 물체보다 빠르므로 강민호, 지서현, 김주안의 종이 자동차 순서로 빠릅니다.

12 3시간 동안 가장 긴 거리를 이동한 기차가 가장 빠릅니다.

13 3시간 동안 자전거는 60 km, 자동차는 240 km, 배는 120 km, 기차는 300 km, 시내버스는 180 km를 이동하므로, 고속버스보다 느린 교통수단은 자전거, 배, 시내버스입니다. 고속버스보다 빠른 교통수단은 기차와 자동차입니다.

14 이동 거리와 걸린 시간이 모두 다른 물체의 빠르기는 속력으로 나타내어 비교합니다.

15 (1) 속력의 단위는 km/h, m/s, m/h 등 다양합니다. (3) 속력은 물체가 이동한 거리를 이동하는 데 걸린 시간으로 나누어 구합니다.

16 속력이 클수록 물체는 빠릅니다. 속력이 크다는 것은 일정한 거리를 이동하는 데 더 짧은 시간이 걸린다는 뜻입니다.

17 (1) 60 km/h는 '육십 킬로미터 매 시' 또는 '시속 육십 킬로미터'라고 읽습니다. (2) 60 km/h는 1시간 동안 60 km를 이동하는 빠르기를 의미합니다.

> **채점 tip** (1) 속력을 바르게 읽고, (2) 1시간 동안 60 km를 이동하는 빠르기를 의미한다고 쓰면 정답으로 합니다.

18 도로에 과속 방지 턱을 설치하면 자동차의 속력을 줄여서 사고를 예방할 수 있습니다. 에어백과 안전띠는 자동차에 설치된 안전장치입니다.

19 ㉠ 횡단보도를 건널 때에는 신호등을 확인하고 좌우를 살피며 건넙니다. ㉡ 버스를 기다릴 때는 차도에 내려오지 않고 버스가 정류장에 도착할 때까지 인도에서 기다립니다. ㉢ 도로 주변에서는 공놀이를 하지 않아야 하며, 공을 공 주머니에 넣고 다닙니다.

20 학교 주변이나 어린이 보호 구역에서 자동차를 운전할 때는 속력을 30 km/h 이하로 합니다.

32쪽~35쪽 **단원 평가** 실전

1 ②, ③, ④ **2** ⑳ 운동한 물체는 1초 동안 위치가 변했고, 운동하지 않은 물체는 1초 동안 위치가 변하지 않았습니다. **3** ② **4** ㉠ 빠르게 ㉡ 천천히 **5** 주홍 **6** ㉡ **7** ㉠ 같은 ㉡ 동시에 ㉢ 짧은 **8** ③, ④ **9** ㉢ **10** ①, ③, ⑤ **11** 수진 **12** ⑳ 자동차와 고속 열차가 2시간 동안 이동한 거리를 비교합니다. **13** 진수, 은우, 현희 **14** ⑳ 일정한 시간 동안 물체가 이동한 거리를 말합니다. **15** ② **16** ④ **17** 수영 **18** ⑤ **19** ⑤ **20** ⑳ 자동차 운전자나 보행자가 교통 법규를 잘 지키는지 단속합니다.

1 나무와 횡단보도는 시간이 지남에 따라 위치가 변하지 않았으므로 운동하지 않았습니다.

2 시간이 지남에 따라 물체의 위치가 변할 때 물체가 운동한다고 합니다.

> **채점 tip** 시간이 지남에 따라 운동한 물체는 위치가 변했고, 운동하지 않은 물체는 위치가 변하지 않았다고 쓰면 정답으로 합니다.

3 물체의 운동은 물체가 이동하는 데 걸린 시간과 이동 거리로 나타냅니다.

4 일반적으로 로켓은 빠르게 운동하고, 달팽이는 천천히 운동합니다.

5 롤러코스터의 빠르기는 내리막길에서 점점 빨라지고, 오르막길에서 점점 느려집니다.

6 자동계단은 빠르기가 일정한 운동을 하고, 비행기는 빠르기가 변하는 운동을 합니다.

7 수영 경기에서 모든 선수가 같은 출발선에서 출발 신호에 따라 동시에 출발했을 때 결승선까지 이동하는 데 걸린 시간이 가장 짧은 선수가 가장 빠릅니다.

8 50 m를 이동하는 데 짧은 시간이 걸린 사람이 긴 시간이 걸린 사람보다 빠르므로 리아, 호석, 정아, 노영, 민지, 희수 순서로 빠릅니다.

9 같은 거리를 이동한 물체의 빠르기는 물체가 이동하는 데 걸린 시간으로 비교합니다.

10 같은 거리를 이동하여 빠르기를 비교하는 운동 경기에는 조정, 마라톤, 스피드 스케이팅, 자동차 경주 등이 있습니다.

11 같은 시간 동안 긴 거리를 이동한 물체가 짧은 거리를 이동한 물체보다 빠르므로, 25 m를 이동한 한 발로 뛰기, 15 m를 이동한 2인 3각 걷기, 6 m를 이동한 양발 이어 걷기 순서로 빠릅니다.

12 같은 시간 동안 이동한 물체의 빠르기는 물체가 이동한 거리로 비교할 수 있습니다.

> **채점 tip** 자동차와 고속 열차가 2시간 동안 이동한 거리를 비교한다고 쓰면 정답으로 합니다.

13 같은 시간 동안 긴 거리를 이동한 물체가 짧은 거리를 이동한 물체보다 더 빠르므로 2.8 km를 이동한 진수, 2.5 km를 이동한 은우, 2.2 km를 이동한 현희의 순서로 빠릅니다.

14 속력이란 1초, 1분, 1시간 등과 같은 일정한 시간 동안 물체가 이동한 거리를 말합니다.

> **채점 tip** 일정한 시간 동안 물체가 이동한 거리라고 쓰면 정답으로 합니다.

15 4시간 동안 360 km를 이동한 물체(360 km ÷ 4 h = 90 km/h)와 1시간 동안 90 km를 이동한 물체(90 km ÷ 1 h = 90 km/h)의 속력은 서로 같습니다.

16 ① 배의 속력은 160 km ÷ 4 h = 40 km/h, ② 자전거의 속력은 18 km/h, ③ 시내버스의 속력은 60 km/h, ④ 헬리콥터의 속력은 250 km/h, ⑤ 고속 열차의 속력은 280 km ÷ 2 h = 140 km/h입니다.

17 자동차의 속력이 크면 제동 장치를 밟더라도 바로 멈출 수 없어 자동차 운전자나 보행자가 위험을 피하기 힘듭니다.

18 도로에 설치된 안전장치에는 어린이 보호 구역 표지판, 과속 방지 턱, 횡단보도, 신호등, 교통 표지판 등이 있습니다.

19 신호등의 초록불이 켜지면 스마트 기기를 보지 않고 잠시 기다린 다음 자동차가 멈췄는지 확인한 후 횡단보도를 건넙니다.

20 교통경찰, 녹색 학부모 등은 교통 안전사고가 일어나지 않도록 노력하는 분들입니다.

채점 tip 교통 안전사고가 일어나지 않도록 교통경찰이 노력하는 내용을 알맞게 쓰면 정답으로 합니다.

36쪽 **수행 평가 ①회**

1 (1) 일정한, **예** 자동길은 일정한 빠르기로 움직이므로 탑승자가 장치 위에서 걷거나 서서 이동할 수 있기
(2) 변하는, **예** 비행기는 활주로에서 천천히 움직이다가 점점 빠르게 달려 하늘로 날아가기
2 민서

1 움직이는 자동길은 빠르기가 일정한 운동을 하는 물체이고, 이륙하는 비행기는 빠르기가 변하는 운동을 하는 물체입니다. 우리 주변에는 빠르기가 일정한 운동을 하는 물체도 있고, 빠르기가 변하는 운동을 하는 물체도 있습니다.

채점 tip 움직이는 자동길은 빠르기가 일정한 운동을 하는 물체, 이륙하는 비행기는 빠르기가 변하는 운동이라고 쓰고, 그렇게 생각한 까닭을 옳게 쓰면 정답으로 합니다.

개념 다시 보기

운동하는 물체의 빠르기

▲ 빠르기가 일정한 운동을 하는 대관람차

▲ 빠르기가 변하는 운동을 하는 범퍼카

2 같은 시간(10초) 동안 이동한 물체의 빠르기는 같은 시간 동안 긴 거리를 이동한 물체가 짧은 거리를 이동한 물체보다 더 빠르므로, 이동한 거리가 가장 긴 민서가 가장 빠른 종이 자동차를 만든 사람입니다. 민서 → 기준 → 석호 순서로 빠른 종이 자동차를 만들었습니다.

37쪽 **수행 평가 ②회**

1 97 km/h
2 (1) 기차 (2) 자전거, 자동차, 배, 시내버스
3 (1) **예** 횡단보도를 건널 때에는 신호등을 확인하고 좌우를 살피며 건넙니다.
(2) **예** 버스를 기다릴 때에는 차도로 내려가지 않습니다.
(3) **예** 도로 주변에서는 공놀이를 하거나 장난치지 않고, 주변을 잘 살피며 갑니다.

1 '시속 구십칠 킬로미터'는 '97 km/h'로 나타낼 수 있으며, '구십칠 킬로미터 매 시'라고 읽을 수도 있습니다.

2 자전거의 속력은 60 km ÷ 3 h = 20 km/h, 자동차의 속력은 240 km ÷ 3 h = 80 km/h, 배의 속력은 120 km ÷ 3 h = 40 km/h, 기차의 속력은 300 km ÷ 3 h = 100 km/h, 시내버스의 속력은 180 km ÷ 3 h = 60 km/h입니다. 따라서 속력이 97 km/h인 태풍과 비교했을 때 기차의 속력만 태풍보다 빠르고, 자전거, 자동차, 배, 시내버스의 속력은 태풍보다 느립니다.

3 교통 안전사고가 발생하지 않도록 교통안전 수칙을 잘 지켜야 합니다.

채점 tip 예시 답안 외에도 횡단보도, 버스 정류장, 도로 주변에서 지킬 수 있는 교통안전 수칙을 각각 한 가지씩 옳게 쓰면 정답으로 합니다.

5. 산과 염기

38쪽 묻고 답하기 ①회

1 투명한 용액입니다.　2 냄새가 나는 용액입니다.
3 묽은 수산화 나트륨 용액　4 지시약　5 염기성
용액　6 달걀 껍데기　7 삶은 달걀 흰자　8 염기성
용액　9 염기성　10 산성 용액입니다.

39쪽 묻고 답하기 ②회

1 색깔이 있는 용액입니다.　2 (거품이 3초 이상) 유
지되는 용액입니다.　3 레몬즙　4 산성 용액　5 염
기성 용액　6 두부　7 대리암 조각　8 염기성 용액
9 산성　10 염기성 용액입니다.

40쪽~43쪽 단원 평가 (기출)

1 ㉠　2 (1) ㉢ (2) ㉡ (3) ㉠　3 유리 세정제　4 (2)
○　5 ㉐ 어떤 용액에 넣었을 때 그 용액의 성질에
따라 색깔 변화가 나타나는 물질입니다.　6 ②, ③
7 ㉡　8 (가), (다), (나)　9 ③, ④　10 ㉐ 용액의 성
질에 따라 붉은 양배추 지시약이 서로 다른 색깔을
나타내기 때문입니다.　11 (1) ㉠, ㉡, ㉣ (2) ㉢,
㉤, ㉥　12 ⑤　13 (1) 염기성 용액　(2) 산성 용
액　14 ④, ⑤　15 ㉢, ㉠, ㉡　16 ②　17 ㉢,
㉥　18 ㉐ 구연산은 산성 물질이고, 제빵 소다는
염기성 물질입니다.　19 (1) 산성 (2) 염기성 (3) 산
성　20 ㉐ 산성 용액인 염산에 염기성을 띤 소석회
를 뿌리면 염산의 강한 산성 성질이 점점 약해지기
때문입니다.

1 식초는 냄새가 나고 투명하며, 연한 노란색이고 흔
들었을 때 거품이 3초 이상 유지되지 않습니다. ㉡
레몬즙은 불투명합니다. ㉢ 사이다는 무색입니다.
㉣ 석회수는 무색이고 냄새가 나지 않습니다.

2 (1) 석회수는 흔들었을 때 거품이 3초 이상 유지되지
않고 투명하며, 무색입니다. (2) 유리 세정제는 연한
푸른색이고 투명하며 흔들었을 때 거품이 유지됩니
다. (3) 빨랫비누 물은 불투명하고 하얀색이며, 흔들
었을 때 거품이 유지됩니다.

3 유리 세정제는 투명한 용액입니다

4 (1) 빨랫비누 물과 레몬즙은 불투명하고 유리 세정
제, 식초, 사이다, 묽은 염산, 묽은 수산화 나트륨
용액은 투명합니다.

5 지시약의 종류에는 리트머스 종이, 페놀프탈레인
용액, BTB(브로모티몰 블루) 용액 등이 있습니다.

   채점 tip 지시약은 어떤 용액에 넣었을 때 그 용액의 성질에 따라
   색깔 변화가 나타나는 물질이라고 쓰면 정답으로 합니다.

6 푸른색 리트머스 종이에 석회수, 유리 세정제, 묽은
수산화 나트륨 용액을 떨어뜨려도 리트머스 종이에
는 변화가 없습니다. 푸른색 리트머스 종이를 붉은
색으로 변하게 하는 용액은 산성 용액입니다.

7 붉은색 리트머스 종이를 푸른색으로 변화시키는 용
액은 염기성 용액으로, 페놀프탈레인 용액을 붉은
색으로 변하게 합니다.

8 붉은 양배추 지시약은 '붉은 양배추를 잘게 잘라 비
커에 담기 → 붉은 양배추가 잠길 정도로 뜨거운 물
붓기 → 붉은 양배추를 우려낸 용액을 충분히 식혀
거르기'의 순서로 만듭니다.

9 식초, 레몬즙, 묽은 염산에 붉은 양배추 지시약을
떨어뜨리면 붉은색 계열로 변하고, 유리 세정제와
묽은 수산화 나트륨 용액에서는 푸른색이나 노란색
계열로 변합니다.

10 용액의 성질에 따라 붉은 양배추에 들어 있는 물질
이 서로 다른 색깔을 나타내기 때문에 지시약의 색
깔이 다르게 변합니다.

   채점 tip 용액의 성질에 따라 붉은 양배추 지시약이 서로 다른 색
   깔을 나타내기 때문이라고 쓰면 정답으로 합니다.

11 식초, 레몬즙, 사이다는 산성 용액이고, 석회수, 빨
랫비누 물, 유리 세정제는 염기성 용액입니다.

12 묽은 염산에 대리암 조각을 넣으면 대리암 표면에 기포가 발생하면서 녹습니다. 묽은 수산화 나트륨 용액에 대리암 조각을 넣으면 아무런 변화가 없습니다.

13 (1) 염기성 용액에 삶은 달걀 흰자를 넣으면 삶은 달걀 흰자가 녹아 흐물흐물해지고, 용액이 뿌옇게 흐려집니다. (2) 산성 용액에 삶은 달걀 흰자를 넣으면 아무런 변화가 없습니다.

14 염기성 용액에 달걀 껍데기를 넣으면 아무런 변화가 없지만, 산성 용액에 달걀 껍데기를 넣으면 달걀 껍데기 표면에 기포가 생기면서 껍데기가 녹습니다. 레몬즙, 사이다, 묽은 염산은 산성 용액이고, 유리 세정제와 빨랫비누 물은 염기성 용액입니다.

15 삼각 플라스크 속 용액의 색깔이 붉은색에서 보라색을 거쳐 점차 푸른색 계열로 변합니다.

16 실험에서 붉은 양배추 지시약이 붉은색에서 푸른색 계열의 색깔로 점점 변하는 것으로 보아, 산성 용액에 염기성 용액을 넣을수록 산성이 점점 약해진다는 것을 알 수 있습니다.

17 구연산을 물에 녹인 용액에서 페놀프탈레인 용액은 변화가 없고, 제빵 소다를 물에 녹인 용액에서 페놀프탈레인 용액은 붉은색으로 변합니다.

18 구연산은 푸른색 리트머스 종이를 붉은색으로 변화시키므로 산성 물질입니다. 제빵 소다는 붉은색 리트머스 종이를 푸른색으로 변화시키고 페놀프탈레인 용액을 붉은색으로 변화시키므로 염기성 물질입니다.

채점 tip 구연산은 산성, 제빵 소다는 염기성 물질이라고 모두 옳게 쓰면 정답으로 합니다.

> **개념 다시 보기**
>
> **구연산과 제빵 소다를 이용하는 예**
> • 구연산은 산성 물질로 그릇에 남은 염기성 세제 성분을 없앨 수 있습니다.
> • 제빵 소다는 염기성 물질로 악취의 주성분인 산성을 약화해 냄새를 제거합니다.

19 (1) 변기용 세제로 변기를 청소할 때, (3) 생선을 손질한 도마를 식초로 닦아 낼 때는 산성 용액을 이용하는 경우입니다. (2) 속이 쓰릴 때 제산제를 먹는 것은 염기성 용액을 이용하는 경우입니다.

20 산성 용액인 염산에 염기성을 띤 소석회를 뿌리면 염산의 강한 산성 성질이 점점 약해집니다.

채점 tip 산성을 띤 염산에 염기성을 띤 소석회를 뿌리면 산성의 성질이 점점 약해지기 때문이라고 쓰면 정답으로 합니다.

44쪽~47쪽 단원 평가 실전

1 (1) × (2) ○ (3) ○ (4) ○ **2** ㉠ **3** ㉡ **4** ㉢ **5** 규리 **6** ⑤ **7** (1) 예 변화가 없습니다. (2) 예 푸른색으로 변합니다. **8** ② **9** ① **10** (3) ○ **11** ㉢ **12** ① **13** (1) 예 아무런 변화가 없습니다. (2) 예 삶은 달걀 흰자가 녹아 흐물흐물해지며 용액이 뿌옇게 흐려집니다. **14** ㉡, ㉢ **15** ⑤ **16** ㉡ **17** ㉠ **18** 예 염기성 용액에 산성 용액을 넣을수록 염기성이 점점 약해집니다. **19** 염기성 용액 **20** ㉢, ㉣

1 빨랫비누 물은 불투명합니다.

2 식초와 유리 세정제는 색깔이 있고 냄새가 나지만, 석회수는 무색이고 냄새가 나지 않습니다. 식초와 석회수는 흔들었을 때 거품이 유지되지 않지만 유리 세정제는 흔들었을 때 거품이 유지됩니다.

3 '예쁘다.'는 사람에 따라 기준이 다르므로 '용액의 색깔이 예쁜가?'는 분류 기준으로 알맞지 않습니다.

4 식초, 레몬즙, 유리 세정제, 사이다, 빨랫비누 물, 묽은 염산은 냄새가 나지만 석회수와 묽은 수산화 나트륨 용액은 냄새가 나지 않습니다.

5 지시약은 어떤 용액에 넣었을 때에 그 용액의 성질에 따라 색깔 변화가 나타나는 물질입니다.

6 석회수, 빨랫비누 물, 묽은 수산화 나트륨 용액과 같은 염기성 용액은 붉은색 리트머스 종이를 푸른색으로 변하게 합니다. 식초, 레몬즙, 사이다, 묽은 염산과 같은 산성 용액은 붉은색 리트머스 종이를 변하게 하지 않습니다.

7 유리 세정제와 같은 염기성 용액을 푸른색 리트머스 종이에 떨어뜨렸을 때는 변화가 없지만 붉은색 리트머스 종이에 떨어뜨렸을 때는 리트머스 종이가 푸른색으로 변합니다.

채점 tip (1) 푸른색 리트머스 종이는 변화가 없고, (2) 붉은색 리트머스 종이는 푸른색으로 변한다고 쓰면 정답으로 합니다.

8 페놀프탈레인 용액을 붉은색으로 변하게 하는 용액은 염기성 용액으로, 붉은색 리트머스 종이를 푸른색으로 변하게 하며 푸른색 리트머스 종이는 변하게 하지 않습니다. 푸른색 리트머스 종이를 붉은색으로 변하게 하는 것은 산성 용액입니다.

9 붉은 양배추 지시약을 붉은색 계열의 색깔로 변하게 하는 것은 사이다와 같은 산성 용액입니다. 석회수, 유리 세정제, 빨랫비누 물, 묽은 수산화 나트륨 용액에서 붉은 양배추 지시약은 푸른색이나 노란색 계열의 색깔로 변합니다.

10 여러 가지 용액에 붉은 양배추 지시약을 떨어뜨렸을 때 용액의 색깔이 다르게 나타나는 까닭은 용액의 성질에 따라 붉은 양배추 지시약에 들어 있는 물질이 서로 다른 색깔을 나타내기 때문입니다.

11 산성 용액에서는 붉은 양배추 지시약이 붉은색 계열의 색깔로 변합니다.

12 묽은 수산화 나트륨 용액에 넣은 달걀 껍데기에는 아무런 변화가 없습니다.

13 삶은 달걀 흰자를 산성 용액에 넣으면 아무런 변화가 없고, 염기성 용액에 넣으면 삶은 달걀 흰자가 녹아 흐물흐물해지며 용액이 뿌옇게 흐려집니다.

채점 **tip** (1)과 (2)를 모두 옳게 쓰면 정답으로 합니다.

14 묽은 염산에 넣은 달걀 껍데기와 대리암 조각은 표면에 기포가 발생하면서 녹습니다. 반면, 묽은 염산에 넣은 두부와 삶은 달걀 흰자는 변화가 없습니다.

15 두부를 산성 용액에 넣으면 아무런 변화가 없지만, 염기성 용액에 넣으면 녹아서 흐물흐물해지며 용액이 뿌옇게 흐려집니다.

16 산성 물질이 대리암으로 만들어진 석탑에 닿으면 녹아서 훼손될 수 있기 때문에 유리 보호 장치를 하기도 합니다.

17 삼각 플라스크 속 용액의 색깔은 노란색에서 푸른색을 거쳐 붉은색으로 변합니다.

18 염기성 용액에 산성 용액을 넣을수록 염기성이 점점 약해지고 어느 순간부터는 산성 용액으로 바뀝니다.

채점 **tip** '산성 용액', '염기성 용액' 두 단어를 모두 포함하여 염기성 용액에 산성 용액을 넣을수록 염기성이 점점 약해진다고 쓰면 정답으로 합니다.

19 용액에 넣었을 때 붉은색 리트머스 종이를 푸른색으로 변하게 하고, 푸른색 리트머스 종이는 변하지 않는 용액은 염기성 용액입니다.

20 식초와 변기용 세제는 산성 용액이고, 제산제와 표백제, 하수구 세정제는 염기성 용액입니다.

1 기포

2 ㉡, ㉢

3 (1) 변화가 없다 (2) 푸른색으로 변한다

4 예 속이 쓰릴 때 제산제를 먹습니다. 표백제나 비누로 욕실을 청소합니다.

1 산성 용액에 달걀 껍데기를 넣으면 기포가 발생하면서 껍데기가 녹습니다.

2 산성 용액은 달걀 껍데기, 조개껍데기, 대리암 조각, 메추리알 껍데기, 탄산 칼슘 가루 등을 녹이는 성질이 있습니다.

3 하수구 세정제가 산성을 띠는 얼룩과 때를 제거하는 데 쓰인다고 했으므로, 하수구 세정제는 염기성 용액인 것을 알 수 있습니다. 염기성 용액에 푸른색 리트머스 종이를 넣으면 변화가 없지만, 붉은색 리트머스 종이를 넣었을 때에는 푸른색으로 변합니다.

4 하수구 세정제와 같이 염기성 용액을 이용하는 예를 찾아봅니다. 산성이 강한 위액으로 인해 속이 쓰릴 때 염기성 용액인 제산제를 먹으면 속쓰림이 줄어듭니다.

채점 **tip** 우리 생활에서 염기성 용액을 이용하는 예를 한 가지 옳게 쓰면 정답으로 합니다.

백점 과학을 끝까지 공부한 넌 정말 대단해. 이미 넌 최고야!

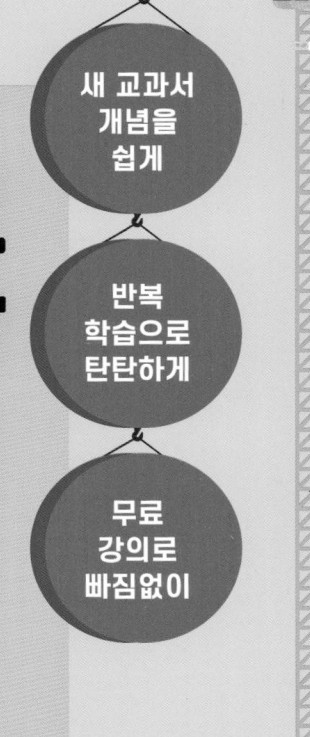

친절한 해설북

백점 과학 5·2

초등학교   학년   반   번   이름

믿고 보는 동아출판 초등 교재

기초학습서부터 교과서 개념 다지기, 과목별 전문서까지!
초등학교 입학 전부터, 예비 중등까지!
초등학생에게 꼭 필요한 영역을 빠짐없이! **동아출판 초등 교재 라인업**

초등 영역별 기초학습서

초능력 국어 / 수학 / 과학 / 한국사 / 한자

예비 중등

초고필 국어 / 수학 / 한국사
적중 반편성 배치고사 + 진단평가